站点可靠性工程（SRE）实战

佩图鲁·拉吉·切利亚（Pethuru Raj Chelliah）

[印] 　什里亚什·奈塔尼（Shreyash Naithani）　著

肖伦德·辛格（Shailender Singh）

陈英锋　译

人民邮电出版社

北　京

图书在版编目（CIP）数据

站点可靠性工程（SRE）实战 ／（印）佩图鲁·拉吉·切利亚（Pethuru Raj Chelliah），（印）什里亚什·奈塔尼（Shreyash Naithani），（印）肖伦德·辛格（Shailender Singh）著；陈英锋译. -- 北京：人民邮电出版社，2022.2
ISBN 978-7-115-58406-9

Ⅰ. ①站… Ⅱ. ①佩… ②什… ③肖… ④陈… Ⅲ. ①网站－开发－可靠性工程 Ⅳ. ①TP393.092

中国版本图书馆CIP数据核字(2021)第270622号

版 权 声 明

◆ 著　　　[印] 佩图鲁·拉吉·切利亚（Pethuru Raj Chelliah）

　　　　　[印] 什里亚什·奈塔尼（Shreyash Naithani）

　　　　　[印] 肖伦德·辛格（Shailender Singh）

　译　　　陈英锋
　责任编辑　傅道坤
　责任印制　王　郁　焦志炜

◆ 人民邮电出版社出版发行　　北京市丰台区成寿寺路 11 号
　邮编　100164　电子邮件　315@ptpress.com.cn
　网址　https://www.ptpress.com.cn
　山东百润本色印刷有限公司印刷

◆ 开本：800×1000　1/16
　印张：17.5　　　　　　　　2022 年 2 月第 1 版
　字数：346 千字　　　　　　2022 年 2 月山东第 1 次印刷
　著作权合同登记号　图字：01-2018-7735 号

定价：79.90 元
读者服务热线：(010)81055410　印装质量热线：(010)81055316
反盗版热线：(010)81055315
广告经营许可证：京东市监广登字 20170147 号

内容提要

本书介绍了在应用程序和微服务的开发、交付以及部署过程中用到的知识和工具，并借助于大量的示例和截图详细地呈现了与站点可靠性工程（SRE）相关的所有内容。

本书总计 12 章，分别介绍了 SRE 的现状、微服务架构和容器、微服务弹性模式、DevOps 即服务、容器集群和编排平台、架构模式与设计模式、可靠性实施技术、实现可靠系统的最佳做法、服务弹性、容器/Kubernetes 和 Istio 监控、确保和增强 IT 可靠性的后期活动，以及服务网格和容器编排平台等内容。

本书适合对容器、微服务、Kubernetes、Istio 等运维技术感兴趣的软件开发运维（DevOps）人员、系统工程师、IT 性能专家阅读。本书可帮助他们了解 SRE 是如何有助于自动化和加速应用程序/服务的设计、开发、调试和部署的。

关于作者

佩图鲁·拉吉·切利亚（Pethuru Raj Chelliah），在印度移动数字服务提供商 Reliance Jio Infocomm（RJIL）公司（位于班加罗尔）的站点可靠性工程卓越中心担任首席架构师。在此之前，他在 IBM 印度公司的全球云卓越中心（位于班加罗尔）工作了 4 年，当时的身份是云基础设施架构师。他还曾经长期担任 Wipro 咨询服务部门的企业架构顾问并持有 TOGAF 认证，以及在 Robert Bosch 公司（位于班加罗尔）的企业研究部门担任首席架构师。他拥有 17 年以上的 IT 从业经验。

衷心感谢我在 RJIL 公司的经理 Anish Shah 先生和 Kiran Thomas 先生提供的精神支持。感谢我尊敬的同事 Senthil Arunachalam 先生和 Vidya Hungud 女士提供的精神支持。感谢我的妻子 Sweelin Reena 和两个儿子（分别是 Darren Samuel 和 Darresh Bernie）对我的包容。

什里亚什·奈塔尼（Shreyash Naithani），目前是微软研发部的一名站点可靠性工程师。在加入微软之前，他曾在初创公司和中等规模的公司工作过。他从印度旁遮普技术大学获得计算机科学专业的本科文凭，并从印度班加罗尔的高级计算发展中心获得了硕士文凭。他还曾经有过短暂的 DevOps 工程师（Python/C#语言相关）、工具开发人员、站点/服务可靠性工程师以及 UNIX 系统管理员的从业经历。在闲暇时间，他喜欢旅游和看电视剧。

感谢我的父母、兄弟和朋友（分别是 Nipun Pathak 和 Sunil Baurai）在我写作本书时给予的帮助和支持。特别感谢 Meenakshi Gaur 提供的巨大帮助和支持。

肖伦德·辛格（Shailender Singh），首席站点可靠性工程师和解决方案架构师，拥有约 11 年的 IT 从业经验，并拥有信息技术和计算机应用两个专业的硕士学位。他曾担任过 Linux 平台下的 C 语言开发人员，并几乎接触过从混合云到云托管环境在内的所有基础设施技术。在过去，他曾与麦肯锡、惠普、HCL、Revionics 和 Avalara 等公司合作过，当前他倾向于使用 AWS、Kubernetes、Terraform、Packer、Jenkins、Ansible 和 OpenShift 等工具。

图书写作比我想象的更难，也比我想象的更有成就感。如果没有我的妻子 Komal Rathore，写作本书几无可能。在写作本书时，她一直在激励和支持我，并希望我能与 IT 行业的同仁分享我的经验。

关于审稿人

潘卡杰·塔库尔（**Pankaj Thakur**），拥有阿卜杜勒·卡拉姆技术大学的计算机应用硕士学位。该大学的前身是北方邦技术大学（UPTU），是印度久负盛名的大学之一。他在 IT 领域拥有 13 年以上的经验和专业知识，曾与全球各地的众多客户合作过。Pankaj 对云技术、人工智能、机器学习和自动化拥有浓厚的兴趣。他已经成功地完成了几次云迁移，将单体应用程序转换为微服务架构的程序。他知识渊博，经验丰富，他相信读者会从本书中获益良多，能提高他们的 SRE 技能。

阿什·库马尔（**Ashish Kumar**），拥有喜马偕尔邦大学（位于西姆拉）的 IT 工程学位。他一直从事 DevOps 咨询，以及基于容器的应用、开发、监控、性能工程和 SRE 实践等工作。他一直是 DevOps 和 SRE 实施的核心团队成员。他热衷于识别繁重的工作并利用软件实践将其自动化。在闲暇时间，他喜欢徒步旅行、玩户外游戏和冥想。

前言

越来越多的企业级应用程序在软件定义的云环境中进行托管和管理。随着云技术以及相关工具的迅速成熟和稳定，将云用作生产和运行各种业务工作负载的一站式 IT 解决方案正在全球范围内迅速增长。然而，在成功运行云中心（公有云、私有云、混合云和边缘云）方面还有一些关键的挑战。就克服云操作带来的挑战，以及实现云理念最初设想的优势方面，自动化和编排被誉为前进之路。在谈到云时，人们广泛关注的是可靠性（弹性和灵活性）。另一个值得注意的趋势是具有 Web 规模且支持移动访问的操作、事务和分析应用程序开始出现。因此，尽可能确保数据和进程密集型应用程序的稳定性、容错性和高可用性是至关重要的。可靠性问题正通过前沿技术的巧妙利用而得以解决。

本书阐述并强调了如何融合一系列突破性的技术和工具，以确保最高程度的可靠性。这不仅适用于专业应用程序和个人应用程序，也适用于云基础设施。让我们对可靠系统展开设想，并准备拥抱它吧。

本书读者对象

本书旨在帮助软件开发人员、IT 专业人士、DevOps 工程师、性能专家和系统工程师理解站点可靠性工程（Site Reliability Engineering，SRE）这一新兴领域如何在设计、开发、调试和部署高可靠性应用程序和服务的过程中实现自动化和加速。

本书内容

第 1 章，"解密站点可靠性工程范式"，介绍了新的 SRE 领域，以及对 SRE 模式、平台、实践、编程模型和流程、支持框架、适当的技术、工具和提示的要求。

第 2 章，"微服务架构和容器"，介绍了容器化、微服务架构（MSA）以及容器管理和集群等概念，这些概念有助于实现可靠的应用和环境。

第 3 章，"微服务弹性模式"，介绍了 SRE 下的 DevOps（因为自动化和 DevOps

在 SRE 中扮演了重要的作用，所以需要对此进行介绍）。

第 4 章，"DevOps 即服务"，介绍了各种微服务弹性模式，这些模式在本质上支持可靠系统的设计、开发、调试、交付和部署。

第 5 章，"容器集群和编排平台"，详细介绍前面章节中涉及的技术，以确保 SRE 的目标。

第 6 章，"架构模式与设计模式"，解释了架构和设计如何成为服务或微服务开发过程中的最终构件，从而为在云时代实现任何逻辑提供了清晰的方向。

第 7 章，"可靠性实施技术"，向我们提供了保证，即未来是光明的，我们要对云时代的事物变化感到乐观。

第 8 章，"实现可靠系统的最佳做法"，介绍了从站点可靠性工程师、DevOps 人员和云工程师的专业知识、经验和教育中产生的最佳做法。

第 9 章，"服务弹性"，介绍了用于容器启用和编排目的的所有平台。

第 10 章，"容器、Kubernetes 和 Istio 监控"，介绍了如何使用 Prometheus 和 Grafana 来监控运行在集群、pod 和 Kubernetes 上的应用程序或服务。

第 11 章，"确保和增强 IT 可靠性的后期活动"，介绍了为防止任何灾难而需要执行的各种活动，以充分保证与客户和消费者达成的服务等级协议。

第 12 章，"服务网格和容器编排平台"，介绍了是什么让多云方法正在获得前所未有的市场份额并赢得大众的认可，以及背后的原因。

资源与支持

本书由异步社区出品，社区（https://www.epubit.com/）为您提供相关资源和后续服务。

提交勘误

作者和编辑尽最大努力来确保书中内容的准确性，但难免会存在疏漏。欢迎您将发现的问题反馈给我们，帮助我们提升图书的质量。

当您发现错误时，请登录异步社区，按书名搜索，进入本书页面，单击"提交勘误"，输入勘误信息，单击"提交"按钮即可。本书的作者和编辑会对您提交的勘误进行审核，确认并接受后，您将获赠异步社区的 100 积分。积分可用于在异步社区兑换优惠券、样书或奖品。

扫码关注本书

扫描下方二维码，您将会在异步社区微信服务号中看到本书信息及相关的服务提示。

与我们联系

我们的联系邮箱是 contact@epubit.com.cn。

如果您对本书有任何疑问或建议，请您发邮件给我们，并请在邮件标题中注明本书书名，以便我们更高效地做出反馈。

如果您有兴趣出版图书、录制教学视频，或者参与图书翻译、技术审校等工作，可以发邮件给本书的责任编辑（fudaokun@ptpress.com.cn）。

如果您来自学校、培训机构或企业，想批量购买本书或异步社区出版的其他图书，也可以发邮件给我们。

如果您在网上发现有针对异步社区出品图书的各种形式的盗版行为，包括对图书全部或部分内容的非授权传播，请您将怀疑有侵权行为的链接发邮件给我们。您的这一举动是对作者权益的保护，也是我们持续为您提供有价值的内容的动力之源。

关于异步社区和异步图书

"异步社区" 是人民邮电出版社旗下 IT 专业图书社区，致力于出版精品 IT 技术图书和相关学习产品，为作译者提供优质出版服务。异步社区创办于 2015 年 8 月，提供大量精品 IT 技术图书和电子书，以及高品质技术文章和视频课程。更多详情请访问异步社区官网 https://www.epubit.com。

"异步图书" 是由异步社区编辑团队策划出版的精品 IT 专业图书的品牌，依托于人民邮电出版社近 30 年的计算机图书出版积累和专业编辑团队，相关图书在封面上印有异步图书的 LOGO。异步图书的出版领域包括软件开发、大数据、AI、测试、前端、网络技术等。

异步社区

微信服务号

目录

第 1 章
解密站点可靠性工程范式

为了向客户提供具有竞争力和认知力的服务，全球的企业都在制定战略，以利用 IT 系统的独特功能。人们普遍认识到，IT 是实现业务所需的自动化、扩充和加速的关键因素和重要成分之一。IT 领域的进步直接实现了备受期待的业务生产力、敏捷性、经济性和适应性。换句话说，全球各地的企业都期望他们的业务产品、产出和运营能够更加强大、可靠和多样化。这些需求对 IT 领域产生了直接和决定性的影响，因此，IT 专业人员正在努力工作，并进一步扩展，将高度响应、有弹性、可扩展、可用和安全的系统落实到位，以满足企业的不同需求和任务。因此，随着 IT 领域中各种重要的改进被广泛应用，商业机构和大型企业将努力实现以往难以达到的目标以提高客户的满意度。

现在，人们普遍提倡 IT 可靠性，IT 可靠性反过来又能够实现业务的可靠性。IT 可靠性通过精细的流程、集成平台、支持模式、突破性产品、最佳做法、优化的基础架构、自适应功能和架构得以提高。

本章将介绍以下内容：

- 站点可靠性工程的起源；

- 站点可靠性工程到目前为止的发展历程；

- 站点可靠性工程新的机会和可能性；

- 站点可靠性工程的当前挑战；

- 站点可靠性工程未来的关注点。

准确地说，在不断发展的 IT 组织中，任何站点可靠性工程团队的章程是如何创建高度可靠的应用程序，另一个是如何规划、配置和建立高度可靠、可扩展、可用、性能良好且安全的基础设施来托管和运行这些应用程序。

1.1　设置实用 SRE 的环境

对于这一新的工程学科，应该为其提供一些背景信息以提高可读性。SRE 是一个快速兴起和不断发展的研究和探索领域。SRE 领域的市场和思想受到越来越多的关注。企业在理解 SRE 的战略意义后，可制定并确立可行的战略。

1.1.1　下一代软件系统的特征

软件应用越来越复杂，但也越来越精密。高度集成的系统是如今的新规范。企业级的应用程序应该与在分布式和不同系统中运行的若干第三方软件组件无缝集成。越来越多的软件应用程序是由一些互动的、变革性的和颠覆性的服务组成的，以一种临时的方式按需提供。多渠道、多媒体、多模式、多设备和多租户的应用正在变得普遍和有说服力。还有企业、云、移动、物联网（IoT）、区块链、认知和嵌入式应用程序托管在虚拟和容器环境中。然后，还有特定行业和垂直行业的应用程序（能源、零售、政府、电信、供应链、公用事业、医疗保健、银行和保险、汽车、航空电子和机器人）正在通过云基础设施设计和交付。

当前有软件包、自主开发的软件、交钥匙解决方案、科学和技术计算服务，以及可定制和可配置的软件应用程序，以满足不同的业务需求。简而言之，有在私有云、公有云和混合云上运行的操作性、交易性和分析性应用程序。随着互联设备、智能传感器和执行器、雾网关、智能手机、微控制器和单板计算机（SBC）的指数级增长，软件支持在边缘设备进行数据分析，以完成实时数据采集、处理、决策和行动。

我们注定要走向实时分析和应用。因此，很明显，软件是有渗透性、参与性和生产性的。在很大程度上，这是个软件密集型的世界。

1.1.2　下一代硬件系统的特征

与快速发展的软件工程领域类似，硬件工程领域也在快速发展。目前，IT 基础设施有集群、网格和云。IT 基础设施有强大的设备、云端机箱选项、超融合基础设施和用于托管 IT 平台与业务应用程序的商品服务器。物理机被称为裸机服务器。物理机的虚拟版本是虚拟机和容器。我们正在走向硬件基础设施编程的时代。也就是说，封闭的、不灵活的、难以管理和维护的裸机服务器被划分为多个虚拟机和容器。这些虚拟机和容器具有高度灵活性、开放性、易管理性和可替换性，并且可快速配置、可独立部署、可水平扩展。基础架构的分区和资源调配通过大量自动化工具得以加速，以实现软件应用程序的快速交付。容器、微服务、配置管理解决方案、DevOps 工具和持续集成（CI）平台的组合，在促进持续集成、部署和交付方面发挥着非常重大的作用。

1.1.3　向混合 IT 和分布式计算转型

全球机构、个人和创新者对云计算技术抱有清晰和自信的态度。随着云环境的逐渐成熟和稳定，构建和交付的云原生应用程序在数量上有了明显的增长，并且有可行的表达方式和方法来随时制作云原生软件。传统的软件应用程序正在经历精心的现代化改造，并被转移到云环境中，以获得云想法最初设想的好处。云软件工程是一个热门领域，吸引了全球众多软件工程师的关注，它包括公有云、私有云和混合云。最近，我们听到了很多有关边缘/雾云的信息。不过，在混合世界中，仍然需要考虑传统的 IT 环境。

世界各地的开发团队在不同时区工作。由于 IT 系统和业务应用程序的差异性和多样性，因此，分布式应用程序被认为是未来的发展方向。也就是说，任何软件应用程序的各种组件分布在多个位置，以实现冗余的高可用性。分布式应用程序以容错、更小的延迟、独立的软件开发以及无供应商作为目标。因此，软件编程模型正在被巧妙地调整，以便它们能在分布式和分散式应用程序时代提供最佳性能。在全球多个时区工作的多个开发团队已经成为这个在岸和离岸开发混合世界的新规范。

随着大数据时代的到来，我们需要通过商品化服务器和计算机的动态池来实现最有用和最独特的分布式计算模式。随着设备数量的指数级增长，设备云离我们并不遥远。也就是说，分布式和分散式设备必然会大量聚集在一起，以形成用于数据捕获、获取、预处理和分析的特定于应用程序的云环境。因此，毫无疑问，未来属于分布式计算。由于我们需要 Web 规模的应用程序，因此完全成熟和稳定的集中式计算是不可持续的。此外，下一代互联网是数字化、连接设备和微服务的互联网。

1.1.4　展望数字时代

数字化和边缘技术带来了许多商业创新和改进。随着企业采用这些技术，我们正在向着数字和智能时代转型。本节将帮助大家理解通过吸收这些开创性和突破性的技术与工具以进行改变的一切东西。

随着大量先进技术的出现，信息和通信技术（ICT）领域正在迅速发展，在该领域中可以方便、优雅地自动执行多项任务。编排技术、工具的成熟度和稳定性必然会将多个自动化任务聚合起来，并使聚合的任务自动化。下面将讨论 ICT 领域发生的转变和最新趋势。

由于编程语言、开发模型、数据格式和协议等软件技术的异构性和多样性，因此，软件开发和操作复杂性不断提高。有一些突破性的机制可以灵活地开发和运行企业级软件。有一些可以降低复杂性和加速开发的技术，正以迅速和聪明的方式生产出生产级的软件。这些软件正在不断发挥"分而治之"和"横切关注点分离"技术的杠杆作用，并鼓励开发人员开发无风险和未来的软件服务。这些软件正在调用抽象、封装、虚拟化和其他划分方法的潜在概念，以减少软件开发人员的痛苦。此外，还有性能工程和增强方面的问题，正在得到软件架构师的高度重视。因此，软件开发过程、最佳做法、设计模式、评估指标、关键指南、集成平台、框架支持、模板简化和编程模型在这个由软件定义的世界中具有巨大的作用。

因此，数字创新、颠覆和转型方面有几项突破性的技术。首先，物联网范式产生了大量的多结构化数字数据，而著名的人工智能（AI）技术，如机器学习和深度学习等，能够从数字数据中挤出可操作的洞察力。将原始数字数据转换为信息、知识和智慧是实现数字化转型和智能社会的关键。云 IT 被定位为一流的 IT 环境，可用于支持和加速数字化转型。

通过数字化和边缘技术，我们的日常用品将被数字化，并加入到主流计算中。也就是说，未来我们将遇到数万亿的数字化实体和元素。随着物联网、网络物理系统（CPS）、环境智能（AmI）和普适计算技术、工具的快速稳定与成熟，我们正被无数的连接设备、仪器、机器、无人机、机器人、公用事业、消费电子、物品、设备和电器所"轰炸"。现在，随着人们对人工智能（机器和深度学习、计算机视觉和自然语言处理）的空前兴趣和投资，算法和方法以及物联网设备的数据（协作、协调、关联和佐证）经过精心捕捉、清理和处理，可及时提取大量的见解/数字智能。有几种有希望、有潜力、经过验证的数字技术在同步迅速发展，包括各种数据挖掘、处理和分析方法。这些创新和颠覆最终导致数字化转型。因此，数字化和边缘技术与数字智能算法和工具相关联，可以实现和维持数字转型环境（更智能的酒店、家庭、医院等）。可以通过开创性和突破性的数字技术和工具，轻松预测和表达未来数年数字化转型的国家和城市。

1.1.5　云服务范式

云技术正在稳步发展。IT 专业人员正在构建和确定协作流程、平台、政策、程序、实践和模式以趋向于云。下文提供了必要的细节。

如今，云应用程序、平台和基础架构越来越受欢迎。云应用程序有两种主要类型。

- **云支持**：当前运行的大规模、单体应用程序得到现代化后被迁移到云环境中，从而获得云范式的明显好处。

- **云原生**：指的是通过从本质上利用云环境的非功能能力，直接在云环境上设计、开发、调试、交付和部署应用程序。

在各种 IT 环境中托管、运行的当前应用程序和传统应用程序正在进行现代化的转变，并迁移到标准化和多样化的云环境中，以获得云模式最初表达的所有好处。除了让业务关键型应用程序、传统型应用程序和单体应用程序做好云准备之外，我们还致力于在云环境中设计、开发、调试、交付和部署企业级应用程序，从而获得云基础架构和平台的所有特性。这些应用程序本身"吸收"了云基础架构的各种特性，并且可以自适应地运行。微服务架构（MSA）用于设计下一代企业级应用程序。开发人员巧妙地使用微服务架构将大量的应用程序划分为一系列解耦的、易于管理的细粒度微服务。随着云技术的深入应用，企业 IT 的每个组件都可作为服务交付。云计算理念为 IT 行业带来了创新和转型。IT 即服务（ITaaS）的日子很快将成为现实，而这得益于云领域中的一系列值得注意的进步和成就。

无处不在的云平台和基础架构

一个关键因素是拥有可靠、可用、可扩展且安全的 IT 环境（云环境和非云环境）。如何开发通用的软件包和库，以及如何建立和维护适当的 IT 基础架构，以成功运行各种 IT 和业务应用程序，在过去都是老生常谈的事情。而现在，通过云支持技术和工具的智能应用，传统的数据中心和服务器群正在日益现代化。云理念实现了 IT 的合理化以及 IT 资源的高度利用和优化。越来越多的大型公有云环境（AWS、Microsoft Azure、Google 云、IBM 云和 Oracle 云）包含了数千种设备、高端服务器、存储设备和网络组件，以适应和满足全世界不同的 IT 需求。政府组织、大型企业、各种服务提供商和机构正在将自己的 IT 中心授权到私有云环境中。然后，私有云根据需要与公有云的各种功能相匹配，以满足特定需求。简而言之，云平环境被定位为满足我们的专业、社交和个人 IT 需求的一站式 IT 解决方案。

正是来自 IT 行业、全球学术机构和研究实验室的许多参与者的独特贡献，云才变得无处不在。我们拥有大量私有云、公有云和混合云环境。雾/边缘计算的迅速普及促使了雾/边缘设备云的形成，这对以人为中心的实时应用程序的开发做出了巨大贡献。雾/边缘设备计算就是利用大量连接在一起且功能强大的设备形成一种特定用途的设备云和不可知的设备云，以收集、清理和处理来自地面各种物理、机械和电气系统的传感器、执行器、装置、机器、仪器和设备的多结构实时数据。随着数十亿台互连设备的出现，未来的设备集群和云将迎来新的机遇。毫无疑问，云已经渗透到每个行业，云的巨大成功重新定义并复苏了 IT 现象。很快，云应用程序、平台和基础架构将无处不在。IT 将成为第五大社会公用事业。最相关且最重要的挑战是如何在云 IT 领域实现更深入、更具决定性的自动化。

在云作为最灵活、最具未来感、最出色的 IT 环境出现以后，人们开始希望能有一个高度自动化和自适应的云中心来托管和运行 IT 和业务负载，以实现尽可能多的自动化，从而加速云迁移、软件部署和交付、云监控、度量和管理、云集成和编排、云治理和安全等过程。为了实现这些目标，IT 领域同时出现了多种趋势和转变。

1.1.6　不断增长的软件渗透和参与

几年之前，Marc Andreessen 曾经撰写过文章 "Why software is eating the world"。今天，我们广泛地听到、看到，甚至有时会体验到如软件定义、计算、存储和网络这样的流行词汇。软件无处不在，并嵌入到一切事物之中。毫无疑问，软件是业务自动化和加速器的主要推动者。如今，在其令人难忘和令人着迷的 "旅程" 中，软件正在渗透到我们日常环境中的每一件有形物质中，将它们转化为连接实体、数字化物体、智能物体和感知材料等。例如，今天的每辆汽车都 "塞满" 了数百万行代码，以便其在操作、输出和产品中实现优雅的自适应性。

准确地说，随后的时代为知识填充、情境感知、事件驱动、面向服务、云托管、流程优化和以人为本的应用程序奠定了基础。这些应用程序展示了一些额外的功能。也就是说，下一代软件系统必须是可靠、有益、有效的。此外，我们还需要找到合适的流程、平台、模式、程序和实践，以创建和维护高质量的系统。下一代软件系统存在广泛可用的非功能性需求（NFR）、服务质量（QoS）和体验质量（QoE）属性，如可用性、可扩展性、可修改性、可持续性、安全性、可移植性和简单性。每个 IT 专业人员面临的挑战在于开发的软件是否能够毫不含糊地从本质上保证所有 NFR。

- **敏捷应用程序设计**：我们遇到过许多敏捷软件开发方法论，也了解过极限编程、结对编程、迭代式增量软件开发过程（scrum）等开发方法。但是，对于企业级应用程序的敏捷设计，应用程序设计的激活和加速很大程度依赖 MSA 的稳定性。

- **加速软件编程**：众所周知，随着敏捷编程方法、流程、平台和框架的成熟，企业级和面向客户的软件应用程序正在迅速发展。还有其他举措和发明可以加快软件的开发速度。基于组件的软件程序、面向服务的软件工程正在稳步增长。有许多前沿工具可始终如一地协助基于组件和服务的应用程序的构建。另一方面，通过配置、定制和以组合为中心的应用程序生成方法，软件工程步骤得到简化和流程化。

- **通过 DevOps 进行自动化软件部署**：软件程序在开发人员的机器中运行良好，但在其他环境（包括生产环境）中问题多多的原因有多个。常见的原因包括：软件包、平台、编程语言和框架有不同的版本和发行版；在不同的环境中运行的软件是不同的；由于开发环境和生产环境之间的不断磨合，开发人员和运营团队之间存在很大的脱节。

此外，借助敏捷编程技术和技巧，可以快速构建软件应用程序。但是它们在集成、测试、构建、交付和部署方面不是自动化的。因此，DevOps、NoOps 和 AIOps 等获得了巨大的优势和突出地位，它们可以为 IT 管理员带来多种自动化功能。也就是说，这些"新来者"促进了软件设计、开发、调试、部署、交付、下线以及人员之间的无缝和自发同步。配置管理工具和云编排平台的出现使 IT 基础架构编程成为可能。也就是说，基础架构即代码（IaC）正在促进 DevOps 的发展。通过配置文件更快地配置基础架构资源，以及在这些基础架构资源上部署软件，是 DevOps 的核心方面。

这就是 DevOps 的概念在最近这些日子里开始蓬勃发展的主要原因。DevOps 是一个新的想法，在企业和云 IT 团队中获得了很多的支持。企业利用多种工具集来实现持续集成（CI）、持续交付（CD）和持续部署（CD），从而迎接这种新的变革。准确地说，除了开发企业级软件应用程序和平台外，在自动化工具的帮助下实现和维持虚拟化/容器化基础设施，以确保持续、有保障地向人们提供软件支持的业务功能和通过 IT 进行辅助的业务功能，才是当前的需求。

1.2 投身于 SRE 学科

前文介绍了要求和挑战。下面看一下如何使用 SRE 来缩小供需之间的差距。如前所述，通过配置、自定义和组合（编排）来构建软件应用程序的方式正在迅速发展。使用敏捷编程方法更快速地编写软件应用程序是软件构建的另一个令人难以置信的方面。来自产品和工具供应商的各种 DevOps 工具可以确保持续的软件集成、交付和部署。

业务领域在不断发展，因此 IT 领域必须精确、完美地响应商业机构不断变化的过程和期望。企业必须在其运营、产品和产出方面具有敏捷性、适应性和可靠性。IT 领域中各种重要的改进保障了业务的自动化、加速和增强。

IT 敏捷性和可靠性直接保证了业务的敏捷性和可靠性。如前所述，IT 敏捷性（软件设计、开发和部署）的目标正在通过更新的技术实现。如今，IT 专家正在寻找显著提高 IT 可靠性的方法和手段。通常，IT 可靠性等于 IT 易伸缩和 IT 可恢复。

- **IT 易伸缩**：当 IT 系统突然承受重负载时，IT 系统如何调配并使用额外的 IT 资源来处理额外负载而不影响用户？IT 系统应该具有高度的易伸缩性，以适应企业的未来需求。此外，不仅是 IT 系统，业务应用程序和 IT 平台（开发、部署、集成、编排、回滚等）也必须是可扩展的。因此，业务应用程序、IT 平台和基础架构的组合必须有助于实现可扩展性（垂直可扩展和水平可扩展）。

- **IT 可恢复**：当 IT 系统受到内部和外部来源的攻击时，IT 系统必须有足够的能力摆脱这种攻击，不断向其用户履行其义务，而不会出现任何减速和故障。IT 系统必须具有高度容错能力，才能用于关键业务。IT 系统必须能自动回到原始状态，即使它们偏离了规定的路径。因此，必须将错误预测、识别、隔离和其他功能嵌入 IT 系统中。必须巧妙地检测和控制安全问题，以便让 IT 系统毫发无伤。

因此，当 IT 系统具有可恢复性和易伸缩性时，才被称为可靠系统。当 IT 系统可靠时，IT 系统支持的企业可以在交易、行动和决策方面保持可靠，从而激励和启发他们的客户、员工、合作伙伴和最终用户。

1.2.1　未来的挑战

下面是可能遇到的一些挑战。

- 提出一系列复杂的缓解技术。复杂性公式是异质性+多重性=复杂性。IT 系统（软件和基础架构）的复杂性不断提高。

- 开发出完全符合各种 NFR 和 QoS/QoE 属性的软件包，例如可伸缩性、可用性、稳定性、可靠性、可扩展性、可访问性、简单性、高性能/吞吐量等。

- 执行自动化的 IT 基础架构资源调配、调度、监控、测量、管理和治理。

- 提供虚拟机和容器、无服务器计算/功能即服务（FaaS）、工作负载整合、能效、任务和作业调度、资源分配和使用优化、多容器应用程序的服务组合、水平可伸缩性和资源即服务（RaaS）。

- 为自助服务、自主和认知 IT 建立 IT 自动化、集成和编排。

- 使用 AI（机器学习和深度学习）完成日志、运维和性能/可伸缩性分析。用于生成实时、预测性和规定性见解的算法。

- 构建技术支持的解决方案，以支持 NoOps、ChatOps 和 AIOps。面临的挑战是以自动化工具的形式提供可行且通用的软件解决方案，以满足软件系统的独特需求。

- 用于生成、部署和维护以微服务为中心的软件应用程序的容器集群、编排和管理平台解决方案。

- 推出多功能软件解决方案，例如符合标准的服务网格解决方案、API 网关和管理套件等，以确保服务弹性。随着更多的微服务及其跨容器的实例（服务运行时间）的增加，操作复杂性也随之上升。

- 通过开创性的编程技术（如响应式编程）和架构风格（如事件驱动的架构）构建
有弹性和可靠性的软件。

响应式编程和事件驱动架构是为了清楚地说明敏捷编程、DevOps 和 SRE 之间的差
异。前面提到，未来有几个关键的挑战。SRE 技术、工具和技巧具有战略意义，有助于
提高 IT 的可靠性、健壮性和回报性。

1.3　对高可靠性平台和基础设施的需求

前文讨论了云支持和云原生应用程序以及它们如何托管在底层云基础架构上以完成
服务交付。应用程序的功能非常强大。但是，非功能性要求，例如应用程序的可伸缩性、
可用性、安全性、可靠性、性能/吞吐量、可修改性等，正在被广泛使用。也就是说，开
发高质量的应用程序对 IT 专业人员来说是一个真正的挑战。要将各种 NFR 纳入到云应
用程序中，可使用多种设计、开发、测试、部署技术、技巧和模式。有一些最佳做法和
关键准则可以用于开发高扩展、高可用、高可靠的应用程序。

另一个挑战是建立和维持高能力、高认知的云基础架构，以展现可靠的行为。高弹
性、强大且通用的应用程序和基础架构的组合可实现高度可靠的 IT，以满足业务的生产
力、经济性和适应性等需求。

在了解了战术和战略意义及价值之后，企业开始有意识地接受开创性的云范式。也
就是说，各种传统 IT 环境正在逐步支持云，以获得宣称的业务、技术和使用优势。但是，
仅云计算并不能解决每个业务和 IT 问题。除了建立针对特定目的和不可知的云中心，云
基础架构还有很多事情要做，才能实现业务敏捷性和可靠性。云中心运营流程需要改进、
集成和编排以达到优化组织流程的目的。每个云中心的运营都需要精确定义和自动化，
以实现 IT 敏捷性的真正含义。借助于灵活可靠的云应用程序和环境，应用程序业务能力
和价值必将显著提升。

1.3.1　对可靠软件的需求

我们知道，软件可靠性对于数字时代软件工程的持续成功至关重要。但是，这实现
起来并不容易。由于软件套件的复杂性不断提高，确保软件的高可靠性变得非常困难且
耗时。业内相关人员已经提出了一些有趣和鼓舞人心的想法来实现可靠的软件。主要有
下面两种方法。

- 弹性微服务可以实现可靠的软件应用程序。常见的技术包括微服务、容器、
Kubernetes、Terraform、API 网关和管理套件、Istio、Spinnaker。

● 响应性系统（弹性、响应性、消息驱动和可恢复）。它以著名的响应式宣言（Reactive Manifesto）为基础。有一些特定的语言和平台（如 RxJava、play 框架等）可用于开发响应式系统。vAkka 是一个用于为 Java 和 Scala 构建高并发、分布式和弹性的消息驱动应用程序的工具包。

在开发可靠的软件包时，还需要考虑下面这些因素。

● 通过各种测试方法来验证和确认软件的可靠性。

● 软件可靠性预测算法和方法。

● 静态和动态代码分析方法。

● 用于构建可靠软件包的模式、流程、平台和实践。

下面详细讨论这些。

1．微服务架构的出现

任务关键型应用程序和通用应用程序将使用广受欢迎的 MSA 模式来开发。开发人员正在使用 MSA 范式有意识地废除单体应用程序，而且这对用户和程序开发人员来说非常正确且紧密相关。微服务是用于开发下一代应用程序的新构建块，它是一种易于管理、可独立部署、可水平扩展，而且相对简单的服务。微服务具有可被公开发现、可网络访问、可互操作、由 API 驱动、可组合、可替换以及高度隔离等特性。以下是 MSA 的一些优点。

● **可伸缩性**：任何生产级应用程序通常都可以使用三种类型的伸缩。第一种是 x 轴缩放，用于水平可伸缩性。也就是说，应用程序必须是可以克隆的，以保证高可用性。第二种类型是 y 轴缩放。这是为了将应用程序分成各种应用程序的功能。借助于微服务架构，应用程序（传统应用程序、单体应用程序和大规模应用程序）被划分为易于管理的微服务的集合。每个微服务履行一项责任。第三种是 z 轴缩放，用于对数据进行分区或分片。数据库在构建动态应用程序中起着至关重要的作用。随着 NoSQL 数据库的使用，共享的概念变得更加突出。

● **可用性**：多个微服务实例部署在不同的容器（Docker）中，以确保高可用性。这种冗余确保了服务和应用程序的可用性。由于多个服务实例是通过容器进行托管和运行的，因此服务实例的负载均衡可以确保服务的高可用性。广泛使用的断路器模式用于实现亟需的容错能力。也就是说，通过实例实现的服务冗余确保了高可用性，而断路器模式则保证了服务的弹性。服务注册、发现和配置功能将引领新服务的开发和发现，从而带来额外的业务（垂直）和 IT（水平）服务。随着服务形成了一个动态的、临时的服务网络，服务通信、协作、佐证和关联的日子就不遥远了。

● **持续部署**：微服务可独立部署、水平扩展和自定义。微服务是解耦/轻耦合和内聚的，从而实现了模块化。应用程序通过采用这种架构风格，不再出现强依赖性的问题，这也促使相互独立的服务能够更快和更持续地进行部署。

● **松耦合**：如前所述，微服务天生具备松耦合特性，因此具有了自治性和独立性。每个微服务在服务级别都有自己的分层架构，在后端有自己的数据库。

● **多语言微服务**：微服务可以通过多种编程语言实现，因此不存在技术锁定的情况，任何技术都可用于实现微服务。同样，微服务没有强制使用某些数据库。微服务可与任何文件系统 SQL 数据库、NoSQL 数据库和 NewSQL 数据库、搜索引擎等配合使用。

● **性能**：在微服务领域有相应的性能工程和增强技术。例如，高阻塞调用服务是在单线程技术栈中实现的，而针对高 CPU 使用率的服务则使用多个线程来实现。

采用快速、成熟和稳定的微服务架构，对业务和 IT 团队还有其他好处。工具生态系统正在崛起，因此微服务的实现和参与也得以简化。自动化工具可以简化并加快微服务的构建和运营。

2．Docker 支持的容器化

Docker 的理念震撼了软件世界。Docker 通过容器化实现了一系列进步。软件可移植性的要求长期以来一直存在，现在可以通过开源的 Docker 平台得以解决。托管了各种微服务的 Docker 的实时弹性使得业务关键型软件应用程序的实时可扩展性成为容器化迅速普及的关键因素和原因。微服务和 Docker 的交叉为软件开发人员以及系统管理员带来了范式转换。Docker 的轻量级特性以及与 Docker 平台相关的标准化打包格式在稳定和加速软件部署方面发挥了很大作用。

容器是一种打包软件的方法，它可以在任何操作环境中启用软件所需的配置文件、依赖项和二进制文件。容器有如下重要的优点。

● **环境一致性**：在容器中运行的应用程序/进程/微服务在不同的环境（开发、测试、复制和生产）中表现一致。这消除了环境的不一致性，并减少了测试和调试的麻烦，减少了耗时。

● **快速的部署**：容器是轻量级的，可以在几秒钟内启动和停止，因为它不需要启动任何操作系统镜像。这最终有助于实现更快的创建、部署速度和高可用性。

- **隔离**：使用相同资源在同一台计算机上运行的容器彼此隔离。当使用 docker run 命令启动容器时，Docker 平台在幕后做了一些有趣的事情。也就是说，Docker 为容器创建了一组命名空间和控制组（cgroup）。命名空间和控制组是内核级功能。命名空间将最近创建的容器与主机中运行的其他容器相互资源隔离。此外，容器与 Docker 所在的主机明显隔离。这种隔离对安全有很大的好处。这种独特的隔离可确保一个容器上的任何恶意软件、病毒或任何网络钓鱼攻击不会传播到其他正在运行的容器中。简而言之，在容器中运行的进程无法查看和影响在另一个容器或主机系统中运行的进程。此外，随着向多容器应用程序时代的发展，每个容器都必须拥有自己的网络栈，用于容器互连和通信。通过这种隔离，容器不会获得对同一 Docker 主机中或跨该主机的其他容器的套接字或接口的任何特权访问。通过网络接口进行交互是容器彼此交互以及与主机交互的唯一方式。此外，当我们为容器指定公共端口时，容器之间仅允许特定 IP 的流量进来。它们可以相互 ping 通、发送和接收 UDP 数据包，以及建立 TCP 连接。

- **可移植性**：容器可以在任何地方运行。它们可以在笔记本电脑、企业服务器和云服务器中运行。也就是说，通过容器化可以实现一次性写入并在任何地方运行的长期目标。

容器还有其他重要的优点。有些产品和平台可以促进容器化和虚拟化的快速融合，以满足新兴的 IT 需求。

3. 容器化的微服务

最近 IT 领域的一个范式转变是出现了用于灵活托管和运行微服务的容器。由于容器的轻型特性，因此配置容器可以用闪电般的速度完成。此外，微服务的水平可伸缩性可通过其托管环境（容器）轻松实现。因此，微服务和容器的组合为软件开发和 IT 操作带来了许多好处。单个物理机器中可以有数百个容器。

著名的链接（linkage）有助于在一台机器中拥有多个微服务实例。通过 Docker 主机上容器之间的相互通信，多个微服务实例可以找到彼此，以组成更大、更好的业务和流程感知的组合服务。因此，容器化空间的所有进步都对微服务工程、管理、治理、安全、编排和科学产生了直接和间接的影响。

容器化云环境的关键技术驱动因素如下。

- 容器（应用程序和数据）的成熟度和稳定性。

- 新型容器（如 Kata 容器和 Hyper 容器）的出现。

- MSA 正在成为企业级应用程序最优化的架构风格。

- 容器和微服务之间有很酷的融合。在容器中执行托管和运行微服务是最优化的实现。

- Web/云、移动、可穿戴和物联网应用程序、平台、中间件、UI、操作、分析和交易应用程序被现代化为支持云的应用程序，以及新建应用程序被构建为云原生应用程序。

- Kubernetes 作为容器集群、编排和管理平台解决方案的迅速普及导致了容器化云的实现。

- API 网关的出现简化了微服务的访问和使用流程。

- 服务网格解决方案更高的成熟度和稳定性保证了微服务的弹性和云托管应用程序的可靠性。

容器化云环境的挑战如下。

- 从单体应用程序转向微服务并非易事。

- 云环境中可能存在数千个微服务及其实例（冗余）。

- 在开发应用程序时，应用程序的数据流和控制流应该在多个云中心上不同的分布式微服务之间传输。

- 实践表明，微服务实例和容器之间存在一对一的映射。也就是说，需要为单独的微服务实例分配单独的容器。

- 由于微服务的部署会产生密集的环境，因此容器云的运营和管理复杂性势必提高。

- 在微服务之间跟踪服务请求消息和事件成为一件复杂的事情。

- 在微服务环境中进行故障排除和根本原因分析成为一项艰巨的任务。

- 容器生命周期管理功能必须自动化。

- 客户端到微服务（从北到南的流量）的通信仍然是一个挑战。

- 服务到服务（从东向西的流量）的通信必须具有弹性和健壮性。

4．用于容器编排的 Kubernetes

MSA 需要创建和聚合几个细粒度且易于管理的服务，这些服务具有轻量级、可独立部署、可水平扩展、容易移植等特点。容器为加速构建、包装、传输、部署和交付微服务提供了理想的托管和运行时环境，此外还提供了其他好处，比如工作负载隔离和自动化生命周期管理。随着更多的容器（微服务及其实例）被置入每台物理机器中，容器化云环境的运营和管理复杂性更高。此外，多容器应用程序的数量正在迅速增加。因此，需要一个标准化的编排平台以及容器集群管理功能。Kubernetes 是目前流行的容器集群管理器之一，它由几个架构组件组成，包括 Pod、标签、复制控制器和服务。下面来看一下。

- 如前所述，Kubernetes 架构中有几个重要的组件。Pod 是最明显、最可行、最短暂的单元，它由一个或多个紧密耦合的容器组成。这意味着 Pod 内的容器要"同生共死"，即不可能对 Pod 内单独的容器进行监控、测量和管理。换句话说，Pod 是 Kubernetes 的基本操作单元。Kubernetes 不在容器级别运行。在单个服务器节点中可以有多个 Pod，并且 Pod 之间可以轻松共享数据。Kubernetes 自动为各种服务配置和分配 Pod。每个 Pod 都有自己的 IP 地址，并共享本地主机和卷。根据故障和失败，Kubernetes 可以快速配置和安排额外的 Pod，以确保服务的连续性。同时，在负载增加的情况下，Kubernetes 以 Pod 形式添加额外资源，以确保系统和服务性能的稳定。Kubernetes 可以根据流量来添加和删除资源，以实现弹性目标。

- 标签通常是附加到对象（包括 Pod）的元数据。

- 如前所述，复制控制器可以利用 Pod 模板创建新的 Pod。也就是说，根据配置，Kubernetes 能够在任何时间点运行足够数量的 Pod。复制控制器通过不断轮询容器集群来满足此独特需求。如果有任何 Pod 出现故障关闭，复制控制器会立即启动，以包含一个额外的 Pod，从而确保指定数量的 Pod（带有一组给定的标签）在容器内运行。

- 服务是嵌入到 Kubernetes 架构中的另一项功能。该功能提供了一种低开销方式，可将各种服务请求路由到一组 Pod 以完成这些请求。标签用于选择最合适的 Pod。服务提供了使用群集将传统组件（例如数据库）外部化的方法。它还提供了稳定的端点，以应对集群的收缩和增长，而且可以在群集管理器内的新节点之间进行配置。这样一来，在跟踪集群实例内存在的应用程序组件时，就轻松多了。

Kubernetes 促进了应用程序和数据容器在复合服务开发中的快速扩展，并加快了容器化时代的进展。传统和现代的 IT 环境都在采用这种划分技术，以克服虚拟化技术的一些关键挑战和问题。

API 网关和管理套件：这是另一个引入可靠客户端和服务交互的平台。API 网关的各种特性和功能如下。

- API 网关充当路由器。它是微服务集合的唯一入口点。这样，微服务不再需要公开，而是放在内部网络后面。API 网关负责对一个服务或其他服务发出请求（服务发现）。

- API 网关充当数据聚合器。API 网关从多个服务中提取数据并将其聚合以返回单个丰富的响应。根据 API 消费者的不同，数据表示可能会根据需要而变化，而这正是服务于前端的后端（Backend For Frontend，BFF）发挥作用的地方。

- API 网关是一个协议抽象层。无论在内部使用何种协议或技术与微服务进行通信，API 网关都可以作为 REST API 或 GraphQL 公开。

- 对错误进行集中管理。当服务不可用或速度太慢时，API 网关可以提供来自缓存的数据、进行默认响应，或做出明智的决策，以避免产生瓶颈或传播致命错误。这使电路保持闭合（断路器），并使系统更具弹性和可靠性。

- 微服务提供的 API 粒度通常与客户端所需的不同。微服务通常提供细粒度的 API，这意味着客户端需要与多个服务进行交互。API 网关可以将多个细粒度的 API 组合成一个客户端可以使用的 API，从而简化客户端应用程序并提高其性能。

- 客户端的类型不同，则网络性能也不相同。API 网关可以定义特定于设备的 API，以减少通过较慢的广域网（WAN）或移动网络进行的呼叫数量。作为服务器端应用程序的 API 网关可以更高效地通过 LAN 对后端服务进行多次调用。

- 服务实例的数量及其位置（主机和端口）动态变化。API 网关可以通过确定后端服务的位置来合并这些后端变更，而无须请求前端客户端应用程序。

- 不同的客户端可能需要不同级别的安全性。例如，在访问同一个 API 时，外部应用程序可能需要更高级别的安全性，而内部应用程序可能无须额外的安全层就可以访问这个 API。

用于微服务弹性的服务网络解决方案：分布式计算是运行 Web 规模的应用程序和进行大数据分析的发展方向。在面向客户的应用程序中，各种应用模块（微服务）可以进行横向扩展，其生命周期也可以单独进行管理，因此 IT 资源的分布式部署（可高度编程和可配置的裸机服务器、虚拟机和容器）得到了业内人士的坚持。也就是说，我们必须实现对 IT 资源和应用程序的分布式部署进行集中管理的目标。这种类型的监控、测量和管理是必需的，可以确保对应各种设备和组件进行主动、及时的故障预测和纠正。换句话说，在分布式计算时代，实现弹性目标非常重要。策略的制定和执行是引入一些特定自动化的可靠方法。有一些特定于编程语言的框架可以将额外的代码和配置添加到应用程序代码中，以实现应用程序的高可用性和容错性。

因此，在微服务领域拥有与编程无关的弹性和容错框架是至关重要的。服务网格是创建和维持弹性微服务的适当方式。Istio 是一个业界知名的开源框架，它提供了一种创建服务网格的简便方法。图 1.1 所示为传统的基于 ESB 工具、面向服务的应用程序集成与基于轻量级、弹性微服务的应用程序交互之间的区别。

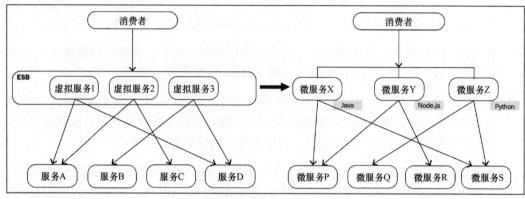

图 1.1

服务网格是一种软件解决方案，用于建立从各种参与服务的网格。服务网格软件可以建立和维持服务间的通信。服务网格是一种基础设施解决方案。我们来看下面这些情况。

- 给定的微服务不直接与其他微服务通信。

- 相反，所有服务与服务之间的通信都在服务网格解决方案上进行，这种解决方案是一种边车代理（sidecar proxy）。sidecar 是一种著名的软件集成模式。

- 服务网格为一些关键的网络功能（比如微服务的弹性和可发现性）提供了内置支持。

也就是说，核心和公共网络服务正在通过服务网格进行识别、抽象和交付，这可以让服务开发人员专注于业务功能。特定于业务的功能与服务有关，而所有水平的服务（技术、网络通信、安全、中介、路由和过滤）都在服务网格中实现。例如，断路器模式如今在服务代码中得以实现。现在，这种模式正在通过服务网格解决方案来实现。

服务网格适用于多种语言。也就是说，可以使用任何编程和脚本语言对服务进行编码。此外，服务网格还有几种文本和二进制数据传输协议。微服务在与其他微服务交互时，必须先与服务网格交互以启动服务通信。这种服务到服务的网格通信可以发生在所有的标准协议上，例如 HTTP1.x/2.x、gRPC 等。可以使用任何技术实现编写微服务，而且编写的微服务仍然可以使用服务网格。图 1.2 所示为服务网格在使微服务具有弹性方面的贡献。

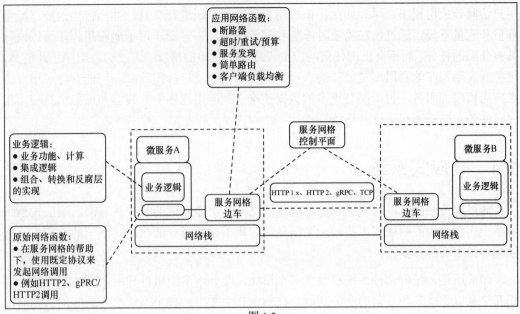

图 1.2

最后，将弹性微服务组合起来，就可以生成可靠的应用程序。因此，所有参与的微服务的弹性构成了高度可靠的应用程序。

5. 弹性微服务和可靠的应用程序

渐渐地，世界被连接起来，并以软件为基础。我们经常听到、读到和体验到软件定义的计算、存储和网络能力。日常环境中的物理、机械、电气和电子系统都被精心地"塞进"了软件，使其在行动和反应中变得灵巧，有意识，有适应性，有表达力。在产生和维持受数字影响与变革的社会方面，软件注定要发挥重要作用，新一代软件支持系统的一个突出特点是通过一种或多种方式始终保持响应性。也就是说，它们必须得到正确的响应。如果一个系统没有响应，则另一个系统必须正确且快速地响应。换言之，如果系统出现故障，替代系统必须做出响应。

这通常称为系统弹性。如果由于用户和数据负载过重而导致系统压力过大，则必须配置其他系统以响应用户的请求，确保不会出现任何响应变慢和发生故障的情况。也就是说，对于当今的软件系统来说，自动扩展是一个重要的属性，而且与企业和用户相关。为了使系统具有弹性，产生消息驱动系统是关键的决策。消息驱动系统称为响应式系统。我们在这里解释一下系统弹性背后的概念。

可扩展的应用程序可以自动扩展，从而可以持续运行。在某一时刻，可以有更多的用户访问该应用程序。尽管如此，该应用程序必须不断进行交易，并能恰当地处理流量峰值和流量下降。通过仅在需要时添加和删除虚拟机、容器，可扩展应用程序可以执行其被分配的任务，而不会出现任何响应变慢或发生故障的情况。通过动态配置额外资源，可扩展应用程序的利用率是最佳的。可扩展应用程序支持按需计算。可能有许多用户请求应用程序的服务，也可能有更多的数据被推送到应用程序中。容器和虚拟机是应用程序组件的主要资源和运行时环境。

1.4　响应式系统

通过服务网格可以实现可靠的系统。这是产生可靠系统的另一种方法。响应式系统是基于广为流传的响应式声明的一个新概念。用于构建可行的响应式系统的响应式编程模型和技术当前有多种。

如前所述，任何软件系统都包含多个模块。此外，多个组件和应用程序需要可靠地相互交互以完成某些复杂的业务功能。在响应式系统中，各个系统都是智能的。然而，关键的区别是各个系统之间的相互作用。也就是说，响应式系统单独运行但协同行动以实现预期结果的能力明显有别于其他系统。响应式系统架构允许多个单独的应用程序共存与合并，并对其周围环境做出自适应的响应。这意味着它们可以根据用户和数据负载、负载均衡进行扩展或缩小，并智能地执行操作，以实现其敏感性和迅速响应。

我们可以使用经过验证的响应式编程模型、模式和平台以响应式方式编写应用程序。但是，为了快速合作以满足不断变化的业务需求，还需要更多的工作。简而言之，实现响应式系统并不容易。响应式系统通常根据广受欢迎的响应式声明文件进行设计和建造。该声明文件明确规定并促进了响应性、可恢复、易伸缩和消息驱动的体系结构的建设。微服务和基于消息的服务交互越来越成为具有灵活、可恢复、易伸缩和松耦合等特征的系统广泛使用的标准。毫无疑问，这些特征是响应式系统的核心概念。

响应式编程是异步编程的一个子集。这是一种新兴的范式，新信息（事件和消息）的可用性推动了处理逻辑的发展。传统上，一些操作是通过基于控制和数据流的执行线程来激活和完成的。

响应式编程独特的编程风格在本质上支持将问题分解为多个不连续的步骤，并且每个步骤都可以以异步和非阻塞的方式执行。然后，可以组合这些步骤以产生一个复合工作流，且该工作流的输入和输出可能是无限的。异步处理意味着在将来某个时间对传入的消息或事件进行处理。事件创建者和消息发送者无须等待处理和执行完成，即可继续履行其职责。这通常被称为非阻塞执行。执行的线程不需要竞争共享资源即可立即完成任务。如果资源不能立即可用，则线程不需要等待不可用资源，而是使用其各自的资源继续处理其他任务。关键是它们可以在特定时间点等待特定任务的适当资源时，不间断地完成工作。换句话说，在当前工作完成之前，它们不会阻止执行线程执行其他工作。它们可以在资源被占用时执行其他有用的工作。

将来，软件应用程序必须具有敏感性和响应性。因此，未来派和以人为中心的应用程序必须能够接收要自适应的事件。事件捕获、存储和处理对于企业、嵌入式和云应用程序变得越来越重要。响应式编程正在成为生成事件驱动的软件应用程序的一个重要概念。事件既有简单的也有复杂的。事件主要是以流的形式连续传输的，因此事件处理功能被称为流式分析。有几种流分析平台，例如 Spark Streams、Kafka Streams、Apache Flink、Storm 等，它们都可用于从流数据中解析可操作的见解。

在越来越受事件驱动的世界中，EDA 和编程模型获得了更多的市场份额和关注。因此，响应式编程是一项宏伟的举措，旨在为具有无阻塞场景的异步流处理提供标准解决方案。响应式编程的主要优点包括提高多核和多处理器硬件上计算资源的利用率。响应式编程有几个事件驱动编程库、中间件解决方案、支持框架和架构，可以每秒捕获、清理和处理数百万个事件。用于促进事件驱动编程的流行库包括 Akka Streams、Reactor、RxJava 和 Vert.x 等。

响应式编程与响应式系统：响应式编程和响应式系统之间存在巨大差异。如前所述，响应式编程主要是事件驱动的，而响应式系统是消息驱动的，专注于创建易伸缩和可恢复的软件系统。消息是沟通和协作的主要形式。分布式系统通过发送、接收和处理消息进行协调。消息本质上是定向的，而事件不是。消息有明确的方向和目的地；事件是其他人可以清晰地观察并采取行动的事实。消息传递通常与发送方异步，并且与读是分离的。在消息驱动的系统中，可寻址的收件人等待消息到达；在事件驱动的系统中，消费者与事件来源和事件存储相集成。

在响应式系统中（尤其是使用响应式编程的响应式系统）存在事件和消息。消息是一种很好的交流工具，而事件是明确表示事实的最佳选择。消息应该通过网络传输，并形成分布式系统中通信的基础。消息传递用于跨网络桥接事件驱动的系统。因此，事件驱动编程是分布式计算环境中的简单模型，但分布式计算环境中的消息传递并非如此。消息传递必须做很多事情，因为分布式计算存在一些限制和挑战。也就是说，消息传递必须解决诸如部分失败、故障检测、丢弃/重复/重新排序的消息、最终一致性以及管理多个并发现实等问题。这些语义和适用性的差异对应用程序设计具有强烈的影响，包括易伸缩性、可恢复性、移动性、位置透明性和分布式系统的管理复杂性等。

1.4.1　响应式系统是高度可靠的

响应式系统完全符合响应式声明（易伸缩性、响应性、可恢复和消息驱动），响应式声明是由一组 IT 产品供应商设想和发布的。当前正在制订和确定各种架构设计和原则，以建立最现代化的认知系统，这些系统天生就能够满足当今复杂而精致的要求。对于响应式系统功能来说，消息是最理想的信息交换单元。这些消息在应用程序之间创建了一种时间边界。消息使应用程序组件能够在时间（这允许并发）和空间（这允许分发和移动）上解耦。这种解耦功能有助于各种应用服务之间的隔离。这种解耦最终确保了易伸缩性和可恢复性，这是生产可靠系统最重要的需求。

弹性是指在系统发生故障时的响应能力，并且是系统固有的功能特性。弹性能力要比容错能力更重要，后者指的是应用程序可以进行优雅降级。弹性指的是从任何失败中完全恢复。弹性使系统能够进行自我诊断和自我修复。此属性需要对组件进行隔离和遏制，以避免故障传播到相邻组件。如果允许错误和失败级联到其他组件，整个系统注定会失败。

因此，设计、开发和部署具有弹性、自我修复能力系统的关键是允许主动发现和遏制任何类型的故障，将其编码为消息，并发送到管理程序组件。这些可以从安全级别进行监控、测量和管理。在这里，消息驱动是最大的推动者，从紧耦合系统向转向松散和轻耦合系统是前进的方向。通过较少的依赖性，可以找出受影响的组件，并且可以将错误的传播"扼杀"在萌芽状态。

1.4.2　响应式系统的弹性

弹性是指负载下的响应能力。系统可以突然被许多用户使用，或者有成千上万的传感器和设备将大量的数据注入到系统中。为了解决这种用户和数据的意外激增，系统必须通过添加额外资源（裸机服务器、虚拟机和容器）自动扩展或缩小规模。云环境天生就能够根据不同的资源需求进行自动扩展。此功能使系统以优化的方式使用其昂贵的资源。当资源利用率上升时，系统的资本和运营成本将急剧下降。

系统需要具有足够的适应性，以便在无须任何手动干预、指导和解释的情况下，进行自动缩放、状态和行为复制、负载均衡、故障转移和升级。简而言之，通过信息传递设计、开发和部署响应式系统是当务之急。

1.5　高度可靠的 IT 基础架构

到目前为止，本章主要关注的是从应用程序方面来确保 IT 的可靠性。但是，底层 IT

基础架构可以发挥至关重要的作用。我们拥有集群、网格和云，以实现基础架构级别的高可用性和可扩展性。云被认为是实现数字创新、颠覆和转型的最佳 IT 基础设施。为了简化、优化和加速云的设置与维护，当前出现了许多可用于重复和例行的云调度、软件部署、云执行和管理化的工具。自动化和编排正被认为是云时代的前进方向。运行云中心的大多数手工操作都是通过脚本和其他方法精确定义和自动化的。随着系统、数据库和中间件的数量增多，管理云环境的网络和存储专业人员已大幅减少。云 IT 的总体拥有成本（TCO）正在下降，而投资回报率（RoI）正在增加。传统 IT 环境使用云的成本优势非常明显。云计算通常被称为大型机和现代计算之间的结合，并以获得高性能和成本优势而闻名。面向客户的应用程序具有不同的负载，非常适合公有云环境。全球企业正在制定多云战略，以便在不依赖于任何供应商的情况下采用这种独特的技术。

然而，为了获得急需的可靠性，我们还有很长一段路需要走。自动化工具、策略和其他知识库、由人工智能启发的日志和操作分析、通过机器和深度学习算法和模型获得预防性、预测性和规定性维护的能力、大量可重复使用的弹性模式以及先发制人的监控，是前进的方向。

弹性应用程序通常具有高度可用性，即使在出现故障时也是如此。如果单个应用程序组件/微服务存在任何内部或外部攻击，则应用程序仍可运行并提供其分配的功能，而不会出现任何延迟或停止。高度可靠的 IT 基础架构可以识别故障并将其遏制在组件中，以便应用程序的其他组件不受影响。通常，应用程序组件的多个实例在不同的分布式容器或 VM 中运行，因此一个组件发生故障对应用程序来说无关紧要。此外，应用程序的状态和行为信息存储在不同的系统中。任何弹性应用程序都必须有相应的设计和开发，以便在任何情况下都能运行。不仅是应用程序，还需要智能地选择和配置底层 IT 或云基础架构模块，以支持软件应用程序独特的弹性目标。首要的是充分利用分布式计算模型。部署拓扑和架构必须有目的地使用各种弹性设计、集成、部署和模式。此外，根据基础设施科学家、专家、架构师和专业人员的建议，应采用以下提示和技巧。

- 使用各种网络和安全解决方案，例如防火墙、负载均衡和应用交付控制器（ADC）。网络访问控制系统（NACL）也有助于提高安全性。这些方案可以智能地分析每个请求消息，以从源头过滤任何模糊和恶意的消息。此外，负载均衡不断探测和监视服务器并将流量分配给未完全加载的服务器。它们可以选择最好的服务器来处理某些请求。

- 在不同的分布式云中心使用多台服务器。也就是说，灾难恢复功能需要成为任何 IT 解决方案的一部分。

- 为数据恢复和有状态应用程序附加强大而灵活的存储解决方案。

- 利用软件基础设施解决方案，如 API 网关和管理套件、服务网格解决方案、其他抽象层，以确保系统的弹性。

- 必须结合利用区域化（虚拟化和容器化）的各个方面来实现虚拟化和容器化的云环境。云环境本质上支持灵活性、可扩展性、弹性、基础架构操作自动化、独特的可操作性和多功能性。软件定义的环境对于应用程序和基础架构的弹性更有利，更具建设性。

- 专注于日志、运营、性能和可扩展性分析，以主动和抢先监控、测量和管理各种基础架构组件（软件以及硬件）。

因此，可靠的软件应用程序和基础设施在推出可靠的系统方面相得益彰，从而保证了可靠的业务运营。

总之，可以总结为以下内容。

- 可靠性=易伸缩+可恢复。

- 自动化和编排是可靠 IT 基础设施的关键要求。

- IT 可靠性的实现：易伸缩是在攻击、失败和故障下生存，而可恢复是在负载下自动扩展（垂直和水平扩展）。

- 通过 AI 启发的分析平台进行 IT 基础设施的运行、日志和性能/可扩展性分析。

- 拥有可靠 IT 基础设施的模式、流程、平台和实践。

- 系统和应用程序的监控也很重要。

1.5.1　无服务器计算的出现

无服务器计算允许构建和运行应用程序和服务，而无须考虑服务器计算、存储设备以及阵列和网络解决方案。无服务器应用程序不需要开发人员调配、扩展和管理任何 IT 资源，可以为几乎任何类型的应用程序或后端服务构建无服务器应用程序。云服务和资源提供商正在关注无服务器应用程序的可扩展性，它们密切监控任何负载峰值并迅速采取行动。开发人员无须担心其基础架构部分。也就是说，开发人员只关注业务逻辑和委派给云团队的 IT 功能即可。这种极大降低开销的方式使设计人员和开发人员能够减少浪费在 IT 基础设施上的时间和精力。开发人员通常可以专注于其他重要要求，例如弹性和可靠性等。

当通过自动化来获得大量无服务器应用程序时，容器的迅速普及就有用了。也就是说，我们可以快速开发和部署功能，而无须担心资源的调配、调度、配置、监控和管理。因此，FaaS 近来获得了很大的发展。我们正朝着 NoOps 迈进。也就是说，大多数云操作通过大量技术解决方案和工具实现自动化,这种转变对于机构、个人和创新者来说非常便利,可以快速部署和交付他们的软件应用程序。

在成本方面,用户必须为使用的容量付费。通过自动和动态资源调配,资源利用率显著提高。同时,成本效率得到充分实现,并传递给云用户和订购者。

准确地说,无服务器计算是自动化计算和分析的另一个附加抽象。

1.6 SRE 领域的活力

如前所述,软件工程领域正在经历许多干扰和转变,以应对硬件工程领域中的转变。当前,在软件工程领域有敏捷、代理、组合、面向服务、多语言和自适应编程风格。在撰写本书时,软件工程领域正在加速利用有能力的开发框架来构建响应性和认知应用程序。在基础架构方面,我们拥有强大的云环境作为托管和运行业务工作负载的一站式 IT 解决方案。尽管如此,通过减少管理员的人工干预、解释和参与,以实现人们所希望的云操作时仍然存在许多重大挑战。已经有几项挑战通过突破性的算法和工具实现了自动化。但仍有一些空白需要利用强大的技术解决方案来填补。这些众所周知且广泛使用的挑战包括动态和自动化的容量规划与管理、云基础设施调配和资源分配、软件部署和配置、修补、基础设施和软件监控、测量和管理等。此外,如今的软件包经常被更新、修补并发布到生产环境中,以满足客户、消费者新兴和不断变化的需求。同时,应用程序组件(微服务)的数量也在快速增长。简而言之,必须通过大量的自动化工具来确保 IT 敏捷性。在 SRE 的全面支持下,运营团队必须预想并保护高度优化和有组织的 IT 基础设施,以成功、明智地托管并运行下一代软件应用程序。准确地说,当前的挑战是云操作的自动化和编排。云必须通过自助服务、自我配置、自我修复、自我诊断、自我防御和自我管理才能成为自主云。

新兴的 SRE 领域被认定为可行的前进方向。对系统软件工程有特殊爱好的新一代软件工程师被认为最适合归类为 SRE 领域。这些技术娴熟的工程师将培训软件开发人员和系统管理员,使他们能够敏锐地实现高性能、高可靠性的软件解决方案、脚本和自动化工具,从而快速设置和维护高可靠性、动态、响应性和可编程的 IT 基础设施。SRE 团队真正关心的是任何使复杂软件系统以无风险和连续的方式在生产中工作的事情。简而言之,站点可靠性工程师是软件工程师和系统工程师的结合。由于云中心无处不在,可满足全球的 IT 需求,因此"站点"一词代表了云环境。

SRE 通常关心基础设施编排、自动化软件部署、适当的监控和警报、可扩展性和容量评估、发布过程、灾难准备、故障转移和故障恢复功能、性能工程和增强(PE2)、垃圾回收器调整、发布自动化、容量提升等。SRE 通常也会对良好的测试覆盖率感兴趣。站点可靠性工程师是专门研究可靠性的软件工程师。SRE 有望将成熟、有前景的计算机科学、工程原理应用于企业级、模块化、Web 规模和软件应用程序的设计与开发。

1.6.1　SRE 的重要性

　　SRE 负责确保云 IT 平台和服务的系统可用性、性能监控和事件响应，他们必须确保进入生产环境的所有软件应用程序完全符合一系列重要要求，例如图表、网络拓扑图、服务依赖性详细信息、监视和日志记录计划、备份等。一个软件应用程序可能完全符合所有功能要求，但还有其他来源可能造成系统的中断。可能存在硬件降级、网络问题、资源使用率高或应用程序响应缓慢等问题，这些可能随时发生。站点可靠性工程师需要极其敏感。SRE 的有效性可以作为平均恢复时间（MTTR）和平均失效时间（MTTF）的函数来测量。换句话说，SRE 必须保证在故障发生时系统功能的可用性。同样，当系统负载急剧变化时，系统必须具有扩缩容的固有潜力。

　　软件开发人员通常开发应用程序的业务功能，并对从头开始创建的功能或由不同的、分布式的和分散的服务组成的功能进行必要的单元测试。但他们并不总是专注于创建和合并代码以实现可伸缩性、可用性、可靠性等。另一方面，系统管理员负责设计、构建和维护组织的 IT 基础设施（计算、存储、网络和安全性）。系统管理员确实尝试通过调整基础设施的规模和提供其他基础设施模块（裸机［BM］服务器、虚拟机［VM］服务器和容器）来实现这些 QoS 属性，从而权威地解决任何突然涌入的用户和更大的负载。如前所述，DevOps 的核心目标是在运营和开发团队之间建立健康和有效的关系。开发人员和运营人员之间的任何间隙与摩擦应该最早由站点可靠性工程师识别和消除，以便在任何机器或集群上运行任何应用程序，而无须进行任何调整。最关键的挑战是如何确保 NFR/QoS 属性。

　　SRE 解决了管理员和 DevOps 专业人员不能解决的一个非常基本但重要的问题。必须确保基础设施的易伸缩性和可恢复性，以保证应用程序的可扩展性和可靠性。必须通过对业务应用程序和 IT 服务的实时监控以及为客户提供舒适的使用，来保证业务连续性和生产效率。仅通过基础设施优化来满足已确定的 NFR 概念既不可行也不可持续。NFR 必须通过熟练地使用应用程序源代码本身中的所有相关代码片段来实现。简而言之，任何应用程序的源代码都必须知道并且能够轻松地吸收底层基础设施的容量和能力。也就是说，我们注定要进入基础设施感知的应用程序的时代，而另一方面，我们正朝着应用程序感知的基础设施迈进。

　　这就是站点可靠性工程师该做的工作，他们将协助开发人员和系统管理员通过软件定义的云环境开发、部署和交付高度可靠的软件系统。站点可靠性工程师将一半的时间花在开发人员身上，而另一半时间则花费在运营团队上，以确保急需的可靠性。站点可靠性工程师设置了清晰且以数学建模为基础的服务等级协议（SLA），为软件应用程序的稳定性和可靠性设置了阈值。

站点可靠性工程师具有很多技能。

- 对复杂的软件系统有深入的了解。

- 是数据结构方面的专家。

- 非常擅长设计和分析计算机算法。

- 对新兴技术、工具和技术有广泛的了解。

- 在编码、调试和解决问题方面充满热情。

- 具有很强的分析能力和直觉。

- 能从错误中快速学习，并在随后的过程中消除它们。

- 他们是团队成员，愿意相互之间分享获得和收集的知识。

- 喜欢快节奏的工作环境。

- 擅长阅读技术图书、博客和出版物。

- 撰写并发布技术论文、专利和最佳做法。

此外，站点可靠性工程师还具备下述能力并将自己定位为单一联系点（SPOC）。

- 对代码设计、分析、调试和优化有很好的理解。

- 对各种 IT 系统有广泛的了解，从应用程序到设备（服务器、存储），再到网络组件（交换机、路由器、防火墙、负载平衡器、入侵检测和防御系统等）。

- 能胜任下面这些新兴技术。

  ◇ 软件定义的云，用于高度优化和组织的 IT 基础设施。

  ◇ 为变更提供可操作的数据分析。

  ◇ 物联网以人为中心的应用程序的设计和交付。

  ◇ 容器化支持的 DevOps。

  ◇ 简化 IT 运营的 FaaS。

  ◇ 企业移动化。

◇ 用于物联网数据和设备安全的区块链。

◇ 用于预测性和规定性见解的 AI（机器和深度学习算法）。

◇ 用于实现更智能应用程序的认知计算。

◇ 用于性能递增、故障检测、产品生产效率和弹性基础设施的数字孪生。

◇ 熟悉各种自动化工具。

◇ 熟悉可靠性工程概念。

◇ 精通关键术语和流行语，如可伸缩性、可用性、可操作性、可扩展性和可靠性。

◇ 在 IT 系统运营、应用程序性能管理、网络安全攻击方向颇有专长。

◇ 洞察力驱动的 IT 运营、管理、维护和增强。

1.6.2　站点可靠性工程师经常使用的工具集

对于站点可靠性工程师来说，确保软件应用程序的稳定性和最长的正常运行时间是首要任务。但是，他们应该有能力承担责任并以自己的方式编写代码，从危险、障碍中解脱出来。这些事情无法添加到开发团队的待办事项列表中。站点可靠性工程师通常是对系统、网络、存储和安全管理充满热情的软件工程师。他们必须拥有独特的开发和运营实力，并且非常熟悉各种脚本语言、自动化工具和其他软件解决方案，以便快速自动化 IT 运营、监控和管理的各个方面，尤其是应用程序性能管理、IT 基础设施编排、自动化和优化。虽然自动化是站点可靠性工程师的关键能力，但他们应该能自学并获得经验，以获得以下技术和工具的专业知识。

● 面向对象语言、函数语言和脚本语言。

● 数字技术（云、移动性、物联网、数据分析和安全性）。

● 服务器、存储、网络和安全技术。

● 系统、数据库、中间件和平台管理。

● 分区（虚拟化和容器化）范式、DevOps 工具。

● MSA 模式。

● 设计、集成、性能、可伸缩性和弹性模式。

● 集群、网格、实用程序和云计算模型。

● 软件和硬件系统故障排除。

- 动态容量规划、任务和资源调度、工作负载优化、VM 和容器放置、分布式计算和无服务器计算。

- 支持人工智能的操作、性能、安全和日志分析平台。

- 云编排、治理和代理工具。

- 自动化软件测试和部署模型。

- OpenStack 和其他云基础设施管理平台。

- 数据中心的优化和转型。

1.7 总结

随着 IT 被公认为最伟大的自动化技术，因此业务主管对 IT 持有更高的认识和热情，他们可以利用 IT 领域的成果和进展来引导着他们的公司朝着正确的方向和目标前进。随着 IT 应用程序、平台和基础设施的普及，每个公司，无论规模大小，都必须拥有相匹配的 IT 环境。而它们现在面临的挑战是，如何确保 IT 具有高度的弹性、可用性和安全性，以对业务运营产生积极的影响。因此，SRE 的新概念横空出世，并通过大量的协作和执行得到了精心维护。SRE 无疑是一项新的企业范围内的规划，而且在战略上也是合理的，因此全球范围内的各行各业都以后该使用 SRE，因为它足够可靠，可以让客户从中受益。

下一章将介绍各种新兴的概念，比如容器化、微服务架构、容器管理和集群。

第 2 章
微服务架构和容器

微服务正在改变软件设计人员的心态。本章将介绍与微服务有关的各种定义、原则、部署技术、工具和技术，还将演示如何使用在云时代广泛可用的工具和技术进行部署。本章将介绍如何部署无服务器容器，还会提到现有的虚拟化技术。本章还提供了一些关于如何使用 Spring 框架开发微服务的示例。

本章将介绍以下内容：

● 微服务；

● 微服务设计原则；

● 部署微服务的不同选项；

● 使用 Spring Boot 框架和 RESTful 框架的微服务；

● 监控微服务；

● 有关微服务的重要信息。

2.1 什么是微服务

微服务是最近几年开始出现的一种软件开发风格，旨在提高开发和管理软件解决方案的效率与速度，使其可以轻松扩展。微服务与技术无关，这意味着用来构建微服务的编程语言或技术并不单一。事实上，可以用任何编程语言构建微服务。它指的是将一定数量的架构模式和原则应用于我们的程序。

2.2 微服务设计原则

微服务包含多种设计原则，不同的术语可能会在不同的地方使用。本书将使用以下微服务设计原则作为参考。

- **服务之间的高度凝聚力**：微服务应该只有一个重点，并且对该操作负全部责任。它不应该因其他相关服务而改变。服务应易于重写，以便实现可扩展性、可靠性和灵活性。它应该可以处理单个业务功能和特定领域的功能。

- **自主服务**：一个服务应该可以在没有任何其他服务的帮助下独立处理其工作。它不应该与任何其他服务紧密集成，它应该保持松散耦合的性质。我们所说的自主，是指微服务不应该因为与之交互的外部组件而改变。自主服务遵守合同和接口。它们应该是无状态的、可独立改变的、可独立部署的、可向后兼容的，并且应该支持并发开发。

- **以业务域为中心的服务**：每个单独的服务应该执行或代表单个业务功能。这可以是销售、税收、所得税或与特定区域相关的任何其他功能的计算。每个服务都应该绑定或定义其范围。以业务为中心的代码可以提供更多的内聚性，使服务对处理域或业务逻辑需求的任何变化更具响应性。

- **弹性**：如今在向客户提供服务时，弹性是一个标准。如果不能提供弹性，可能会导致另一个端点无法向你的微服务提供响应。以微格式设计服务有助于避免这一失败。服务应该在启动时注册自己，并在失败时取消注册。这应该是动态发现服务的一部分，例如自动创建队列或在消息队列中自动移除队列。基于网络的服务可能会遇到一些问题或异常。它应该能够处理延迟和其他服务的不可用性。

- **可观察的服务或功能**：可观察性是分布式微服务的另一个重要设计原则。当一个复杂的互连服务发生故障时，可能需要几个小时或几天来隔离问题。我们应该以这样一种方式来设计服务：可以通过在健康页面上显示任何服务的状态，或者通过将其发送到中心日志服务（如 Splunk、Logstash、syslogd、Logentries、Datadog 或 Sumo Logic）来检查任何服务的健康情况。为了支持可靠、可扩展且经济高效的服务，以及为了支持用来扩大/缩小规模的指标和用来提醒团队的指标，都需要用到可观察性。这种监控和日志需要位于一个中心位置。在一个容器化的环境中，自动部署应该能够在部署失败时做到自动检测，以便能够快速回滚到较早的运行版本。可观察性可以与 CPU 使用率、内存使用率、网络输入/输出指标、磁盘指标、服务的连接数等有关。所有这些指标都可以通过 Check_MK、Nagios、New Relic、AppDynamics、StatsD 和 Graphana 等工具轻松获得和测量。可观察性不仅在提供技术解决方案方面有帮助，而且使我们能够确定商业决策，如特定服务的销售或特定产品的退货情况。

- **自动化**：微服务还在部署、验证功能和执行各种类型的测试等方面为运营团队带来了挑战。现在市场上有各种各样的自动化工具可以轻松集成，以实现自动部署、验证、测试、故障和回滚。一些著名的工具有 Jenkins、TeamCity、Bamboo、Git 工作流插件、GitLab CI/CD、UI 测试工具（比如 Selenium、PhantomJS、Nightwatch、BrowserStack）等。这里的一个重点是，虽然 Docker 改变了容器市场，但在生产环境中很难实现，因为在生产环境中需要完整的栈才能将其作为生产级服务来维护。Docker 在监控或部署方面前景不太明朗。之后，Google 以 Kubernetes 的形式发布了 Borg，并通过提供简单的部署和回滚选项，以及适合生产级部署的简单服务和路由功能，再次改变了容器市场。

2.3　部署微服务

接下来思考微服务的部署问题。我们要看一下主导微服务市场的最新容器技术和编排器工具。首先看一下可用的工具和选项，然后通过一个例子来看一下如何在微服务模型中进行部署。

微服务可以部署在以下平台上。

- **容器平台**：包括 Docker、rkt、AWS ECS 和 AWS EKS 等。
- **代码即功能**：可以在类似 AWS Lambda 的平台上部署用支持的编程语言编写的裸函数。这些平台将运行配置好的代码，并将结果存储在类似 S3 的存储桶或云供应商平台上的受支持的数据库中。或者，代码可能会触发进一步配置的操作。可以通过 AWS API 网关调用代码，Microsoft Azure 或 Google 云平台（GCP）也可以提供类似 AWS API 网关的服务。
- **虚拟平台**：包括 VMware、vSphere VM、Xen VM 和基于 KVM 的 VM 等虚拟机。

在这些平台的每个类别中可以使用不同的工具进行部署。下文将介绍这些内容。

2.3.1　基于容器平台的部署工具

无论是在开源领域还是企业领域，市场上都有多种编排工具或部署工具可供使用。在过去的几年，这个行业发生了迅速的变化，开始从企业产品转向开源解决方案。虽然企业产品具有经过良好测试的强大功能，但成本成为推动开源工具发展的最大因素之一。我们将更多地关注最近的趋势和开源工具，因为这些工具可以在本地设备上轻松下载。

目前，在容器领域，主要参与者是 Docker 和 rkt。rkt 是 CoreOS 容器操作系统中的默认容器选项，而 Docker 可以用于所有的操作系统。

在容器平台部署或编排市场中，常见的 3 种工具如下：

- Kubernetes；
- Red Hat 的 OpenShift（它使用 Kubernetes）；
- 基于 CI/CD 的工具，如 Jenkins、TeamCity 和 GoCD。

2.3.2 代码作为功能部署

这个领域，也就是所谓的功能即服务（FaaS）领域，目前非常不成熟。通常，在这个领域工作的人甚至不知道新的供应商何时推出新的工具。然而，现有的工具确实能够完成预期的工作。可以用于 AWS Lambda 部署的一些工具如下所示。

- **无服务器**：允许部署工程师构建和部署类似 Lambda 的函数。

- **Apex**：用于部署、管理和构建 Amazon Lambda 函数。可以使用类似 Apex 的 Go 语言，以及在构建中使用 Node.js 填充注入，来支持 AWS Lambda 中不支持的语言。

- **Chalice**：一个微服务框架，用来使用 Python 编写无服务器应用程序。它允许开发人员快速创建和部署使用 AWS Lambda 的应用程序。它提供以下功能。

  ◇ 用于创建、部署和管理应用程序的命令行工具。

  ◇ 基于装饰器的 API，用于与 Amazon API Gateway、Amazon S3、Amazon SNS、Amazon SQS 和其他 AWS 服务集成。

  ◇ 自动生成 IAM 策略。

- **Claudia.js**：这个工具可以轻松地将 Node.js 项目部署到 Amazon Lambda。

- **AWS 无服务器应用程序模型（SAM）**：这是部署无服务器代码和应用程序的 Amazon 方式。Amazon 已经根据 Apache 2.0 许可证为合作伙伴和亚马逊客户发布了它。

- **Serverless express**：主要用于 Node.js。

- **传统的 Bash 脚本**：CI/CD 工具，如 Jenkins、TeamCity 或其他类似工具，集成了前面提到的工具，特别是与基于 Bash 的脚本语言的集成。

AWS Lambda 中的编程语言选择标准

在处理类似 Lambda 的函数时，应该考虑语言的启动速度。例如，C#和 Java 比较慢，而 Node.js 和 Python 比较快。在设计服务时要记住这一点，因为繁重的 Java 或 C#代码会给服务的响应带来延迟，而 Node.js 和 Python 则会更快。

2.3.3　基于虚拟化的平台部署

在 Docker 和 Rocket 进入市场后，虚拟环境可能会在微服务领域失去动力，但许多公司仍然对它们进行投资。虚拟机可保持所有微服务设计原则的完整性，因此从根本上说，我们无法将它们从微服务平台中删除。用于进行部署的工具如下所示。

- **传统脚本（例如 Windows PowerShell 或 Linux Bash）**：尽管这些非常方便，但并不推荐使用，因为我们有更简单的选择。例如，可以使用无服务器工具进行 FaaS 部署，也可以将 Ansible 用于 VM、Kubernetes 或 OpenShift 上的任何软件包或代码的部署。学习这些工具的使用可能会更有帮助。

- **传统的 Makefile**：人们正在创造性地使用它，并且使用它进行部署。人们通常认为它主要用于构建应用程序，其实它们也可以轻松地用于部署领域。

- **Capistrano**：这是一个开源工具，用于同时在许多服务器上运行脚本。

- **CI/CD**：这是基于传统的工具，如 Jenkins 或 TeamCity。

还有各种可用的企业产品，这些产品通常是为单体应用程序或基于 SOA 的应用程序构建的。供应商正在扩展这些产品的功能，以便也能支持容器平台。

- HP HPSA（以前称为 Opsware）。

- BMC。

2.4　微服务部署的实际示例

本节将看一些使用了新技术的相关示例。这可以为我们提供简单的参考指南，以便在实施部署策略时进行参考。

2.4.1　使用 Kubernetes 的容器平台部署示例

在下面的 Kubernetes YAML 配置中，将定义与部署有关的各种 Kubernetes 关键字。一个重要的变量是 container: image。这里指的是一个现有的 Docker 容器镜像，Kubernetes

将使用它在 Pod 部署下创建容器。这个容器镜像应该已经经过定制，以满足你的要求。
kubectl 命令将读取这个配置，并根据情况启动容器。它将用相同的容器镜像启动 3 个复
制的 Pod，并使用 matchLables 值来替换 3 个新创建的 Pod 内的特定容器。关键字 replica
表示已经使用了一个特定的值来创建具有相同容器镜像的 Pod。

有 3 种不同的副本。

- kind：定义了 kubectl 将在给定配置上执行的工作类型。目前使用的是
  Deployment。

- metadata：这将为部署指定一个名称，并使用 app 下的给定名称来标记 Pod。

- spec：代表规范，可以在其中配置副本数量、用于进行 Pod 替换的选择器名
  称等。

可使用以下内容创建部署控制器文件。然后，可以在创建步骤或应用步骤期间将其
作为参数提供给 kubectl 命令。

文件名为/my-hello-packt-application-deployment.yaml，代码如下。

```
#vim my-packt-application-deployment.yaml

apiVersion: apps/v1
kind: Deployment
metadata:
  name: my-hello-packt-application-deployment
  labels:
    app: my-hello—packt-application
spec:
  replicas: 3
  selector:
    matchLabels:
      app: my-hello-packt-application
  template:
    metadata:
      labels:
        app: my-hello-packt-application
    spec:
      containers:
      - name: my-hello-packt-application
        image: repository-hub.packthub.example.com/my-hello-packt-application:1.1
        ports:
        - containerPort: 8080
```

在这一示例代码中，执行了以下步骤。

1. 创建了一个名为 my-hello-packt-application-deployment 的部署，由 .metadata.name 字段指定。

2. 该部署创建了 3 个 Pod 副本，显示在 replicas 字段中。

3. 部署模块使用 selector 字段来标识要管理的 Pod。

4. template 字段包含的子字段以及作用如下所示。

● 使用 labels 字段将 Pod 标记为 app：my-hello-packt-application-deployment。

● Pod 模板的规范或 .template.spec 字段表示 Pod 在容器 my-hello-packt-application 上运行，该容器运行着版本为 1.7.9 的 NGINX Docker 中心镜像（hub image）。

● 创建了一个容器，并在 name 字段中将其命名为 my-hello-packt-aplication-deployment。

● 运行着版本为 1.1 的 my-hello-packt-deployment 镜像。

● 打开端口 8080，以便容器可以发送和接受流量。

我们看一看以下步骤，它们展示了如何使用前面提到的配置文件创建或部署服务。

1. 要创建该部署，请运行下述命令：

```
kubectl create -f my-hello-packt-application-deployment.yaml
```

或

```
kubectl apply -f my-hello-packt-application-deployment.yaml
```

 在 Kubernetes 网站上可以阅读到有关命令性或声明性对象配置的更多信息，kubectl 使用上面这两个命令在群集上部署新内容。

2. 可以在命令后面附加 --record 参数，以在创建或更新的资源的注释中记录当前命令。这对于将来的审核非常有用，例如查看在每个修订的部署中执行了哪些命令。

3. 运行 kubectl 命令以获取部署，结果如图 2.1 所示。

NAME	DESIRED	CURRENT	UP-TO-DATE	AVAILABLE	AGE
my-hello-packt-application-deployment	3	0	0	0	1s

图 2.1

4．在 Kubernetes 群集中检查部署时，将显示以下字段。

- NAME：部署名称。
- DESIRED：应用程序所需的副本数量。
- CURRENT：当前正在运行的副本数量。
- UP-TO-DATE：通过更新来获得所需状态的副本数。
- AVAILABLE：用户可以使用的该应用程序的副本数量。
- AGE：应用程序运行的总时间。

5．要查看回滚状态部署，请运行以下 kubectl 命令。

```
kubectl rollout status deployment/my-hello-packt-application-deployment
```

该命令将显示 kubectl apply 命令的回滚状态，还会显示所需 Pod 的数量。在图 2.2 中可以看到，它创建了 3 个副本集，这些副本集都是最新的，并提供了相应的 YAML 文件。

NAME	DESIRED	CURRENT	UP-TO-DATE	AVAILABLE	AGE
my-hello-packt-application-deployment	3	3	3	3	18s

图 2.2

6．在几秒钟后运行以下命令：

```
kubectl get deployments
```

在图 2.3 所示的输出中，可以看到部署创建了 3 个副本。

NAME	DESIRED	CURRENT	READY	AGE
my-hello-packt-application-deployment-2035384211	3	3	3	18s

图 2.3

7．要查看部署创建的 ReplicaSet(rs)，请运行以下命令。

```
kubectl get rs
```

ReplicaSet 总是以如下格式进行显示或格式化：

```
[DEPLOYMENT-NAME]-[POD-TEMPLATE-HASH-VALUE].
```

8．散列值是在部署期间自动生成的。图 2.4 所示为动态生成的值。运行以下命令以获取为 Pod 自动生成的标签：

```
kubectl get pods --show-labels
```

返回结果如图 2.4 所示。

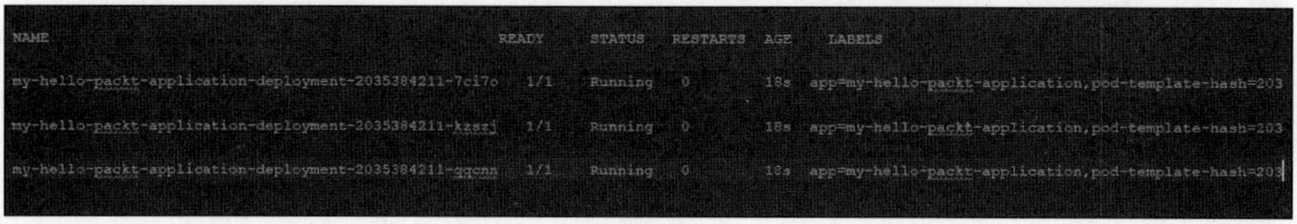

图 2.4

2.4.2 代码作为功能部署

本节将展示一些类似于 FaaS 解决方案的示例，包括两个 Apex 工具示例和一个 Serverless 工具示例。

1．示例 1：Apex 部署工具

Apex 项目由 `project.json` 配置文件组成，可能在 `functions` 目录中定义了一个或多个 AWS Lambda 函数。示例文件结构如下所示。

```
-project.json
-functions
├── bar
|   ├── function.json
|   └── index.js
└── foo
|   ├── function.json
|   └── index.js
```

`project.json` 文件定义了用于所有函数的项目级配置，并定义了依赖。在这个简单的示例中，可以使用以下命令。

```
{  "name": "packt-example",  "description": "Example Packt project"}
```

每个函数都使用 function.json 配置文件来定义特定函数的属性,例如运行时、分配的内存量和超时时间。该文件是完全可选的,因为可以在 project.json 文件中使用默认值。以下代码段以键值对的形式显示了属性的示例。我们使用这些属性来定义一个函数。

```
{
    "name": "packt-bar",
    "description": "Packt Node.js example function",
    "runtime": "nodejs4.3",
    "memory": 128,
    "timeout": 5,
    "role": "arn:aws:iam::293503197324:role/lambda"
}
```

项目的目录结构如下所示。

```
-project.json
-functions
├── packt-bar
|   └── index.js
└── foo
|   └── index.js
```

在 Node.js 中,函数本身的源代码如下。

```
console.log('start packt-bar')exports.handle = function(e, ctx) {
ctx.succeed({ hello: e.name })}
```

Apex 在项目级别运行,但许多命令允许用户指定特定的功能。例如,可以使用单个命令部署整个项目。

```
$ apex deploy
```

也可以列出要部署的白名单功能。

```
$ apex deploy foo packt-bar
```

可以使用以下方法调用函数。这里将一个名称传递给管道,然后使用 apex 调用函数。输出显示为 "hello" : "Tobi"。

```
$ echo '{ "name": "Tobi" }' | apex invoke packt-bar
```

```
Output:
{
    "hello": "Tobi"
}
```

2. 示例 2：Apex 部署工具

在该示例中，将演示如何使用通配符标记部署所有函数、特定函数，其中通配符将包含所提及目录中所有匹配的函数。

在当前目录中部署所有的函数：

```
$ apex deploy
```

在～/dev/myapp 目录中部署所有的函数：

```
$ apex deploy -C ~/dev/myapp
```

部署特定的函数：

```
$ apex deploy auth
$ apex deploy auth api
```

部署名称以 auth 开头的所有函数：

```
$ apex deploy auth*
```

部署以_reporter 结尾的所有函数：

```
$ apex deploy *_reporter
```

从现有的 zip 文件中部署：

```
$ apex build auth > /tmp/auth.zip
$ apex deploy auth --zip /tmp/auth.zip
```

3. 示例 3：Serverless 部署工具

Serverless 得到了该领域内企业的广泛使用。这里提供了 Serverless 的示例做参考。请确保已经安装了 Serverless，然后安装 Serverless 的命令行。可以使用 Serverless 或 sls 别名命令来调用它。

在以下位置检查 Serverless 的配置文件：`https://github.com/serverless/serverless/tree/master/lib/plugins/create/templates/aws-python`.

使用 Serverless 命令时，必须配置两个重要的文件。

● `serverless.yml`：包含有关如何部署 `serverless` 功能的细节。`sls/serverless` 命令会用到该文件。

● `handler.py`：包含实际的函数代码。可以在这里定义自己的函数。

`sls` 命令可用作 `serverless` 的快捷方式，如下所示：

`$ sls`

以下步骤演示了如何使用 Serverless 工具创建和部署服务。

1. **创建服务**。该命令用于创建服务模板，以便编写自己的功能。使用 `sls create` 命令，可以指定 `aws-python` 以及其他可用的模板。在该示例中，将使用带有 `--template`（或简写为`-t`标记）的 `aws-python`。`--path`（或简写为`-p`）用于更新将要创建模板服务文件的路径。

```
# sls create --template aws-python --path my-service
```

2. **部署函数**。以下代码将根据 `serverless.yml` 文件中创建的配置将该函数部署到 AWS Lambda。

```
# sls deploy
```

3. **调用已部署的函数**：使用 `sls invoke` 命令运行函数。`-- function`（或简写为`-f`）可用于指定函数名称。

```
# sls invoke -f hello
```

在终端窗口中，可以看到来自 AWS Lambda 的如下响应。

```
{
    "status Code": 200,
    "body": "{\"message\":\"Go Serverless v1.0! Your function executed successfully!\",
\"input\":{}}"
}
```

现在我们已经部署并运行了第一个 Hello World 函数！

2.4.3　使用 Jenkins 或 TeamCity 进行基于虚拟平台的部署

如果我们有基于云的实例（如 AWS EC2）或虚拟机（如 VMware VM、Windows 的 Hyper-V 服务器），则可以使用 Jenkins 作为部署工具，而不是 GoCD 或 TeamCity 等其他工具。可以通过许多方式来使用 Jenkins，将其用于普通作业和基于管道的复杂的部署作业。

Jenkins 作业可以手动配置，也可以使用 Jenkins 的描述性脚本语言（DSL）来配置，DSL 是一种改进的 Groovy 形式，通常可以在项目中以 `Jenkinsfile` 的形式找到它。以下步骤简要概述了如何创建新的 Jenkins 作业并将其用于部署。

1. 使用 Jenkin 的 DSL 或使用纯 Groovy 语言配置 Jenkins 作业，并从 `Jenkinsfile` 中调用第 2 步中提到的脚本。

2. 使用传统的脚本语言（如 Bash 或 Python）编写部署脚本。

3. 前两个步骤可以完成大部分的部署工作，编写的脚本将定义希望在 Jenkins 作业中实现的目标。

4. 运行 Jenkins 部署作业。

我们没有使用屏幕截图显示这些步骤，因为有许多示例可以在互联网上轻松搜索。第 4 章中有一个基于 Jenkins 的部署示例，可以通过它来了解如何使用 Jenkins 进行配置和部署。

2.5　使用 Spring Boot 和 RESTful 框架的微服务

不同公司的代码库往往呈指数级增长，复杂性也在增加。在一个单体应用程序的开发过程中，有多个独立的开发团队。这些团队实际上根本就不是那么独立的，他们同时在同一个代码库上工作，并改变相同的代码部分。新的开发人员要为业务做出贡献是很困难的，而且开发过程很缓慢。正因如此，我们看到了向微服务的逐渐转变。

图 2.5 所示为微服务容器、业务逻辑镜像容器、数据访问层容器，以及基于微服务的分布式模型的工作模型。

Spring 框架是一个企业级的 Java 框架，可以用来编写企业级的 Java 应用程序。Spring Boot 可以用来快速启动一个简单的 Spring 应用程序的开发。还可以使用 Spring Boot 快速构建更复杂的应用程序。它使用户能够轻松地创建一个可快速投入生产环境的应用程序。

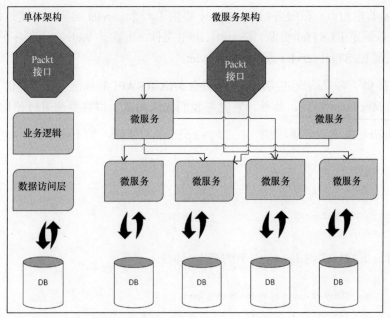

图 2.5

让我们来看看 Spring Boot 究竟是什么。Spring 是我们已经非常熟悉的东西，它是一个创建企业级 Java 应用程序的框架，具有许多不同的功能。Spring Boot 则是一种能够引导（bootstrap）Spring Framework 的东西。

接下来介绍 Spring Boot 的主要特征。

- **约定优于配置**：Spring Boot 有某些默认配置，可以在应用程序中使用。如果有必要，可以根据要求改变这些配置，但这些默认配置可以加速使用 Spring Boot 构建应用程序的速度，因此通常没有必要进行配置。举一个例子：如果有 100 件不同的事情需要配置，往往可以使用默认配置来完成这些任务的 80%。

- **独立**：通常在构建 Spring 应用程序时，需要构建一个 war 文件或 Web 应用程序，然后将其部署在 Tomcat、任何容器或应用程序服务器上。但是，使用 Spring Boot 能够得到可以直接运行的独立应用程序。无须使用任何应用程序服务器或容器进行部署。

- **生产就绪**：不需要做任何其他事情来使微服务为生产做好准备。

2.6 Jersey 框架

Jersey 是一个由 Oracle 开发的开源框架。它是 JAX-RS API 的官方参考实现，与

Apache CFX 非常相似。在服务器端，Jersey 提供了一个 servlet 实现，可通过扫描定义的预定义类，以确定 RESTful 资源。在 web.xml 文件（也就是 Web 应用程序的部署文件）中，可以配置 RESTful servlet 或 Jersey servlet。

Jersey 提供了客户端库的实现，完全符合 JAX-RS API 的标准。它还提供了几种安全工具，如授权或 bean 验证。此外，它允许我们集成测试，供容器部署时使用。

对于 Spring 集成，必须添加 `jersey-spring4` 依赖，如下所示：

```
<dependency>
<groupId>org.glassfish.jersey.ext</groupId>
<artifactId>jersey-spring4</artifactId>
<version>2.26</version>
</dependency>
```

下面看一下如何实现 Jersey 框架的基本示例：

```
public class SimpleTest extends JerseyTest
{
    @Path("/hello")
    public static class HelloResource
{
    @GET

public String getHello()
{
return "Hello World!";
 }
}
@Override
protected Application configure()
{
return new ResourceConfig(HelloResource.class)
 }
@Test
public void test()
{
Response response = target("hello").request().get();
String hello = response.readEntity(String.class);
assertEquals("Hello World!", hello);
response.close();
}
}
```

来自 `projectURL/hello/` 的 Web 请求将通过 `@Path("/hello")` 来匹配 `Hello World!`。

2.7 表述性状态转移（REST）

REST 用于跨 Web API 进行数据通信。REST API 与网站的工作方式非常相似：用户从客户端调用服务器并获取 HTTP 响应。REST 使用 HTTP 方法与客户端和服务器进行交互。REST 可接受各种数据格式，如 JSON 或 XML。它通常更快并且使用的带宽更少。它也很容易与其他应用程序集成。

REST API 中常用的 HTTP 方法包括下面这些。

- GET：用于通过 API 检索数据。这是一种只读方法，可以安全地使用多个 GET 方法。

- PUT：用于使用 API 更改或更新数据。它是一种写方法，可以使用多个 PUT 方法。

- POST：用于创建或插入数据。这是一种写方法。

- DELETE：用于删除特定的数据。

任何使用 REST 架构的 Web 服务都称为 RESTful API 或 REST API。

这里以一个使用微服务架构开发的 Packt Publishing 应用程序为例。在这里，每个微服务都专注于单个业务功能。PacktBookBase、PacktAuthorBase 和 PacktReaderBase 都有自己的实例（服务器）并相互通信。在 Spring Boot 的启动过程中，需要添加以下依赖。

```
<parent
<groupId>org.springframework.boot</groupId>
<artifactId>spring-boot-starter-
parent</artifactId><version>1.2.0.RELEASE</version>
</parent>
<dependencies>
<dependency>
<groupId>org.springframework.boot</groupId>
<artifactId>spring-boot-starter-web</artifactId>
</dependency>
<dependency>
<groupId>org.springframework.boot</groupId>
<artifactId>spring-boot-starter-jersey</artifactId>
</dependency>
</dependencies>
```

为了启用客户端发现，应该在 PacktPubApplication 类中添加上面的注解，从而让客户端发现服务。

PacktPubApplication 类看起来如下所示。

```
package com.example.demo;
import org.springframework.boot.SpringApplication;
import org.springframework.boot.autoconfigure.SpringBootApplication;
@EnableDiscoveryClient
@SpringBootApplication

public class PacktPubApplication
{
  public static void main(String[] args)
  {
    SpringApplication.run(PacktPubApplication.class, args);
  }
}
```

由于 PacktBookBase 会使用这些服务，因此对于 PacktAuthorBase 和 PacktReaderBase 项目来说，上面的类是相同的。

要在 PacktAuthorBase 项目中使用的类如下所示。这将是用来搜索作者的 REST 服务。

```
package com.example.demo;
import javax.inject.Named;
import org.glassfish.jersey.server.ResourceConfig;
import org.springframework.context.annotation.Bean;
import org.springframework.context.annotation.Configuration;
import org.springframework.web.client.RestTemplate;

@Configuration

public class PacktPubApplication
{
 @Named
 static class JerseyConfig extends ResourceConfig
 {
   public JerseyConfig()
  {
    this.packages("com.example.demo");
  }
}
@Bean
public RestTemplate restTemplate()
 {
   RestTemplate restTemplate = new RestTemplate();
```

```
    return restTemplate;
  }
}
```

下面创建第一个服务 PackAuthorBase，它基本上提供了有关作者的所有详细信息，以及他们的电子邮件 ID。稍后，可以通过邮件服务 PackBookBase 调用这个 PackAuthorBase 服务。下面看一看它是如何实现的。

```
package com.example.demo;
import java.util.ArrayList;
import java.util.List;
import javax.inject.Named;
import javax.ws.rs.GET;
import javax.ws.rs.Path;
import javax.ws.rs.Produces;
import javax.ws.rs.QueryParam;
import javax.ws.rs.core.MediaType;
@Named
@Path("/")

public class PacktAuthorBase
{
    private static List<Author> clients = new ArrayList<Author>();
static
{
    Author Author1 = new Author();
    Author1.setId(1);
    Author1.setName("PackAuthor 1");
    Author1.setEmail("Author1@hotmail.com");
    Author Author2 = new Author();
    Author2.setId(2);
    Author2.setName("PackAuthor 2");
    Author2.setEmail("Author2@hotmail.com");
    clients.add(Author1);
    clients.add(Author2);
}
@GET
@Produces(MediaType.APPLICATION_JSON)

public List<Author> getClientes()
{
    return clients;
}

@GET
@Path("Author")
@Produces(MediaType.APPLICATION_JSON)
```

```
public Author getCliente(@QueryParam("id") long id)
{
    Author cli = null;
    for (Author a : clients)
    {
        if (a.getId() == id)
        cli = a;
    }
    return cli;
}
```

现在，创建一个名为 Reader 类的新类，它将帮助读者通过图书的 id、sku 或 description 来搜索图书。Reader 类实现如下。

```
package com.example.demo;

public class Reader
{
    private long id;
    private String sku;
    private String description;

    public long getId()
    {
        return id;
    }
    public void setId(long id)
    {
        this.id = id;
    }
    public String getSku()
    {
        return sku;
    }
    public void setSku(String sku)
    {
        this.sku = sku;
    }
    public String getDescription()
    {
        return description;
    }
    public void setDescription(String description)
    {
        this.description = description;
    }
}
```

再创建一个 `PacktReaderBase` 服务，它将包含所有读者的数据，包括他们的 `id`、`sku` 和 `description`。这里导入一些预定义的命名空间，例如 `core.MediaType`，来获取媒体类型列表、`QueryParams`（将 URI 查询参数集成到方法中）、**Arraylist** 和其他命名空间。

```java
package com.example.demo;
import java.util.ArrayList;
import java.util.List;
import javax.inject.Named;
import javax.ws.rs.GET;
import javax.ws.rs.Path;
import javax.ws.rs.Produces;
import javax.ws.rs.QueryParam;
import javax.ws.rs.core.MediaType;
@Named
@Path("/")
public class PacktReaderBase
{
private static List<Reader> Readers = new ArrayList<Reader>();
static
  {
    Reader reader1 = new Reader();
    reader1.setId(1);
    reader1.setSku("packpub1");
    reader1.setDescription("Reader1");
    Reader reader2 = new Reader();
    reader2.setId(2);
    reader2.setSku("packpub2");
    reader2.setDescription("Reader2");
    Readers.add(reader1);
    Readers.add(reader2);
}
@GET
@Readers(MediaType.APPLICATION_JSON)

public List<Reader> getProdutos()
 {
    return Readers;
 }
@GET
@Path(Reader)
@Readers(MediaType.APPLICATION_JSON)

public Reader getProduto(@QueryParam("id") long id)
{
    Reader prod = null;
    for (Reader r : re)
    {
```

```
            if (r.getId() == id)
            prod = r;
        }
    return prod;
    }
}
```

接下来创建主类，它将使用所有名为 PacktBookBase 的其他服务。

```
package com.example.demo;
import java.util.Date;
import javax.inject.Inject;
import javax.inject.Named;
import javax.ws.rs.GET;
import javax.ws.rs.Path;
import javax.ws.rs.Produces;
import javax.ws.rs.QueryParam;
import javax.ws.rs.core.MediaType;
import org.springframework.web.client.RestTemplate;
@Named
@Path("/")

public class PacktBookBase
{
    private static long id = 1;
    @Inject
    private RestTemplate restTemplate;
@GET
@Path("book")
@Produces(MediaType.APPLICATION_JSON)

public book submitbook(@QueryParam("idAuthor") long idAuthor,
@QueryParam("idProduct") long idProduct,
@QueryParam("amount") long amount)
{
    book book = new book();
    Author Author = restTemplate.getForObject
    ("http://localhost:9001/Author?id={id}", Author.class,idAuthor);
    Reader reader = restTemplate.getForObject
    ("http://localhost:9002/reader?id={id}", Reader.class,idProduct);
    book.setAuthor(Author);
    book.setReader(reader);
    book.setId(id);
    book.setAmount(amount);
    book.setbookDate(new Date());
    id++;
        return book;
    }
}
```

现在已经完成了编码部分，接下来尝试运行这个应用程序并进行测试。首先，需要启动 REST 服务。在端口 9001 上启动 PacktAuthorBase 服务，在 9002 中启动 PacktReaderBase，在端口 9003 上启动 PacktBookBase。需要验证以下端口并查看它们是否正在运行。

- Dserver.port=9001

- Dserver.port=9002

重新启动服务后，打开浏览器或 Postman 来测试代码。可以通过以下链接测试 PacktAuthorBase 服务。

```
http://localhost:9001/
```

这将以 JSON 格式返回响应，如下所示：

```
[{"id":1,"name":"PackAuthor
1","email":"Author1@hotmail.com"},{"id":2,"name":"PackAuthor
2","email":"Author2@hotmail.com"}}]
```

可以看到，响应内容由代码库中所有已经注册的作者组成。它表明 PacktAuthorBase 服务正常运行。还可以通过另一种方法测试此服务，该方法只返回一个特定作者的详细信息。

```
http://localhost:9001/Author?id=2
```

这将以 JSON 的格式返回作者的数据。

```
{
"id":2,
"name":"PackAuthor 2",
"email":"Author2@hotmail.com"
}
```

同样，要测试 PacktReaderBase 服务的功能是否正常，可调用以下 URL。

```
http://localhost:9002/
```

这将以 JSON 的格式生成以下结果。

```
[{"id":1,"item":"packpub1","Description":"Reader1"},{"id":2,"item":"packpub
2","Description":"Reader2"}}]
```

现在测试最终服务 PacktBookBase 的功能。下面进行 API 调用，以获取 ID 为 2 的作者信息、ID 为 1 且数量为 4 的产品信息。

```
http://localhost:9003/book?idAuthor=2&idProduct=3&amount=4
```

这将生成以下 JSON，它表示书的标题。

```
{"id":1,"amount":4,"bookDate":1419530726399,"Author":{"id":2,"name":"PackAuthor
2","email":"Author2@hotmail.com"},"reader":{"id":1,"sku":"packpub1","Description":
"Reader1"}
```

Spring Boot 具有简单但功能强大的实现，是实现微服务架构的不错选择。

2.7.1　部署 Spring Boot 应用程序

要部署 Spring Boot 应用程序，需要了解 MVN 和 Tomcat servlet。MVN 用于构建 Web 应用程序资源或 Web 应用程序归档（WAR）文件，Apache Tomcat 是应用程序的服务器。现在看看如何在应用程序的服务器中安装 Spring Boot 应用程序。

```
# Download Tomcat 9.0.13 latest version using below commands:

PacktPub$ curl -O
http://www-us.apache.org/dist/tomcat/tomcat-9/v9.0.13/bin/apache-tomcat-9.0.13.tar.gz
% Total % Received % Xferd Average Speed Time Time Time Current
Dload Upload Total Spent Left Speed
100 9112k 100 9112k 0 0 799k 0 0:00:11 0:00:11 --:--:-- 1348k

# Extract it and provide sufficient permissions.

$ tar -xvzf apache-tomcat-9.0.13.tar.gz

# Maven clean and package everything into a WAR file.

$ mvn clean package

# Copy WAR created by MVN to Tomcat/webapp, we are renaming WAR to springbootcode.war
$ cp target/PacktPub-spring-boot-example.war apache-
tomcat-9.0.13/webapps/springbootcode.war

# Start Tomcat like below

$ ./apache-tomcat-9.0.13/bin/startup.sh
Using CATALINA_BASE: /Users/springbootcode/projects/PacktPub-spring-boot-example/
apache-tomcat-9.0.13
Using CATALINA_HOME: /Users/springbootcode/projects/PacktPub-spring-boot-example/
```

```
apache-tomcat-9.0.13
Using CATALINA_TMPDIR: /Users/springbootcode/projects/PacktPub-spring-boot-example/
apache-tomcat-9.0.13/temp
Using JRE_HOME:
/Library/Java/JavaVirtualMachines/jdk1.8.0_74.jdk/Contents/Home
Using CLASSPATH: /Users/springbootcode/projects/PacktPub-spring-boot-example/apache-
tomcat-9.0.13/bin/bootstrap.jar:
/Users/springbootcode/projects/PacktPub-spring-boot-example/apache-tomcat-9.0.13/
bin/tomcat-juli.jar
Tomcat started.
```

2.7.2 监控微服务

无论管理何种应用程序，监控始终是其中的一个关键部分。然而，在谈论如何监控微服务时，需要考虑几个独特的挑战。在单体架构中，有一个通用的构建（build）或库，用于在一对应用服务器中部署所有的服务，这些应用服务器可能与其他库有依赖关系。本节将重点讨论为了在生产环境中更有效地监控应程序而需要做出哪些修改。

可以使用 Kubernetes 监控、维护和运维容器。需要启用应用程序的洞察力来查看容器内运行的内容。在这里，可以对服务的性能（而不是容器的性能）设置警报。由于使用的是云，因此需要根据项目要求来设置基础设施。尽管相较于单体应用程序，在微服务中要更容易检测和诊断出不健康的节点，但是我们依然需要监控 API。每个微服务都可能与其他服务或后端数据库进行交互，因此需要对所有可能导致应用失败的松散点进行监控。需要设置能够及早发现问题的监控。如果能在某些常见的场景中实现自我修复，就能提高应用程序的正常运行时间。我们需要衡量一些常见的指标，下面来看一下。

1．应用程序指标

应用程序级别的指标使 IT 团队或开发人员能够检查和诊断应用程序的问题。根据我们对应用程序的了解，可以为监控设置一些关键指标。下文列出了一些重要的应用程序级别的指标。

- 平均应用程序响应时间：指的是应用程序的性能。换句话说，它是网站向终端用户返回 HTTP/HTML/请求所需的时间。这些指标可以让我们从终端用户的角度来了解性能。有许多工具可用于监测应用程序的响应时间。SolarWinds 就是一个例子，它可以确定响应时间问题的根本原因，并改善服务器和应用程序的性能（见图 2.6）。

图 2.7 给出了排名为前 10 的应用程序的响应时间。

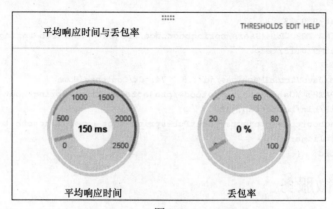

图 2.6

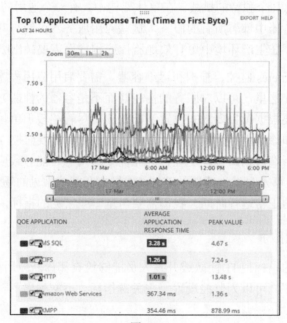

图 2.7

- **峰值响应时间**：峰值响应时间指标可使 IT 团队识别导致应用程序变慢的节点，有助于提高应用程序的整体性能。例如，一个特定节点可能需要 10 秒才能加载，而平均响应时间远小于此值。

- **错误率**：该指标可使公司和 IT 团队能够了解应用程序何时失败。它表示为每个单元的错误率。错误率是错误的请求数与总请求数的比值。

- **并发用户**：指的是在预定的时间内使用资源的人数。每个 Web 服务器都有一个最大并发用户数的限制。它可能与平均响应时间相关，因为如果一个 Web 服务器上的并发用户增加，这将带来平均响应时间的增加。此外，随着并发用户的增加，系统将需要更多的资源，如带宽、内存或 CPU 周期（这取决于服务器的硬件和被服务的请求类型）。

- **每秒请求数（RPS）**：表明每秒有多少请求（如网页、图像、视频、音频文件或数据库的资源）被发送到后端服务器。平均 RPS 率可能因公司而异，这取决于每个应用的高负载程度。例如，图像或 HTML 等内容（静态内容）是由 Apache 或 Ngnix 等 Web 服务器来提供的。然而，如果需要查询数据库，则需要更多的资源，因为它需要连接到 Web 服务器和后端数据库。

- **吞吐量**：这是通过一个系统的数据、信息、请求和数据包的数量。它用来衡量在处理并发用户和请求时，会用到多少带宽。一个较高的吞吐量值对一个应用程序来说是一件好事，因为它表明一个应用程序可以应对日益增长的并发用户数。

2. 平台指标

可用来深入了解一个应用程序的基础设施，例如，顶级数据库查询的平均执行时间，或顶级 DTU/CPU 消耗查询的平均执行时间，或应用程序的资源消耗，或每个服务端点的平均响应时间，或每个服务的成功/失败率。应该对这些指标设置一些高优先级的警报，因为这可能直接影响到用户体验。我们需要通过积极主动的方法先于客户抓住这些问题/故障。例如，可以设置一些自动化操作，使其在高峰期自动扩展系统资源。这种监测有助于我们了解平台的性能。

3. 系统事件

众所周知，外部力量一直在试图破坏系统。每个 IT 团队都知道，在新的代码修改、新的版本部署和系统错误之间，存在很强的关联性。为了调查这些问题，需要有一个与系统和应用程序相关的部署日志。我们需要有正确的时间序列数据来找出系统或部署失败的实际根源。应该使用日志来记录这些信息，以达到调查的目的。

2.7.3 用于监控微服务的工具

用于监测微服务的最佳工具之一是 AppDynamics。它允许用户监测应用程序的性能和基础设施，并给予代码级的可视性。它支持所有主流的技术（包括 Java、.NET、PHP、Node.js 和 NoSQL），并且可以安装在本地或用作 SaaS 解决方案。AppDynamics 的好处是，可以用来查看服务器的健康状况和图表应用程序的拓扑结构。这有助于我们通过深入到代码级别的细节来发现和解决性能问题。它可用于轻松跟踪重要的服务器指标和性能趋势，并确保不会因为修复瓶颈而影响到终端用户。

AppDynamics 可用来查看服务器的健康状况和其他指标。它将有助于通过深入到代码中来发现和解决性能缓慢的问题。每个应用程序都安装有一个代理。这个代理在应用程序的后端工作，收集所有必要的转储文件或指标，并将这些信息转发到主服务器。主服务器在 Web 浏览器中显示这些报告。还可以对这些收集到的指标设置警报并生成报告（见图 2.8）。

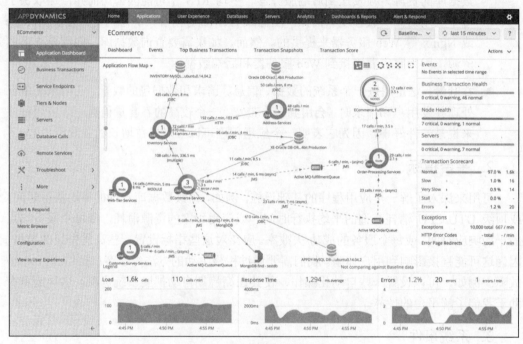

图 2.8

可用于监控微服务的其他几种工具是 JFR（免费）和 Dynatrace。

2.8 节将介绍一些有关微服务及其含义的常见问题。

2.8　关于微服务的重要事实

下面看一下以下事实，它们可以让我们更清楚地了解微服务。

2.8.1　当前市场中的微服务

有多种原因导致人们开始更多地关注微服务架构，而不是单体架构或面向服务的架构（SOA）。这是因为微服务具有以下优点：

- 能够快速响应变化；

- 由领域驱动的设计；

- 有大量的自动化测试工具；

- 有大量的发布和部署工具；

- 有大量的按需托管技术；

- 有大量的在线云服务；

- 能够拥抱新技术；

- 相当可靠；

- 能够进行异步通信；

- 服务器端和客户端技术更简单。

2.8.2　何时停止微服务的设计

设计微服务通常更像是一门艺术，而不是一门科学。该领域中有很多建议，但有时这可能过于抽象。下面列出了一些重点建议。

- 微服务不应与其他微服务共享数据库。

- 它们应限于一定数量的数据库表。

- 需要确保将微服务构建为有状态或无状态微服务。或者，可以通过使用通用数据库或文件系统（如共享 RDS、AWS、EFS 或类似 NFS 的系统）将有状态微服务转换为无状态微服务。

- 在编写微服务代码和运行应用程序之前，应该考虑微服务的所有必需输入。

- 输出应该是事实的单一来源。

2.8.3　是否可以使用微服务格式将团队划分为小型或微型团队

这可能有点偏离主题，但这个问题有助于我们以一种有趣的方式来了解这项技术。我们来看看 Amazon 首席执行官 Jeff Bezos 最近提出的"two pizzas rule"（两个披萨原则），它指出了会议中应该出席的最多人数。这表明微服务的概念也适用于工作场所，以提升团队的专注力。

在过去的 15 年里，由于更新的技术和分布式环境（如消息队列、异步调用、容器等）层出不穷，代码库迅速扩大，复杂性也随之增加。许多公司选择转向基于微服务的架构，这可以在不对用户产生任何影响的情况下，更容易地替换和升级任何组件。

2.9　总结

本章试图介绍几乎所有与微服务有关的内容，包括如何设计和实现微服务。我们可以根据自己的产品规范来设计微服务，也可以为自己的产品挑选不同的设计原则、部署技术、语言和技术。本章介绍了使用 Spring RESTful 框架的各种示例。请大胆自信地参考本章中提的这些准则，这可以让你的应用程序易于管理、扩展和自动化。

下一章将介绍微服务的各种方法、最佳做法、优化技术、模式和算法，这些都是主题专家（SME）推荐的。

第 3 章
微服务弹性模式

一个公认的事实是，全球的企业可以通过建立高度可靠的 IT 系统，轻松实现难以捉摸的可靠性目标，因为 IT 是最直接和最伟大的业务推动者。然而，由于各种信息技术和工具的高度异质性以及日益增多的多样性，IT 的复杂性一直在上升，因此，在开发可靠的 IT 系统时面临着许多挑战和担忧。主题专家（SME）和卓有建树的架构师推荐了各种方法、最佳做法、优化技术、模式和算法，以持续降低 IT 的复杂性并开发大量可靠的 IT 系统。弹性是可靠系统的首要因素。换句话说，业务工作负载和 IT 服务必须具有优雅的弹性，以保证其操作、产品和产出的可靠性。微服务架构（MSA）被标榜为开发任务关键型、企业级、生产就绪型、流程感知型、事件驱动型、面向服务型和以人为本的应用程序的最佳方式。此外，在 MSA 领域有大量的创新和改进，可用于构建和部署具有可用性、可靠性、可扩展性、高性能/吞吐量、安全性、简单性、灵活性和可持续性能力的应用程序。本章将重点讨论各种微服务弹性模式，这些模式在本质上都支持可靠系统的设计、开发、调试、交付和部署。

本章将介绍以下内容：

- 微服务和容器的有效融合；
- IT 可靠性挑战和解决方法；
- 微服务设计、开发、部署和操作模式；
- 微服务弹性模式；
- 高可用的微服务模式；
- 微服务 API 网关设计模式；
- 将应用程序分解为微服务的模式。

3.1　微服务和容器简介

微服务是支持 API、自包含、松散耦合和细粒度的服务。MSA 代表了一种高级的架构风格，用于组成以微服务为中心的企业级应用程序。MSA 是面向服务架构（SOA）范式的一个直接和独特的分支，克服了 SOA 的各种缺点。知名人士和专家基于他们在面向服务的企业级应用程序、嵌入式应用程序和云计算应用程序方面的丰富经验，引入了这一新范式，它正在迅速席卷整个 IT 行业。MSA 带来了许多独特的商业技术和用户利益。通过合并各种 MSA 特性，业务系统的灵活性和可扩展性大大增强。MSA 通常以业务为中心，以可配置、可定制和可组合的方式实现下一代的业务应用程序。MSA 最终为迅速和无风险地实现高度可靠的企业级应用程序提供了相关能力。一般来说，基于微服务的应用程序将各种业务功能隔离成一个较小的、易于管理的服务集合。准确地说，微服务可独立部署，可横向扩展，可互操作，可组合，可公开发现，可通过网络访问，可移植。此外，随着 DevOps 概念和文化在全球企业中的稳步成熟与稳定，MSA 必将在生产环境中实现敏捷应用程序的设计、开发和部署的长期目标。

微服务可以让开发人员更轻松、更快速地进行复杂的大规模应用程序的设计、开发和部署。从本质上讲，MSA 是一个经过验证的过程，它将软件应用程序开发为一套小型且独立的服务，其中每个服务在一个独立的进程中运行应用程序的独特功能，并通过具有明确定义的轻量级机制（REST API）进行通信。微服务相互之间彼此合作以满足快速发展的业务需求。MSA 是用于开发下一代移动应用程序、企业级应用程序、嵌入式应用程序、互联应用程序和云应用程序的最合适的架构模式。微服务可以特定于业务，也可以是不可知的，因此可以满足不同的需求。有几种开源的和商业级的框架、工具集、编程语言和加速器可用来设计和构建微服务。有一些服务组合（编制与编排）平台可以快速组成以流程为中心和业务感知的微服务。可以通过 API 网关和可管理的解决方案来实现分布式微服务之间的正确通信，并且有几个强大的 DevOps 工具可以实现基于微服务的应用程序的持续集成、交付和部署。最后，容器和微服务之间的优雅衔接将带来一些新鲜的机会和可能性。

MSA 的一个关键方面是，每个微服务可以有自己的生命周期。位于不同地理位置的不同团队可以独立设计、开发、部署和管理各自的微服务。唯一的限制是，他们必须保持 API 的兼容性，以支持向后和向前的兼容性。每个微服务通常由一个由架构师、设计师、开发人员、部署人员组成的团队拥有和运营。这种自主性和敏捷性与持续集成、交付和部署工具相结合，使得新的和修改后的应用程序可以非常频繁地部署（也就是每天几次）。微服务是独立的，因此可以自治。由于微服务具有解耦性质，因此一个微服务的失败不会影响其他微服务。

3.1.1 容器化范式

容器通常依赖于托管主机的操作系统/内核，以最佳方式灵活获取和使用主机的各种计算、网络和存储资源。容器天生就使用了 Linux 内核的资源隔离功能，如内核命名空间。这种命名空间机制隔离了应用程序对操作环境的看法，包括进程树、网络、用户 ID 和挂载的文件系统。内核直接提供的另一个重要功能是 cgroup，它可以对资源进行限制。主要的资源包括 CPU/核心、内存、块 I/O 和网络。第三个功能是支持联合文件系统，如 AUFS 和其他文件系统。这些功能使得容器能够独立、隔离地在 Linux 机器上运行。在消除虚拟机（VM）的启动和维护开销时，这种操作系统虚拟化现象就很方便了。通过容器化来共享操作系统的功能，在提高资源利用率、容器化 IT 基础设施的实时和水平弹性、容器化微服务的动态组合，以及任务和应用程序的容器分配等方面带来了战略上的好处。

与虚拟机相比，容器的主要区别在于应用程序的打包、复制、可移植性（包含应用程序的容器可以以自动化方式构建、使用标准化格式打包、跨平台使用，并在任何地方运行）以及简单性。容器经过高度优化，占据的空间更小。应用程序容器承载在任何平台上运行该应用程序所需的所有内容，因此容器是自定义和自包含的。由于容器的轻量级特性，资源调配型容器发展迅速。为了实现实时和横向可扩展性，容器被定位为同类中的最佳解决方案。此外，容器作为基础设施是不可改变的，它们本身就支持可重复性，并保证物理/裸机（BM）服务器的资源利用率更高。最后，容器化范式与快速出现和不断发展的 DevOps 概念密切相关。随着许多 DevOps 工具的到来，容器化应用程序和服务的持续集成、交付与部署正在以自动化方式实现。在自动执行 DevOps 的核心任务时，容器会派上用场。容器本质上可以与软件工程组件更好地协调和集成。容器促进了部署的可扩展性、弹性和速度，因此成为采用高度分布式应用程序架构的重要实体。容器通常用于不断变化的应用程序环境中，在这样的环境中，会定期引入、合并新代码或更新后的代码。

一个有弹性的应用程序可以继续处理数据和进行交易，即使应用程序的一个或多个组件由于各种原因出现故障或速度减慢。错误和任何类型的偏差都必须能主动和预先识别，以便它们在对系统造成任何不可挽回的损失之前将其隔离和遏制。也就是说，故障被控制在受影响的组件内，这样其他组件就不会受到影响。而且必须立即停止错误向系统其他功能部件进行传播，这样一来，系统中一个部分的错误不会使整个系统崩溃。管理和控制系统必须通过适当的行动来修复该组件，或杀死它以重新生成该组件的新实例。一个系统如果在设计时没有考虑弹性，则必然会失败。也就是说，底层的 IT 基础设施和应用程序都必须进行明智的设计、开发和部署，以实现难以实现的可靠性目标。对于即将到来的物联网和支持人工智能的数字转型与智能时代，可靠的 IT 基础设施和平台，以及有弹性的业务应用程序是实现预期成功的最重要因素。让我们先离题一点，讨论一下为什么会这样。

3.2 IT 可靠性挑战和解决方案

即使一个有弹性的应用程序的一个或多个组件由于内部或外部原因而失败，它也可以继续处理数据和进行交易。也就是说，当一个软件系统受到攻击时，系统必须找到一条生存的出路，或者迅速恢复到原来的状态。因此，每一个复杂的关键任务系统都必须使用最适用的弹性属性进行设计、开发和部署。换句话说，一个系统如果没有把弹性作为核心功能来设计，就一定会在某个时候失败。对于即将到来的物联网、区块链和人工智能支持的数字转型与智能时代，有弹性的 IT 基础设施、平台和软件应用程序是实现预期成功的最重要成分。我们看一下为什么会这样。

高度分散的环境带来了新的挑战，集中式计算为去中心化和分布式计算铺平了道路，以便存储和分析大数据并实现大规模处理的需求。单服务器为集群、网格和云服务器让路。即使是家用电器和超融合基础设施（HCI）也可以共同解决大数据的捕获、存储和处理问题。但分布式计算带来了一些挑战。首先，分布式计算中存在的莫名其妙的依赖会产生很多问题。对第三方和其他外部服务的依赖会造成严重破坏。我们无法 100% 地保证位于不同位置的所有服务器和服务能始终正常运行并且响应迅速。我们必须知道，每个集成点都能拥有并构成一个或多个风险。它们可能在某些时候失败，我们必须为任何意外和不必要的故障做好技术准备。这里的教训是，我们不能过分相信外部资源。对第三方服务或后端数据库的每次调用都可能在某些时候中断。如果我们不能免受这些破坏和骚扰，则系统最终可能在某个时间点失效。我们可能无法保证向服务消费者承诺的服务等级协议（SLA）质量和运营级别协议（OLA）质量。

由于太多不同的分布式系统开始相互交互以实现业务目标，因此性能瓶颈可能浮出水面。各种非功能性需求（NFR）/服务质量（QoS）属性的满足仍然是分布式环境中的核心挑战和关注点。防止级联故障，即完全避免任何复杂系统（特别是 IT 系统）中的故障几乎是不可能的。因此，必须巧妙地设计以让它们天生就能够应对任何失败并自动克服。确保弹性的关键在于我们需要以这样一种方式进行设计，即故障不会沉淀并传播到系统的其他组件和其他层，从而导致整个系统崩溃。必须能够主动并抢先捕获组件中的问题并将其加以限制，以防止其他组件继续执行其任务。一般来说，有两个突出的主要故障：外部资源可能会立即响应错误；外部资源可能会缓慢地响应错误。最好是直接响应错误，而不是缓慢地进行响应。因此，建议在调用外部资源时明确指定超时时间，这可以确保快速得到答复。否则，请求会将绑定的执行线程扼杀。如果未指示超时时间，则在最坏的情况下，所有线程都被阻止，从而导致灾难。这里的关键是系统中某个部分的任何故障都不应级联到其他部分以导致整个系统发生故障。断路器是一种重要的弹性模式。在正常闭合状态下，断路器照常执行操作，并且将调用转发到外部资源。当调用无法得到正确的响应时，断路器会记录故障。如果故障数超过一定限制，则断路器自动跳闸并打开电路。也就是说，不再允许任何调用。调用必然会立即失败，而不会尝试执行实际请求的操作。一段时间后，断路器切换到半开状态，此时允许下一次调用来执行操作。根据该调用的结果，断路器可以再次切换到闭合状态或打开状态。

图 3.1 对上文进行了说明。

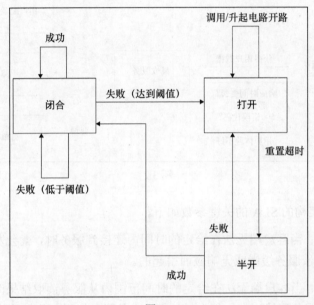

图 3.1

Hystrix 是由 Netflix 公司开发的一个开源框架，它提供了著名的断路器模式的实现。该框架有助于构建弹性服务。断路器模式的主要优点如下：

● 能迅速恢复故障；

● 可以防止级联故障；

● 在可能的情况下进行回滚或适当降级。

Hystrix 库提供以下功能：

● 实现了断路器模式；

● 通过 Hystrix 流和 Hystrix 仪表盘提供近乎实时的监控；

● 生成可以发布到外部系统（例如 Graphite）的监控事件。

　　由于服务是由不同的团队构建和发布的，因此不能期望每个服务具有相同的性能和可靠性功能。而且由于对其他下游服务的依赖性，任何调用服务的性能或可靠性可能会有很大差异。如果前端服务的一项或多项服务无法满足其 SLA，则前端服务可能会被挟持。这反过来又会影响调用服务的 SLA。这一缺陷最终导致了服务用户的体验相当糟糕。这种情况类似于图 3.2 所示的视情况。

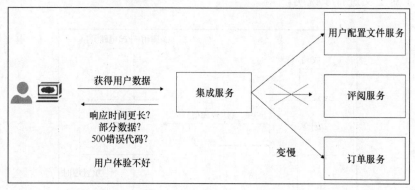

图 3.2

　　影响微服务架构的 SLA 的关键参数如下。

● **连接超时**：当客户端无法在给定的时间内连接到服务时，就会发生这种情况。这可能是由于服务缓慢或无响应而引起的。

● **读取超时**：当客户端无法在给定的时间范围内从服务读取结果时，就会发生这种情况。该服务可能正在执行大量计算，或者正在使用一些低效的方式来准备要返回的数据。

● **异常**：异常一般是由于以下原因引起的：

　　◇ 客户端将错误数据发送到请求的服务；

　　◇ 服务已关闭，或服务有问题；

　　◇ 客户端在解析响应时遇到问题；

　　◇ 可能对服务进行了某些更改，而客户端未对此不知情。

　　因此，实施有弹性的微服务并实现可靠的软件应用程序被许多问题所困扰。因此，人们坚持启用模式、易于理解和使用的最佳做法、集成平台、评估指标和可行的解决方法。

3.3 弹性和可靠性的前景和潜力

弹性模式在某种程度上可以很好地提供所需的弹性。本节将重点介绍建立和实施强制弹性的各个方面。

3.3.1 MSA 是前进的方向

随着移动设备、可穿戴设备、便携设备、游牧设备、无线设备和其他各种 I/O 设备的快速扩散，用户希望能无处不在地访问各种应用、服务、数据源和内容。为了实现复杂的应用程序，不仅要实现普遍的访问，而且要方便快捷地利用数据和服务，这一点至关重要。这意味着软件应用程序和服务应该一直可用。即使一个或多个服务受到攻击，系统也必须通过容忍各种故障、失败和灾难来持续运行。如果应用程序的负载很重，那么系统必须相应地扩大或缩小规模，以在没有任何故障或变慢的情况做出响应。也就是说，必须通过开创性的技术解决方案和弹性模式来确保系统的弹性和响应性。为了实现这一目标，企业越来越需要从静态、容易出错、封闭、不灵活和集中式的架构中走出来，转而选择灵活、开放、动态、分布式和弹性的系统。MSA 是实现弹性、健壮和通用应用程序的前进方向。因此，MSA 是实现弹性系统的一个突出和主导的方法。

微服务的分层架构：使用 MSA，可以动态、熟练地组合多个微服务及其交互来实现单个软件应用程序/功能。因此，所有参与和提供服务的服务之间的通信、协调、协作、佐证和关联对于成功实现基于微服务的多容器应用程序至关重要。在 SOA 时代，企业服务总线（ESB）是几种已验证模式的组合，它擅长通过面向服务的接口来集成不同的应用程序。随着 MSA 更快地被接受和采用，ESB 的互连接性、丰富性、编排、集成、代理、治理、安全性和中介功能在微服务中得到了分散。

因此，当涉及各种微服务的实现时，基于颗粒度和职责/能力的微服务的某种逻辑组织是最重要的。图 3.3 所示的这个分层架构被当作随后的微服务时代最具竞争力的架构。下面仔细看一下该架构的关键层。

原子微服务：在底层，有一个细粒度、自包含服务的动态池，这些服务不具有任何外部服务依赖。这些服务很容易找到、可公开访问、可评估、可移植、可互操作且可组合。这些服务主要由业务逻辑组成。在这些基本和核心服务中未包含网络和通信逻辑的详细信息。

组合微服务：原子微服务通常不能直接使用，因为它们没有直接实现业务功能。原子服务通常遵循单一目的原则。因此，为了实现特定的业务功能，需要识别、评估多个原子微服务的独特功能并将其组合起来。因此，参考架构（RA）中的中间层包括这种复合服务，这些服务是粗粒度的。这些复合服务中的某些服务通常有助于集成、消息扩充、中介、安全性启用、转换和编排服务。另外，随着弹性方面的重要性日益凸显，中介和集成服务将充当弹性支持服务。在 SOA 世界中，ESB 是用于实现应用程序集成的杰出且占主导地位的中间件。现在，通过几种原子服务的智能组合，可以实现 ESB 产品的独特功能。集成、弹性、可伸缩性和可用性有几种模式。这些组合服务实现了这些特殊模式，使得多种技术和解决方案可以自动执行。

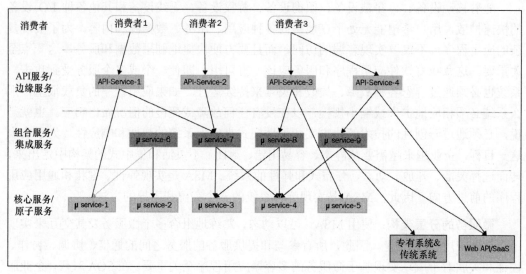

图 3.3

API 服务：有些服务被规定为 API 或边缘服务，它们是特殊类型的复合服务。它们作为 API 生命周期管理服务，是不断增长的微服务生态系统的一部分。它们具有路由功能，负责 API 的版本管理、安全和节流。它们实行货币化并创建 API 组合。微服务架构为应用程序的开发和部署带来了很多灵活性和简单性，但它也引入了新的复杂性。那就是，由于其密集的性质，因此必须巧妙地控制服务通信和协作。此外，在这种架构中处理交易也是一件复杂的事情。这种架构导致了 Web 服务时代的到来。未来的 Web 将由几种类型的服务组成，每个服务都能找到、绑定并与一个或多个其他服务对话，从而带来更大更好的新兴事物。

图 3.4 描述了微服务架构。

MSA 模式是用于开发和运行企业级应用程序的强大解决方案，并且该架构也具有产生响应式、消息驱动和弹性微服务所需的一切。微服务是构建细粒度和高度可重用服务的最强大的构建块。

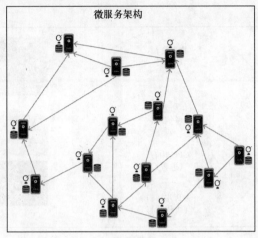

图 3.4

3.3.2 集成平台是时刻保持弹性的需求

这是实现难以捉摸的弹性的第二个贡献因素。当单体和大规模应用程序通过微服务架构模式进行划分时，每个软件应用程序的微服务的数量肯定是偏多的。当拥有大量的微服务时，软件的复杂性必然会增加，因此降低复杂性的技术是最重要的。管理日益增长的复杂性的唯一可能方法是使用平台辅助和增强的自动化。

当前有一大堆弹性模式，如超时、隔板（bulkhead）、断路器等。只使用微服务则很难使一个应用程序具有弹性、响应性、自愈性、稳定性和抗脆弱性，因此还需要能力平台（competent platform）。为了实现一个真正有弹性和适应性的应用架构，我们需要在服务和平台级别实现隔离、外部监控、测量和管理，以及自主决策能力。这些主要要求可以通过开拓富有洞察力的平台来满足。

隔板模式的问题：隔板模式不仅仅与线程池有关。该模式的核心概念是将应用程序的各个元素隔离到池中，这样，如果一个元素无法使用，那么其他元素也不会受到影响。可以在多个级别上应用这个著名的隔板模式，如图 3.5 所示。前文已经介绍过关于开源 Hystrix 框架的内容，先来看带有 Hystrix 的线程池。

Hystrix 广泛使用线程池，以确保专用于应用程序进程的 CPU 时间能更好地分布在应用程序的不同线程之间，由不同的线程进行使用。这可防止一个 CPU 密集型的故障发生在线程池之外。而且，这种安排使服务的其他部分仍能得到一些 CPU 时间，以继续完成它们的任务。但是，还有其他类型的应用程序故障，它们无法通过线程池进行处理。

众所周知的故障包括应用程序中的内存泄漏、某种无限循环和 fork 炸弹。这些故障不能通过线程池来解决。

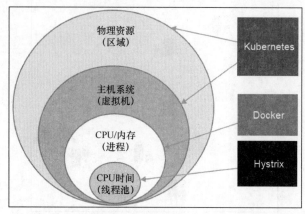

图 3.5

断路器模式的问题：前文已经详细介绍了这种弹性模式。这种模式非常有名，因为它具有自动恢复和自愈的重要特征与能力。但断路器只能保护和恢复与服务通信、交互有关的故障。为了完全恢复其他类型的故障（内存泄漏、无限循环和 fork 炸弹），需要一些其他的手段来进行故障检测、遏制和自愈。

隔离是关键：要克服这些独特的灾难性故障，专家提出的最佳解决方法是隔离。服务及其实例分布在多个裸机服务器、VM 和容器中。服务和资源隔离是实现弹性的目的。这里的方法是保证通过容器将不同的微服务及其实例进行急需的隔离。在隔离并抑制各种预期的和意外的错误与故障时，这种隔离非常有用。下一步是保护 VM 和容器主机。在云环境中，虚拟机是动态的。如果 VM 发生故障，则 VM 上运行的所有服务实例也将消失。这意味着必须在同一裸机服务器内的多个 VM 和多个裸机服务器之间复制同一服务实例。这种方式大大提高了服务的可用性和可审计性。接下来是阻止硬件故障的方法和途径。如果裸机服务器发生故障，则在其上运行的所有 VM 和容器必定会一起崩溃。在这里，数据和灾难恢复是通过分布式但网络化的云中心完成的。

外部监控和自主决策能力：除了隔离设施，还需要有一些行之有效的机制来精确监控、测量和管理外部系统。在越来越多的连接和分布式环境中，依赖关系会造成不可弥补的损失。因此，对所有外部服务的精确监控在建立和确保急需的弹性方面不断发挥作用。外部和第三方服务的实时操作、性能和日志细节可以让请求服务及时采取适当的决策。我们知道，尽管微服务是独立的，在其功能上是自主的，但仍然有必要授权微服务及时做出自己的决定。这被认为是开发有弹性的微服务的关键点之一。

集成平台方法：通过利用服务隔离、对外部服务和资源的持续监控，以及允许进行自主决策等能力，来阻止故障和保证恢复能力是能力平台的当务之急。对于容器化的云，容器协调器（例如 Google 的 Kubernetes）可以使用反亲和力特性将服务实例分布在多个节点上。更进一步，普遍坚持的反亲和性需求可以将服务实例分布在硬件机架、可用性区域中。该设置旨在大幅减少各种故障。

健康检查是另一个重要的要求。每个硬件和软件系统都必须不断检查其健康状况。任何不健康的系统都会损害 SLA。因此，健康检查功能正在被纳入流行的管理平台中。例如，Kubernetes 平台，它有"活跃度和准备度探针"，用于仔细地监控和检测服务中的故障，并在需要时重新启动它们。这是一个强大的功能，因为它可以采用统一的方式来主动监控许多多语言服务和容器化服务。如果有需要，这些服务可以以统一的方式进行恢复。重启服务只是服务恢复的一种方式，但 Kubernetes 有先天的能力来进行自动扩展，以加强和保证服务的可用性。健康检查、服务重启和自动扩展可以处理单独的服务故障。但是，如果整个节点甚至服务器机架出现故障，那么 Kubernetes 的计划安排就会立即启动，并将服务放在一台正常运行的主机上，该主机能够以一种舒适的方式来运行服务。

另一个重要的需求是拥有可以从各种故障中自我修复的系统软件。这里需要注意的一点是，我们需要的不仅仅是断路器的功能。这就是人们坚持使用集成且有洞察力的平台来满足弹性需求的原因。Kubernetes 中有大量工具和引擎可以促进容器管理和编排。Kubernetes 平台还提供了资源隔离、健康检查、销毁和按需启动容器、以最佳方式将容器放在主机中、自动扩展功能和设施等，以简化弹性。这些平台支持的功能确实有助于实现应用程序的弹性、自我修复以及最重要的抗脆弱性。

实现其他相关模式（如超时、重试和断路）的责任正在以类似的方式从应用程序转移到平台上。但是，某些功能尚不属于 Kubernetes 平台。在考虑到合并这些功能的重要性之后，相关产品公司提出了一种称为服务网格的新解决方案。这是用于促进弹性的软件框架。服务网格有多重实现方式，著名的服务网格有 Istio 和 Linkerd。典型的服务网格解决方案带来了增强微服务弹性的附加功能。

Istio 是最受欢迎的服务网格解决方案，作为一个开源平台正在兴起，它促进了微服务的整合、跨微服务的流量管理、策略的执行、遥测数据的聚合等。Istio 有两个平面：控制平面和数据平面。控制平面是主控和管理平面，它可以确保策略以及相应的变化。控制平面在底层容器集群和编排管理平台（如 Kubernetes 等）之上提供了一个额外的抽象层。Istio 主要由以下组件组成。

- **Envoy**：这是 Istio 的数据平面，它利用了行之有效的部署模型。也就是说，可以将其部署为每个微服务/Pod/节点的边车（sidecar）代理，以优雅地处理 Kubernetes 集群中服务之间的入口/出口流量。该代理能够管理从一个服务到外部服务的流量，最终有助于形成安全可靠的服务网格。这提供了许多令人眼花缭乱的新功能，例如服务发现、在第 7 层进行路由、断路、策略建立以及执行和遥测记录/报告功能。

- **Mixer**：这是策略管理解决方案。它是代理和微服务用来执行适当策略（例如授权、节流、配额、身份验证、请求跟踪和遥测收集）的中央组件。

- **Pilot**：这是一个重要组件，完全负责在运行时（runtime）配置代理。

- **CA**：这是一个集中的核心模块，专门负责证书的颁发和轮换。

- **节点代理**：这是一个逐节点（per-node）的组件，负责证书的颁发和轮换。

- **代理（broker）**：这是刚崭露头角的组件，它为基于 Istio 的服务严格地实现了开放服务代理（OSB）。OSB 逐渐成为云领域中的代理解决方案标准。

可以以两种不同的模式部署服务网格解决方案：逐主机代理部署和 sidecar 代理部署。后文将单独指出 Istio 在实现弹性目标方面的各种独特属性。服务网格解决方案将把所有与网络相关的问题从第 7 层转移到第 4 层/第 5 层。其他功能正在稳步地构想并其嵌入服务网格平台中。

简而言之，除了弹性模式以外，集成和高级平台在生产、托管和交付弹性微服务方面也扮演着重要的角色和责任。平台不断被更新的功能所填充，并且成为一种用于实现弹性的可行方法。

微服务的弹性模式：如前所述，有几种方法和接口可以实现弹性。我们已经讨论了 MSA 范式和编排平台如何有助于实现弹性服务，而弹性服务被证明是构建可靠应用程序的最重要要素。这里将讨论关键的弹性模式。有一些特殊的模式已被发掘出来以实现弹性，应用程序架构师必须以明智的方式使用它们来提供弹性功能。

客户端弹性模式：这些模式主要是为了保护调用远程微服务的服务客户端。根据客户端的情况，可以有多个服务消费者来获得一个或多个远程资源的服务。远程资源可以是一个第三方服务或数据库。当远程资源的可用量降低，或抛出错误，或一个事件表现不佳时，不应该对客户端有任何影响。也就是说，客户端不应该因为远程资源出了问题而崩溃。这些模式的目标是允许服务客户端快速失败，这样它就不会一直消耗宝贵的资源，如数据库连接和线程池。这些模式还可以防止远程服务的任何故障蔓延到其他客户端的消费者身上。有下面 4 种客户端弹性模式：

- 客户端负载均衡模式；

- 断路器模式；

- 后备模式；

- 隔板模式。

这些模式在调用任何远程资源的服务客户端中严格实现。

客户端负载均衡模式：使客户端具备负载均衡能力，能深入理解远程服务及其各种实例。负载均衡器收集远程服务及其实例的物理位置。然后，客户端缓存那些服务实例的物理位置。服务发现代理或机制可帮助客户端获取有关目标服务的所有这些有用的信息。每当服务消费者需要调用该远程服务实例时，客户端负载均衡器都会从服务位置池中返回一个位置。负载均衡器可以检测服务实例是否抛出错误或运行是否正常，如果是，则客户端负载均衡器可以从池中删除该服务实例，以防止任何后续服务调用到这个失败的服务实例。

断路器模式：断路器模式是客户端弹性模式。在安装了断路器的情况下，当调用远程服务时，断路器将对调用进行监控。如果调用获得响应的时间太长，则断路器会干预并终止调用以节省各种资源。此外，断路器模式仔细监控对任何远程资源的所有请求，如果有足够数量的调用未能获得任何响应，则断路器会阻止后续服务调用到这个失败的远程资源。

后备模式：后备模式始终用于维持可用性。当远程服务调用未能引起任何响应时，通常会发生异常。但是使用这种模式，服务消费者将搜索并执行一个备用的代码路径，并尝试通过其他一些来源执行已经启动的操作。该请求通常涉及从另一个数据源中查找数据以完成交易。否则，用户的请求可能会排队等待并在稍后的时间进行处理。

隔板模式：通过著名的隔板设计，一艘船通常被分隔成多个完全隔离的密封舱。这种方法背后的想法是，当船发生漏水或其他问题时，使用隔板将水限制在漏水区域或问题所在的区域。这种设置可以防止水充满整艘船，使船免于沉没。同样的概念可以应用于与多个远程资源进行交互的服务。对不同远程资源的调用可以通过不同的线程池来实现。也就是说，每个远程服务都有一个单独的线程池。这大大降低了因一个缓慢的远程资源调用问题而导致整个应用程序崩溃的风险。线程池充当了服务的隔板。如果一个服务的响应缓慢，那么该类型的服务调用的线程池就会饱和并停止处理请求。对其他服务的服务调用则不会受到影响，因为为它们分配了不同的线程池。图 3.6 清楚地描述了 4 个客户端弹性模式的作用。

微服务的操作模式：微服务模型极大地简化了在应用程序中修改和部署一个组合服务的过程。但是与传统的应用程序的部署相比，MSA 模式使整个应用程序的部署复杂化，同时增加了管理和维护大量服务的工作量。因此，为了减少微服务的操作复杂性，出现了一些操作模式，这些模式最初是为常规应用程序的管理而发掘和推广的。

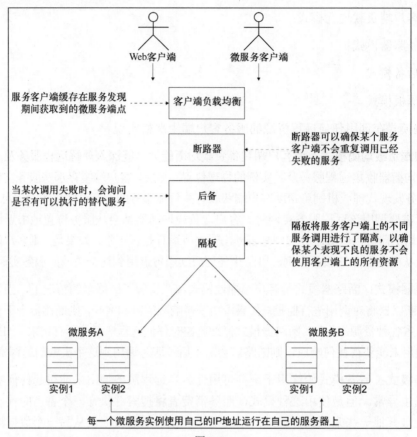

图 3.6

服务注册表模式：微服务需要在一个中央位置进行注册，以方便被随时发现和绑定。微服务经常发生变化以吸收任何技术，并了解业务和位置的变更。这种模式是为了避免对微服务端点进行硬编码，以便在发生更改时，发出请求的服务仍可以找到并动态使用适当的微服务。因此，服务注册表对于以微服务为中心的应用程序的正常运行是必不可少的。

关联 ID 和日志聚合器模式：这些模式实现了更好的隔离，从而简化了调试和部署微服务的过程。关联 ID 模式可以让跟踪通过所有参与的微服务传播，这些微服务本质上通常是采用多语言实现的。日志聚合器模式对关联 ID 模式进行了补充。这种模式允许将由不同的微服务创建和捕获的各种日志聚合到可搜索的单个实体中。跟踪细节以及日志细节有助于高效、易懂地调试微服务。

断路器模式：前面已经讨论了这种模式。图 3.7 清楚地说明了该模式如何有助于避免浪费执行线程和连接池。

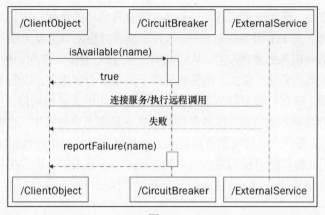

图 3.7

握手模式：这将在简单的断路器上启用部分状态，该状态可以打开和关闭，并为已部署的应用程序增加节流。可以通过询问组件是否具有足够的带宽来引入节流。如果组件太忙，则可以告诉客户端在自己完成手头的工作之前不要再分配更多的工作。

隔板模式：前面已经详细讨论了这种模式。这是众所周知的简化微服务操作的操作模式。

微服务开发模式：设计原则是开发团队应围绕应用程序的基本业务功能开发微服务。微服务单独或集体用于实现一个或多个业务功能。设计和开发微服务有既定的规范、术语和模式。我们可以从单体应用程序中提取微服务，然后根据需要进行修改。也就是说，任何遗留的现代化都会使得我们需要实现几种以业务为中心的微服务。然后可以将这些微服务部署在云环境中。微服务和云服务器很好地结合在一起，可以使遗留的应用程序支持云。另一方面，微服务是从头开始开发的，在进行编排时，利用了所有最新的云特性和这些微服务，从而产生生产级应用程序。这些应用程序是云原生的。无论采用哪种方式，就云的采用而言，开发模式都为构建基于微服务的应用程序提供了基本框架和指南。

单页面应用程序（SPA）模式：随着伟大的浏览器、更快的网络和数十种客户端语言（脚本语言和标记语言）的出现与融合，我们遇到了许多单页面 Web 应用程序。这种 Web 应用程序的魅力在于，它将所有的功能都嵌入到一个页面中。这些应用程序通过对各种基于 REST 的后端服务的动态服务调用来响用户的请求、点击和表单输入。这种设置只更新屏幕的特定部分，而不是加载和呈现一个全新的页面。这种应用架构通常简化了前端的体验，因为更多的责任被委托给了后端服务。

服务于前端的后端（BFF）模式：SPA 模式对于单通道用户的单页面应用程序效果很好，但是如果存在不同的通道，则会带来糟糕的用户体验。最近，我们遇到了具有不同客户端应用程序和浏览器的多输入/输出设备。知名的输入/输出设备包括智能手机、手持设备、可穿戴设备、便携式设备，例如车载信息娱乐设备、带有传感器的物理资产、具有人机界面的固定机器以及快速增长的 IoT 设备生态系统。这种过渡有时会使浏览器无法管理越来越多的基于 REST 的异步后端服务的多次交互，从而使浏览器过载。因此，作为一种很好的解决方案，出现了"服务于前端的后端"模式。该模式适用于后端聚合器服务，该服务可显著减少来自浏览器的调用总数。该聚合器服务处理外部的后端服务内的大多数通信。也就是说，通过向浏览器发送一个容易管理的请求，很多事情就可以在后端无声地发生。这种模式允许前端团队为 BFF 开发和部署自己的后端聚合器服务，以处理获得特定用户体验所需的全部外部服务调用。相同的团队通常使用相同的语言来构建用户体验和 BFF，从而在总体上提高了应用程序的性能和应用程序的交付。图 3.8 所示为不同实体如何相互交互以增强用户体验。

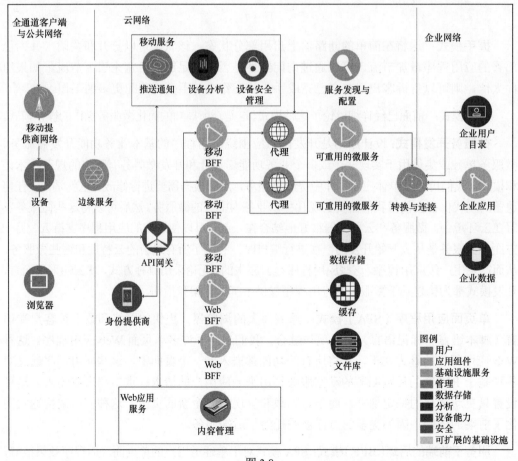

图 3.8

　　在前面的架构中，可以看到通过前端 API 网关到达了微服务层。这些 BFF（移动、

Web 和共享）调用了另一层可重用的 Java 微服务。通常由其他团队来编写这一层。BFF 和 Java 微服务使用微服务架构（例如 Istio）相互通信。

实体和聚合模式：实体是一个主要以其身份来区分的对象。实体主要是通过一个具体的、容易掌握的标识符来明确定义的。实体具有依赖性，不能独立生存。实体之间很好地结合在一起，形成有用和可用的集群/集合，以随时满足不同的业务需求。这里的关键挑战是，集群必须保持一致性，才是正确和相关的。为了形成可行的集群，最重要的途径是为集群选择根，但大多数的微服务开发团队在所有的业务细节方面都不能胜任。在这里，实体和聚合模式可用于识别直接映射到微服务的特定业务概念，微服务用于实现不同的业务功能。

服务模式：可能存在不直接属于任何特定实体或集合的操作。服务模式提供了一种映射此类操作的方法。可以将此类操作建模为具有接口的独立服务。这些通常是任何实体和群集都可以使用的无状态服务。服务在内部使用实体和值对象。

适配器微服务模式：有一些使用 SOAP 和 RESTful 服务构建的传统应用程序，这些应用程序在转型和现代化阶段，非常需要这类适配器微服务。这种专门的微服务在面向业务的 API（使用 RESTful 或任何其他轻量级消息传递技术构建）和传统微服务（其接口是使用传统的 API 或 SOAP API 构建的）之间架起了桥梁并进行适配。适配器微服务通常将现有的和基于功能的服务包装并转换为基于实体的 REST 服务。在许多情况下，将使用 SOAP 构建的基于功能的接口转换为基于业务的接口非常简单。这涉及从基于动词（功能）的方法向基于名词（实体）的方法的转变。大多数时候，SOAP 端点中公开的功能与业务对象上的 CRUD（创建、读取、更新、删除）操作相对应。这种对应关系可以更快地实现 REST 接口。

绞杀者（strangler）应用模式：绞杀者应用模式有助于一步一步地加快单体应用程序的重构过程。这种模式在将任何现有的大规模遗留应用程序转变为灵活的以微服务为中心的应用程序中起着核心作用。这种模式值得称道的地方是，相较于在一次大迁移中完成所有工作，它能更快地创造增量价值。它还为微服务架构的采用提供了一种增量的、无风险的方法。当前存在一些微服务开发框架、语言、平台、流程、实践和模式。微服务可以从头开始构建。另外，微服务可以从传统的应用程序中提取出来，并加以完善以适应不断发展的需求。微服务在传统的应用程序向云环境中的迁移中发挥着重要作用。这些模式为微服务工程、部署和运维带来了很多优化。

微服务设计和实施模式：图 3.9 清楚地显示了设计、开发和部署弹性微服务的弹性模式。介绍这些内容的目的是为了对各种微服务模式进行说明。

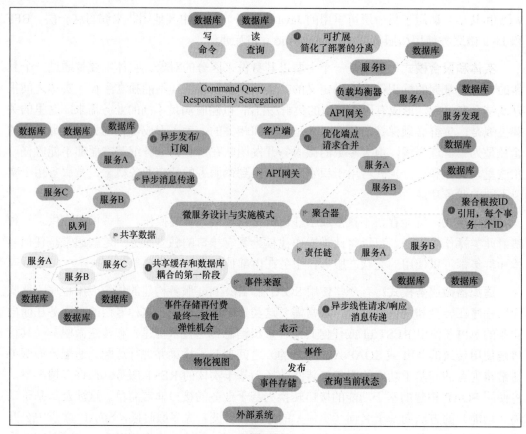

图 3.9

大使模式：这种模式创建了一些重要的助手服务，可以代表消费者服务或应用程序向远程服务发送服务请求。这种模式充当进程外的代理，而且服务与客户端应用程序位于同一位置。这种模式通过卸载最常见的客户端任务（包括认证、监控、断路、日志、路由和安全支持），为客户端应用程序提供了极大的帮助。这种代理模式也负责弹性方面的工作。这种模式被实现为一种公共服务（在微服务术语中，公共服务是多个微服务的集合），可以被使用任何语言编写的任何客户端调用。对于传统的现代化来说，这种模式无疑是一个福音。大使服务可以抽象和实现所有公共的连接任务，同时使用传统的应用程序来保留特定的任务。高层架构如图 3.10 所示。

可以将水平任务表示为大使服务，这完全是从传统的应用程序中提取出来的。任何修改或改进都可以合并到大使服务中，而不会影响应用程序的功能。

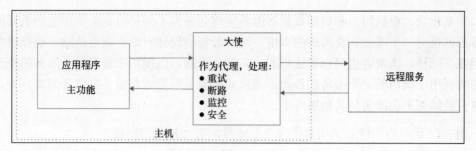

图 3.10

反腐层模式：该模式也是将传统应用程序进行现代化的促成因素。该模式用于在现代应用程序和传统应用程序之间实现外观或适配器层。由于深度集成，传统应用程序在很大程度上依赖于现代应用程序，才能供客户和消费者使用。这个添加的层精确地在参与的应用程序之间转换请求。这种模式不会对依赖于传统系统的应用程序设计施加任何限制。该模式的宏观架构如图 3.11 所示。这个新加入的层带来了传统应用程序与现代应用程序之间急需的解耦，从而使以前有问题的依赖关系得到了彻底解决。

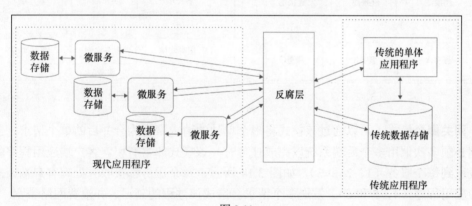

图 3.11

应用程序的数据模型和体系结构用于实现现代应用程序和模式层之间的通信与集成。同样，从模式层到传统系统的通信是基于系统的数据模型进行的。反腐层填充了所有实现逻辑，以转换参与系统之间的通信请求。该层可以作为组件实现并插入到应用程序中，也可以作为独立服务公开，供参与系统使用。

隔板模式：这种模式是实现弹性的一个不可缺少的机制。一个应用服务具有许多实例，这些实例被部署在不同的分布式容器或虚拟机中。每个实例都通过多个连接和执行线程进行访问和执行。也就是说，有多个线程池，每个线程池有很多线程。如果一个线程池出现错误，它不会对其他线程池产生灾难性的影响。隔离是应用程序弹性的主要内容。专家建议，根据用户和数据负载将服务实例划分为不同的组是非常谨慎和重要的。网络延迟是另一个需要认真考虑的事情。这种独特的设计有助于隔离故障，确保服务的可用性。同样，消费者也可以以这样的方式划分资源，以便用来调用一个服务的资源不会影响到用于调用另一个服务的资源。该模式将服务消费者与服务提供者隔离开来，这样任何故障都不会渗透到其他服务中。

图 3.12 所示为围绕着调用单个服务的连接池进行构建的隔板。

图 3.13 所示为多个客户端如何调用单个服务。从中可以看到，该服务具有许多实例，因此每个客户端可以调用一个单独的服务实例。假设第一个客户端发出了太多请求，并且服务实例超载，通过如此巧妙的分离，其他客户可以毫无问题地继续发出请求。

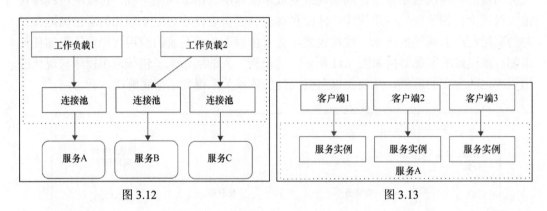

图 3.12　　　　　　　　　　　　　　　　　　　图 3.13

网关聚合模式：可以通过该模式将多个单独的请求聚合为合并后的单个请求。当客户端必须多次调用多个后端系统以完成任务时，该模式非常有用。客户端应用程序将请求发送到每个服务（1、2 和 3），如图 3.14 所示，每个服务都接收并处理客户端请求并响应应用程序（4、5 和 6）。发送多个请求会造成该过程的延迟，并浪费网络带宽。

通过在客户端和服务之间放置网关，可以解决大多数问题。

如图 3.15 所示，客户端应用程序仅将合并后的单个请求发送到网关。

● 直观上，该请求必须将所有其他请求嵌入其中。然后，网关接收并分解它，并通过将其发送到其相关服务来分别处理每个请求。

● 然后，每个服务执行适当的任务，并将响应返回到网关。

● 然后，网关将来自各种服务的响应组合在一起，并将它们与合并后的报告和回复一起发送回客户端应用程序。

● 因此，多次往复减少为一个调用和答复。安全区域急剧下降。

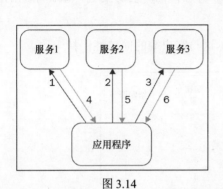

图 3.14

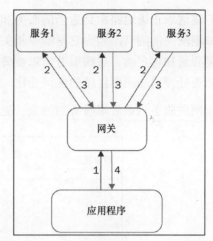

图 3.15

网关卸载模式：在快速增长的服务生态系统中，有几个共享和专门的服务功能。这些功能可以被细致地卸载到一个网关代理上。随着共享服务被卸载到网关上，基于微服务的应用程序的开发和部署变得更简单、更智能。安全服务（认证、令牌验证、SSL 证书管理、数据加密和解密）通常是共享的，而且都被委托给网关。有一些复杂的任务需要高度熟练的团队成员，还有一些任务需要反复和冗余地配置、验证和确认。通过采用网关模式，各种服务的操作复杂性可以大大降低。在大规模的 IT 环境中，诸如认证、授权、日志、监控、测量、管理和节流等服务都必须在各个位置实施和控制。因此，识别和整合专门的与共享的服务，一起交由网关服务（软件或硬件）来处理，可以减少开销，降低出错的概率。图 3.16 所示为一个 API 网关，它终结入站的 SSL 连接，并从 API 网关上游的任何 HTTP 服务器请求数据。

图 3.16

网关路由模式：该模式建议在客户端和后端服务之间建立一个网关。这个网关有助于将客户的请求路由到多个服务。网关是一个单一的端点。如果需要用到多个服务来实现一个任务，那么这种模式就很有用。一种理想的方法是将一个网关放在一组运行在不同的分布式服务器环境中的应用服务的前面。这个网关使用应用层（第 7 层）路由，将客户端请求正确地路由到适当的服务和它们的实例。通过这种模式，客户端应用程序必须知道网关的细节，因为它是唯一相关的端点。如果一个后端服务发生组合或分解，则不需要通知客户端。后端服务可以被替换、更换和升级，而不会影响客户端。中间的网关负责处理后端应用程序的任何变化。

网关服务只是后端服务的抽象（见图 3.17），这与客户端的简单性保持一致。

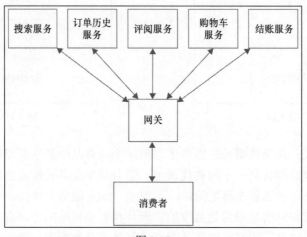

图 3.17

该网关还可以通过管理向用户推出软件更新的方式，来为部署过程提供帮助。当准备部署服务的新版本或高级版本时，可以与服务的当前运行版本并行部署。网关中的路由可以选择要呈现给客户端的版本。这有助于制定和巩固各种发布策略（增量、并行或完全发布更新）。通过在网关服务上进行适当的配置更改，可以快速解决部署新服务后发现的任何问题。由于网关承担了这些更改，因此客户端完全不会受到影响。

sidecar 模式：该模式以实现弹性而闻名。该模式可用于将应用程序的不同组件划分和部署到单独的运行时/容器中，以确保急需的隔离和封装。另一方面，该模式可以轻松将多种语言编写的组件整合在一起，以与业务感知的复合应用程序一起发布。sidecar 通常附加到父应用程序中，从而为父应用程序提供支持特性。sidecar 组件的生命周期与父应用程序所遵循的生命周期相同。sidecar 将与父应用程序一起创建、维护和报废。

如果将应用程序分解为服务，则可以使用不同的编程语言和技术来构建每个服务。尽管该机制提供了更高级别的灵活性，但也存在一些缺点，即每个组件都有其自己的依赖关系，并且需要一些特定于语言的库才能在基础平台上运行。在处理应用程序的托管、部署和管理时，源代码和依赖项的管理会相当复杂。图 3.18 所示为附加的 sidecar 服务如何为主应用程序带来了巨大好处。

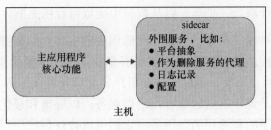

图 3.18

sidecar 服务是一个独立的应用程序，但它与父应用程序是紧密相连的。它总是附着在应用程序上，而且无论父应用程序走到哪里，sidecar 也会走到哪里。对于应用程序的每个实例，sidecar 的一个单独的实例也会与主应用程序的相应实例一起准备、部署和托管。在运行时环境和编程语言方面，sidecar 是完全独立于其主应用程序的。这种非依赖性说明没有必要为每种语言开发一个 sidecar。sidecar 应用程序可以访问的资源与主应用程序可以访问的资源相同。例如，一个 sidecar 可以监控被 sidecar 和主应用程序使用的各种系统资源。最后，由于它们之间的距离很近，所以没有网络延迟。

我们将遇到更多与微服务相关的设计模式，这些模式将使微服务更易于开发和部署，同时让微服务具备高可用性、可评估性、可访问性、可扩展性、安全性、可组合性、响应性和弹性等特性。由于微服务在任何企业 IT 环境中的部署密度越来越大，用于优化部署、管理、治理、编排、操作、可替换性等的复杂性缓解模式将在未来萌芽并蓬勃发展。

应用程序分解模式：如果要将一个单体的大规模应用程序重构为一个基于微服务的应用程序，需要考虑的第一个模式就是分解模式。分解过程必须根据一个或多个标准来启动和完成。分解的主要标准包括基于任务（子领域）的责任和大规模业务（领域）能力。在这两种情况下，分解必须深入到基本的业务活动层面，如库存、仓储、标记、品牌、交付、销售和订单处理。现在，这些功能中的每一个都可以通过一系列微服务来实现。因此，分解模式有助于为传统应用程序中的每个业务功能确定合适的微服务。有了细粒度的微服务，微服务的可重用性和可组合性就会朝着更好、更大的服务方向发展，这些服务更适合于以业务和以人为中心。

按用例分解：必须为应用程序的分解和服务组合选择最佳的操作方案。毫无疑问，按用例分解是最合适的方法。用例通常是一系列操作，一个或多个用户必须遵循这些操作才能完成一项标准任务。在数字时代，用户或操作人员不必是人。任何输入/输出（I/O）设备或客户端软件应用程序都可以严格按照任务顺序自动完成已启动的任务。例如，在 ATM 中，用户必须进行某些单击和数据提交操作才能获得现金。这就是一个用例。用例可能正在做一些事情来检索和显示数据库记录。对于复杂的用例，则是从多个设备中检索原始数据，然后进行清理、处理，以从数据中提取可行的见解。

按资源分解：这种模式导致了一套通用微服务的实现，这套微服务可以简化和加快传统问题的现代化进程。我们知道，在 IT 世界里有不同的关键资源，如计算、存储、网络、安全、数据库和解决方案。该模式建议用户定义和开发微服务，将其用作这些 IT 资源的访问渠道。也就是说，通过这些专门的微服务，以隔离和最优的方式访问和使用单个资源。这些都是水平的和通用的微服务，它们可以被任何应用程序用来满足自己的需求。通过服务接口和实施，IT 资源的服务化带来了额外的优势，可以轻松适应任何资源的变化。也就是说，只需更新资源映射和共享的微服务，就可以带来进步。这种资源的异质性也通过微服务接口的表达和阐述而被隐藏起来。

按职责/功能分解：任何企业级应用程序都必须具有几个明确表达和强调的职责。通过明确这些职责，可创建相应的微服务。这类职责可能包括购物车结账、库存访问、补货或信贷授权。这些微服务可以被许多应用程序使用和重用。

单体的大规模应用程序需要划分为大量可互操作和动态的微服务。这是拥抱经过验证的和潜在的微服务架构的第一步。各种分解模式简化了传统应用程序现代化和迁移的复杂任务。

微服务部署模式：当将企业级应用程序表示为交互式微服务的集合时，参与的微服务的数量必然会增加，微服务的操作复杂度随之上升。部署微服务也是一项重要的活动，还有一些有趣的部署模式就可以让操作人员进行简洁且自动化的部署。

单主机多服务：该模式表示可以在单个主机/节点上部署单个微服务的多个实例，或者可以在单个服务器节点上部署多个服务。随着微服务及其实例以最佳方式利用共享的资源，这将大大减少部署开销并提高效率。该模式的不足之处则是会带来更大的冲突可能性和安全违规。造成这种困境的原因是，仅仅隔离相互交互的各种服务，以及与不同客户端进行交互的各种服务，是不够的。

单主机单服务：主机可以是 BM 服务器、VM 或容器。该模式将每个服务部署在它自己的环境中。这种部署提供了高度的隔离性和灵活性，因此几乎不存在任何类型的冲突、违规和争夺各种系统资源的空间。VM 提供了更好的服务隔离，而容器则通过利用 OS 内核的独特功能，同时通过受控的方式对各种底层系统资源进行共享，实现了隔离。对于这种单主机单服务模型，部署开销可能更高。

无服务器/抽象平台：无服务器计算或 FaaS 的概念是一个新的抽象概念，正在迅速崛起和发展。各种成熟的公有云服务提供商，如 AWS、IBM、Azure、GCP 等，已经为全世界的软件开发人员提供了这种高级的设施。在云计算领域，自动化能力水平正在快速上升。通过一系列自动化机制，并利用容器化领域取得的可喜进展，全球的云服务和资源供应商可帮助开发人员直接在预配置的基础设施上直接运行其软件服务/模块。基础设施的自动扩展是由供应商来负责的。

　　软件部署非常简单，只需将代码和少量配置上传到首选的云环境就可以了。部署系统将代码放在容器或 VM 中，由云服务提供商对其进行管理。微服务非常适合软件部署，而且有特定于微服务的软件部署工具。前面提到的模式可以告诉云管理员，如何使用以微服务为中心的应用程序来取得预期的成功。

　　API 网关和微服务中的设计模式：我们都知道，企业正急于从单体应用程序转向基于微服务的应用程序。API 网关解决方案（软件或硬件）是微服务快速扩散的主要因素。网关和微服务架构的结合带来了潜在的好处，让微服务获得了惊人的成功。然而，我们可能需要克服这个组合带来的一些重大挑战。从单体应用程序到微服务世界的迁移并不简单。在将微服务从单体应用程序中分离出来时，也会遇到一些实际问题。在一些情况下需要重构，才能从单体应用程序过渡到微服务。一种经过验证的方法是将常见的交叉问题归零。在从传统软件工程向现代软件工程进行简化和优化时，使用成熟的面向切面的编程非常方便。下面是在任何软件应用程序中经常重复的交叉问题：

- 身份验证；
- 授权；
- 会话；
- cookie；
- 缓存；
- 日志记录；
- 对其他服务的依赖。

　　身份验证：毫无疑问，这是使用最广泛的任务。在网关和微服务模型中，身份验证由专门的令牌生成服务处理。这个独特的服务用于生成 JSON 令牌或其他一些身份验证令牌，然后将令牌适当嵌入到后续请求中以自动启用身份验证。也就是说，该服务使客户端应用程序可以在整个会话中只对身份验证一次。网关接收并使用令牌，以仔细评估请求是否经过适当的身份验证。

　　授权：这是不断发展的微服务生态系统中的另一种常见服务。通过这种模式，应该可以使用通常通过自定义 HTTP 报头发送的令牌来启用授权。在正式请求传达到目标微服务之前，必须完成授权的任务。

会话：专家不建议使用支持令牌的会话，因为这有助于避免在微服务中查找特定于用户的数据。只要有必要，网关就会将会话数据从解密的令牌传递到微服务。因此，建议将令牌用于有状态微服务。之所以特别提到这一点，是因为只能传递会话标识符。随后，就是允许和请求微服务从附加资源（例如 Redis 内存数据库 IMDB）中查找会话数据。

cookie：像会话一样，微服务也最好避免使用 cookie，并且 cookie 在网关中实现起来更容易、更干净。如果需要，微服务可以发出 cookie，并且网关必须相应地配置为代理 cookie。

缓存：这里的建议是简化缓存并以较小的到期时间开始进行缓存。建议在微服务中维护 REST 友好的路由，并且该设置允许在更高级别进行更简单的缓存。在某些情况下，必须考虑将缓存的数据作为事实的来源。专门的服务（例如事件处理程序和命令行服务）有助于使缓存的更新保持一致性。

日志记录：该模式告诉我们，最好使用日志聚合服务来完成日志记录。另一个更简单的选择是简单地记录到 stdout（标准输出），然后开始进行日志聚合。绝大多数人都推荐使用大受欢迎的日志格式（如 JSON，并有一些必要的字段），以使系统化的日志聚合能够有意义。这保证了所有参与组件的报告都是一致的。对于请求 ID，必须以所选择的日志格式进行设置。然后，该 ID 可以从网关传递到每个微服务，这使得在服务中很容易找到相关和正确的日志条目。这些日志条目在接收和处理特定请求时发挥了作用。

网关：必须充当严格执行最终授权规则的门控代理，以便仅允许将经过验证的请求传递给每个微服务。可以附加一个仪表盘，以获得微服务及其交互的 360° 视图。

3.4　总结

IT 可靠性对企业的可靠性有巨大的贡献。IT 可靠性是通过有弹性的 IT 系统（包括软件和硬件）实现的。随着微服务架构的快速采用，弹性和灵活的软件系统的实现变得越来越容易。微服务被看作最佳的应用程序构建块，因此也就有了微服务开发、部署、集成和运营的相关模式。

下一章将重点关注站点可靠性工程（SRE）下的 DevOps，因为自动化和 DevOps 在 SRE 中扮演了重要的角色。

第 4 章
DevOps 即服务

本章将介绍与 DevOps 相关的各种主题。本章将在站点可靠性工程（SRE）的背景下研究 DevOps，因为自动化和 DevOps 在 SRE 中发挥了重要作用。我们将把系统与监控解决方案整合起来，以收集各种指标来改善我们的服务。本章将介绍这一领域的最新趋势，并对不断扩大的 DaaS 市场进行简单介绍。本章还将简要介绍与 DaaS 有关的各种主题。

本章将介绍以下内容：

- 什么是 DaaS；
- 一键部署和回滚；
- 配置自动警报；
- 集中式日志管理；
- 基础设施安全；
- 持续的流程和基础设施开发；
- 持续整合与持续开发；
- 与开发和质量检查团队合作。

上述内容可让我们知道 DevOps 对敏捷世界来说意味着什么。

4.1 什么是 DaaS

DevOps 即服务（DevOps-as-a-Service，DaaS）是一种服务，它允许用户设置所有的编译、构建和持续集成（CI）/持续开发（CD）工具链，而不必自行设置。DaaS 可以由一个内部团队提供。在这种情况下，开发团队不用采取任何直接行动来管理其基础设施，只需向其提供代码并使用其编译、构建和 CI/CD 功能。另外，DaaS 可以由外部供应商提供，DaaS 市场正在迅速扩大。这些可以帮助你实现 CI 和 CD。

2016 年，Gartner 宣布接受调查的全球 2000 家公司中有 25％将使用 DevOps。而 Forrester 研究公司提到，这一比例将达到 50％。根据云管理提供商 RightScale 的一项研究，2017 年采用某些 DevOps 原则的公司比例达到 84％。

有多个网站列出了所有主要的 DaaS 供应商。以下是该市场中一些最知名的供应商：

- CloudBees；

- Happiest Minds；

- Shippable；

- CloudHesive；

- Ranger 4；

- 阿里巴巴。

大多数试图建立自己的 DevOps 工具链的公司仍然没有达到可以快速获得最终结果的水平。这是因为这个领域的技术人员严重短缺。另外，即使有人具备必要的经验，也需要时间来熟悉相关设置，原因是在选择特定的工具并使用它们来设置 DevOps 基础设施时涉及多种因素。

4.1.1　选择工具并不容易

工具的选择是一项非常复杂的任务。这就是在这个市场中存在咨询合作伙伴和 DaaS 供应商的原因。以下是造成工具选择复杂性的主要因素：

- 成本；

- 熟练工程师的数量；

- 工具的成熟度；

- 使用开源产品还是企业产品。

图 4.1 所示为 DevOps 链的复杂程度。确定要选择哪些特定工具并不容易。

即使我们的团队能够设置 DevOps，要让我们独特的工具集和流程变得更加成熟也仍然很困难。为了克服这些挑战，许多公司开始以服务的形式来提供 DevOps（DevOps 即服务）。是建立自己的 DevOps 团队和工具链，还是采用 DaaS 方法，则完全取决于自己。为了做出选择，请尝试回答以下三个问题。

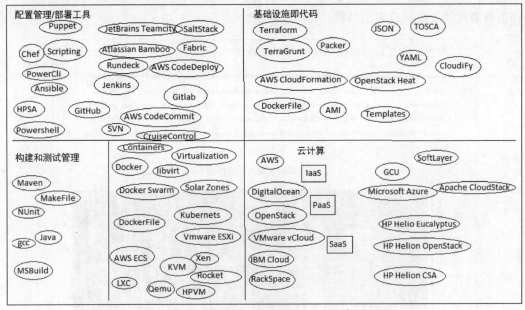

图 4.1

- 我们在哪里？

- 我们要去哪里？

- 我们怎么去那里？

对于那些想快速行动而又没有能力开发 DevOps 的公司来说，DaaS 是一个好的选择。然后，随着时间的推移，开发团队可以向 DaaS 供应商学习相应技能，以开发自己内部的 DevOps 流程。后期内部出了问题时，可以通过联系 DaaS 供应商来解决。当然，也可以选择坚持使用供应商提供的 DaaS。

Jenkins 背后的主要贡献公司 CloudBees 在 2016 年发布了 DevOps 象限成熟度模型，如图 4.2 所示。该模型将其实现分为上游或下游，并以 x 轴和 y 轴进行衡量，其中 y 轴表示公司的级别，x 轴表示软件开发生命周期。

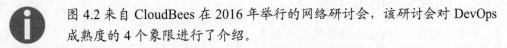

图 4.2 来自 CloudBees 在 2016 年举行的网络研讨会，该研讨会对 DevOps 成熟度的 4 个象限进行了介绍。

主流的公有云供应商正在通过提供工具链来支持 DevOps。像阿里巴巴这样的公司已经开始提供 DaaS，而其他供应商的产品，如 Google 的 GCP、微软的 Azure 和 Amazon

的 AWS，并不直接提供 DaaS，但它们有支持 DevOps 的工具链、博客和容易获得的技术文档。术语 DaaS 具体指的是这样一种情况：供应商只提供一个终端，而它们将为你做所有繁重的工作并设置工具链。

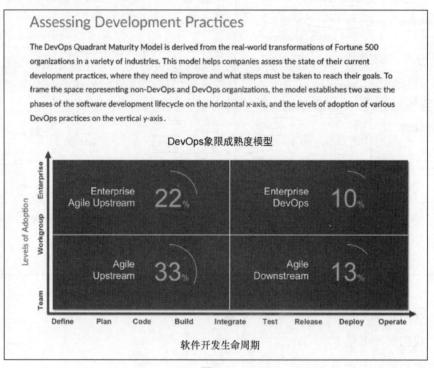

图 4.2

当使用构建和打包时，例如在 DaaS 平台上编译 Java 代码和创建 JAR 文件服务时，只需要输入源代码和相关的 DaaS 平台组件，就可以在多个平台上构建这些组件。它还可以针对多种操作系统进行打包。比方说，我们只用 Java 构建一个微服务。一个 DaaS 平台将编译和构建它，并生成软件包，如 Jar、RPM、DEB 和 ZIP 文件。此外，它将在我们的配置环境中部署它。诸如 Nexus 和 JFrog Artifactory 等工具提供了这些类型的构建和打包服务。

4.1.2　DaaS 下的服务类型

下面详细看一下 DaaS 附带的一些服务。

- **Azure/GCP/AWS 专家指南和实施**：主流的公有云供应商与 DaaS 供应商并不同，但是它们确实提供了一个工具集，供用户选择和指导如何使用其服务来设置

DevOps 工具链。我们可以找到多个有关如何使用工具（例如 AWS CodeDeploy）在基础架构上部署代码的博客。

- **微服务设计**：DaaS 提供商提供了使用不同技术和工具链部署微服务的选项。有时，它们甚至可以就如何设计微服务提供建议。更多信息请参阅第 2 章。

- **蓝绿部署**：蓝绿部署是一种技术，在这种技术中，可以让两个网站保持活动状态，其中一个网站接收实时流量，另一个网站包含代码的最新版本并进行测试。一旦第二个站点通过了所有的测试案例，就可以将它上线。DaaS 供应商提供这种功能，甚至公有云供应商在它们提供的工具链中也有内置的支持。例如，AWS CodeDeploy 提供了这样一个选项，即可以在 CodeDeploy 控制台上选择蓝绿部署。

- **数据库调整和优化**：DaaS 提供商在工程和基础设施方面具有很强的专业，它们可以提供数据库调优和优化服务。

- **基础设施即代码**：这是由 DevOps 专业人员和公司（例如，提供 Terraform 和 Packer 等工具的 HashiCorp 公司，以及提供 CloudFormation 的 AWS）提供的。DaaS 提供商正在使用这些技术动态地构建客户基础设施。这方面的一个示例就是配置 Jenkins 或监视系统。

- **应用程序的 Docker 化和缩放**：由于存在成熟的容器和协调器技术，如 Docker、rkt、Kubernetes 或 OpenShift，因此 DaaS 供应商可以提供这个 Docker 化服务。任何人都可以轻松使用这些技术。缩放是 DaaS 供应商可以发挥重要作用的另外一项服务。它们可以帮助用户使用公有云供应商提供的选项（如 AWS 自动缩放或 AWS ECS 缩放）或自己设计的缩放选项来缩放自己的基础设施。

- **基础架构设计和重新架构**：这是在初始阶段向客户端提供的一个咨询服务。DaaS 供应商获悉客户端的设置，并推荐使用自定义的方法来使用 DevOps 工具链。

- **云迁移**：这是 DaaS 提供的另一项服务，利用该服务可以将自己的本地基础设施移至云或从一个云供应商移至另一公有云。这涉及各种因素，例如成本、现有的客户端设置以及使用的工具链。

- **CI/CD 管道实施**：这是 DaaS 提供商的核心服务之一。它们现在已经足够成熟，可以在几分钟之内构建出 CI/CD 基础设施。在后台，它们将"基础设施即代码"技术与自己编写的脚本整合起来。这涉及旋转（spinning up）工具，比如 Docker 注册表、Jenkins，以及 TeamCity，再比如工具设置（如 Check_MK）和监视自动设置之类的工具。

- **配置管理**：Puppet、Chef 和 Ansible 是主流的 DaaS 服务，提供商可以使用这些服务来管理开发或生产基础设施的配置。有时，管理这些组件并不容易，因此让 DaaS 供应商来做可能是一个好主意。
- **一键部署和回滚**：一键部署和回滚选项是所有公司都在寻找的一个重要功能，因为它们消除了很多技术复杂性。所有的部署工具，如 Jenkins、Rundeck、TeamCity、Terraform 脚本，或 AWS CloudFormation、CodeDeploy 等工具都提供一键部署和回滚选项。有些配置和实施起来相当简单，而有些则需要进行定制。

1．一键部署和回滚示例

假设我们有一个任务，要将一个应用程序的 1.0 版本部署到美国的东部和西部地区，并将同一应用程序的 1.5 版本部署到欧盟的一个地区。然而，不知何故，我们错误地将美国的版本部署到了欧盟，所以必须使用一键回滚选项来回滚。我们将要使用的工具是 Jenkins、Bash、Terraform 和 Git。我们将使用 Jenkins 来配置一个自由式的作业。我们的输入是环境、版本和区域。下面的步骤显示了如何设置 Jenkins 来实现一键部署。

1．单击 Jenkins 仪表盘左侧的 **new Item**，创建一个新的 Jenkins 作业。它将弹出一个窗口以创建新作业，如图 4.3 所示。

2．创建作业后，它将打开如图 4.4 所示的窗口。在 General 选项卡中，将项目参数化，以便可以输入环境、版本和区域。

图 4.3

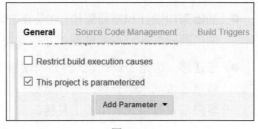

图 4.4

3．在参数区域，提供 Region 的输入选项，例如 `us-east`、`us-west` 和 `eu-central`，如图 4.5 所示。

4．在另一个参数选项中提供 Version 的输入选项，如图 4.6 所示。

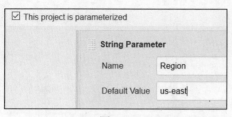
图 4.5

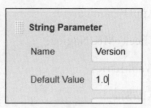
图 4.6

5．提供 Environment 的输入选项，例如 `production` 和 `develop`，如图 4.7 所示。

6．脚本将根据提供的输入参数来部署代码。需要将 packt-one-click-deploy.sh bash 脚本放置在版本控制系统（例如 GitHub 或 GitLab）上，并且 Jenkins 会将其自动克隆到 Jenkins 从属服务器上，然后它在那里进行部署，如图 4.8 所示。

7．最后，单击 Build Now 按钮执行构建步骤，如图 4.9 所示。

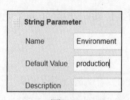
图 4.7

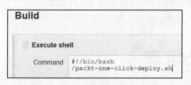
图 4.8

图 4.9

可以在 Jenkins DSL（例如 Jenkins 文件）中配置上述步骤，但是我们以可视化的形式提供了上述步骤，以便新手用户可以了解一键部署的工作方式。

回到之前的场景，在该场景中部署了错误的版本，为此只需修改工作中的输入文件并再次单击 Build 按钮，便可以非常快速、轻松地重新部署正确的版本。

4.1.3　配置自动警报

这是当今最重要的任务之一，因为对分布式微服务进行故障排除非常复杂。SRE 正在尝试采用新的工具集和技术来收集和发送自动警报。

监视域下有多种工具可以收集数据并将其发送到自动警报系统。这些工具如下所示：

● SignalFX；

● Runscope；

- AppDynamics；

- Check_MK/Nagios；

- WebMetric；

- AlerSite。

PagerDuty、OpsGenie，以及通过 CI/CD 工具发送的自动电子邮件，都被广泛用于在监控系统达到或超过配置的阈值时向 SRE 发送自动警报。

下面看一下日常使用中的一些实际示例。

- AWS RDS CPU 利用率超过了 80%的阈值。可以使用 AWS SNS 将自动警报发送到电子邮件 ID。该电子邮件 ID 可以是配置了 PagerDuty 的服务，该服务将通过用户的电话、电子邮件或短信将更多警报发送给用户。

- 对 Check_MK 进行配置，使其向用户发送有关"HTTP SSL 证书过期"的警报。

- 将 SignalFX 进行配置，使其在 IIS 连接队列很长时向用户发出警报。

- 可以配置 WebMetric、Runscope 和 AlertSite 等外部监控工具，发送有关"无法访问的公共网站"的警报。

4.1.4　集中式日志管理

在分布式环境中，集中式日志管理是一个关键的组成部分。否则，就不可能对复杂的问题进行故障排除。如今，环境正变得越来越复杂，这就是 DaaS 供应商市场正在迅速扩大的原因。重要的是要考虑是建立自己的日志系统，还是与 DaaS 供应商合作。

市场上有许多集中式日志供应商，如 Splunk、Logentries、Loggly、Sumo Logic 或 Datadog。这里还要提一下 ELK Stack，因为它是开源的，而且非常流行。在谈论日志管理领域时，我们参考了以下术语。

- **源**：源是我们的系统。它可以是一个设备，如服务器，也可以是一个软件定义的设备，如防火墙或路由器。它将警报发送到日志端点，如 Logstash 或 Elasticsearch。ELK 栈提供了 Logstash、Filebeat、PacketBeat、MetricBeat 和 Winlogbeat 等代理，可以根据要求进行配置。与 Filebeat 或 Winlogbeat 等轻量级代理相比，Logstash 是一个重量级代理。

- **过滤器**：过滤器可删除不需要的数据并将其发送到 Elasticsearch 或 Logstash 端点。Logstash 提供了两种过滤这些日志的机制：grok 和 regex。例如，如果有以下日志：

```
55.3.244.1 GET /index.html 15824 0.043
```

则 grok 过滤器如下所示：

```
%{IP:client} %{WORD:method} %{URIPATHPARAM:request}%{NUMBER:bytes} %
{NUMBER: duration}
```

- **输出**：这是配置中的最后一个组件。它会更新最终端点，你的代理将在该端点转发日志。这将是你的 ElastiCache 端点，Kibana 将从中选择日志并显示在仪表盘上。这样的一个例子是 Elasticsearch。

日志管理系统提供了许多其他特性，例如保存的查询、仪表盘和自动警报。这些特性得到了企业的广泛使用。

4.1.5　基础设施安全

对于任何使用云基础设施的公司来说，安全是一个重要的概念。公司期望 DevOps 专业人员能围绕安全建立一个交付管道。DevOps 安全包含在 DevSecOps 这个术语中，这不是一个正式的词，但它已经在许多不同的渠道得以应用。

安全实施与 DevOps 工具链的集成是一个公司必须具备的技能。这涉及对你的工件（artifact）进行分类，并将它们传递给安全管道，以便能够进行快速的过滤、保护和验证。

DevOps 专业人士有一些来自开源世界以及商业世界的工具集。在这个领域，我们仍然没有找到一个清晰的工具集或易于使用的实现，它仍然在不断发展。我们应该很快就会有一套好的 DevOps 的工具和技术，这样就不必担心设置中的安全问题。

主流的云供应商和世界领先的安全公司已开始在此该领域下提供新的产品系列，其中包括下面这些供应商或产品。

- **AWS**：AWS GaurdDuty、AWS Inspector。

- **Microsoft Azure**：MS Azure 内置的高级线程保护。

- **Google**：GCP 在每一层都有内置的安全性。

- **Symantec**：Symantec 提供了一些出色的产品，可用于处理云和本地的安全性，例如：

  ◇ Symantec 云负载防护；

  ◇ Symantec 端点防护；

  ◇ Symantec 端点防护云；

◇ Symantec Endpoint 14.1（SAEP）；

◇ Symantec 网络安全服务（CSS）。

4.1.6　持续的流程和基础设施开发

这是一个产品开发过程，在这个过程中，产品开发和产品运营团队处于一种凝聚的关系下，旨在实现高效的产品开发。它可以被认为是一种开发战略，在该战略中，开发人员和运营团队打破了他们之间的障碍，作为一个整体来行动。

在 DevOps 之前，开发与业务之间几乎没有交流。传统的生命周期很漫长，并且软件需求规范（SRS）很难收集且价格昂贵。更有甚者，开发人员会声称某些方案在技术层面是不可行的，从而损害公司的声誉。后来，敏捷开发出现了，并为产品所有者提供了在团队内部动态协作的模式。与敏捷开发的相关内容后来被 DevOps 吸收。

在传统的开发方式中，产品一直以增强模式运行，直到被客户最终确定下来。代码不断地来回修改，这导致了较高的成本和交付时间的延迟。大型交易处理领域（如银行）因缺乏集成而受到严重影响，因为大型复杂应用程序的支持硬件往往比较脆弱，从而造成计划外的系统崩溃和生产时间的损失。这种损失从未受到内部监控。问题首先是由终端用户报告的，等技术团队发现问题时，已经造成了重大损失。

为了避免这种损害，需要一种新的策略。这需要及早识别和收集开发资源，开发人员需要提供端到端的产品交付支持，以及创建可重用的部署过程。

这带来了以下优势：

● 交付更快；

● 产品质量得以提升；

● 可扩展性更好；

● 环境更稳定；

● 团队之间的协作更好；

● 缺陷少。

如今，IT 团队和客户之间存在一系列事件，他们在这些事件中持续构建和增强应用程序。持续过程（也称为持续生产）是一种不受干扰地开发产品的方法。在该方法中，以恒定流的形式提供资源以满足产品交付期限。在这里，操作以 24×7 小时为基础运行，只有很少的维护中断。

工作通过一系列相互关联的操作进行流动，前一阶段的输出成为下一阶段的输入。这有助于减少存储需求，而且只需要最低限度的库存来维持"工作篮"。这也意味着，一个待处理的活动是最小的，因此资源得到了有效利用。项目的成本大幅降低，整体构建时间也得到改善。然而，在使一个过程持续化的同时，需要注意该过程的刚性。任何阶段的失败或断裂都会使整个系统崩溃。必须确保正在开发的产品是标准化的，而且工作篮是由每个部门平等分享的。过程中的任何不平衡都会导致生产力的损失，最终在处理大量数据时造成巨大的成本。基础设施是实施一项业务工作计划所需的基本结构或设施。

在 IT 环境中，基础设施是用于开发、部署和运营产品或服务的硬件、网络、软件和其他工具的集合。必须不断开发基础设施，以跟上产品复杂性、质量和成本受到挑战的步伐。产品的代码被视为基础设施，并且会根据所需的产品增强功能不断对其进行更改。

4.1.7 节将进一步讨论这一点。

4.1.7 CI 和 CD

CI 和 CD 也许是 DevOps 中最著名的策略。CI 旨在频繁地将个体的工作整合到中央存储库中。这有助于及早发现代码错误并开发更高质量的产品。

下面看一下 CI 的一些好处。

- **保持代码完整性**：多个团队或开发人员以我们的代码库和应用程序为基础，开发不同的功能，但是，他们处理的是代码的同一个部分。开发人员越多，给代码的完整性带来的风险也就越大。我们应该每天提交或整合我们的代码，以减少这种风险并保持代码的完整性。

- **提高代码质量**：在降低集成风险的情况下，我们可以更加关注代码功能，实现更高质量的产品应用程序。

- **易于解决代码错误**：如果任何开发人员提交的错误代码破坏了构建（build），将很容易解决这些问题并迅速修复。

- **改进代码测试**：不同的代码构建和版本可以帮助测试人员轻松地跟踪错误和问题。

- **快速部署**：部署最新的版本可能是一个非常耗时的过程，这也增加了出错的机会。使用 CI 可以将该过程自动化，从而减少部署时间（见图 4.10）。

DevOps 旨在整合开发和运营团队以实现快速软件交付。这是通过相关团队之间更好的沟通和协作来实现的，可以缩短开发时间、CD，并带来新的创新。这也为执行回归测试的开发和 QA 团队提供了一个统一的平台。

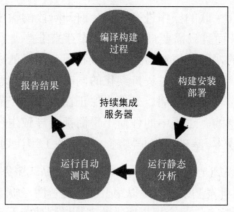

图 4.10

通过简化集成步骤，可以开发出成本更低、质量更高的产品，这也是我们的最终目标。由于整个构建周期缩短，这也降低了其他成本，并为 QA 提供了更多的机会来分析和调试产品。CI 不是一个消除错误的过程，而是一个可以在早期阶段发现新的错误并在它们产生任何负面影响之前进行调试的过程。

1．CI 生命周期

在图 4.11 中可以看到 CI 是如何帮助工程团队提高产品质量和保持代码的完整性的。前面讨论过，工程师会在代码测试后频繁地在仓库中提交代码。他们可以在主代码库中提交，这将定期触发持续构建系统。如果构建成功，它将被部署到各种环境中。否则，它将通知工程团队验证错误并进行修复。

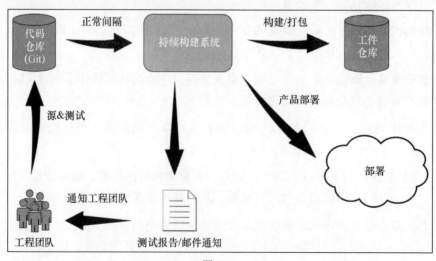

图 4.11

2. CI 工具

有各种各样的 CI 工具可用，其中包括下面这两个。

- **代码存储库**：GitLab、GitHub（存储库中有 2400 万用户和 7000 万以上的代码片段）、BitBucket 和 SourceForge。
- **持续构建系统**：Jenkins、TeamCity、Travis CI 和 Bamboo。

下面看一下如何使用 Jenkins 和 GitHub 设置 CI 流程。

1. 首先，需要安装 Java 1.8 以及所有依赖。可以使用图 4.12 所示的命令将其安装在 Red Hat 7.4 上。

```
[root@PacktPub ~]# yum install java
Loaded plugins: langpacks, product-id, search-disabled-repos
Resolving Dependencies
--> Running transaction check
---> Package java-1.8.0-ibm.x86_64 1:1.8.0.5.20-1jpp.1.el7 will be installed
--> Processing Dependency: copy-jdk-configs >= 2.2 for package: 1:java-1.8.0-ibm-1.8.0.5.20-1jpp.1.el7.x86_64
--> Processing Dependency: jpackage-utils >= 1.5.38 for package: 1:java-1.8.0-ibm-1.8.0.5.20-1jpp.1.el7.x86_64
--> Processing Dependency: libXext.so.6()(64bit) for package: 1:java-1.8.0-ibm-1.8.0.5.20-1jpp.1.el7.x86_64
--> Processing Dependency: libXft.so.2()(64bit) for package: 1:java-1.8.0-ibm-1.8.0.5.20-1jpp.1.el7.x86_64
--> Processing Dependency: libXi.so.6()(64bit) for package: 1:java-1.8.0-ibm-1.8.0.5.20-1jpp.1.el7.x86_64
--> Processing Dependency: libXrender.so.1()(64bit) for package: 1:java-1.8.0-ibm-1.8.0.5.20-1jpp.1.el7.x86_64
--> Processing Dependency: libXtst.so.6()(64bit) for package: 1:java-1.8.0-ibm-1.8.0.5.20-1jpp.1.el7.x86_64
```

图 4.12

2. 在继续之前，需要验证 Java 是否已成功安装。相关的命令如图 4.13 所示。

```
[root@PacktPub ~]# java -version
java version "1.8.0_181"
Java(TM) SE Runtime Environment (build 8.0.5.20 - pxa6480sr5fp20-20180802_01(SR5 FP20))
IBM J9 VM (build 2.9, JRE 1.8.0 Linux amd64-64-Bit Compressed References 20180731_393394 (JIT enabled, AOT enabled)
OpenJ9   - bd23af8
OMR      - ca1411c
IBM      - 98805ca)
JCL - 20180719_01 based on Oracle jdk8u181-b12
```

图 4.13

安装 Jenkins

Jenkins 将被打包在一个 WAR 文件中。可以将其部署在任何服务器上，具体步骤如下所示。

1. 在该示例中使用的是 Apache Tomcat 7.0.42。使用图 4.14 所示的命令下载 Tomcat。

```
[root@PacktPub ~]# wget https://archive.apache.org/dist/tomcat/tomcat-7/v7.0.42/bin/apache-tomcat-7.0.42.zip
--2018-10-04 12:33:55--  https://archive.apache.org/dist/tomcat/tomcat-7/v7.0.42/bin/apache-tomcat-7.0.42.zip
Resolving archive.apache.org (archive.apache.org)... 163.172.17.199
Connecting to archive.apache.org (archive.apache.org)|163.172.17.199|:443... connected.
HTTP request sent, awaiting response... 200 OK
Length: 8463515 (8.1M) [application/zip]
Saving to: 'apache-tomcat-7.0.42.zip'

100%[================================================>] 8,463,515   7.64MB/s   in 1.1s

2018-10-04 12:33:57 (7.64 MB/s) - 'apache-tomcat-7.0.42.zip' saved [8463515/8463515]
```

图 4.14

2. 之后，需要下载最新的 Jenkins WAR 文件并将其复制到 Tomcat/WebApps 文件夹，如图 4.15 所示。

3．启动 Apache Tomcat 并访问地址“http://你的公网 IP 地址:端口/jenkins”。比如这里使用的地址为 `http://23.96.21.153:8080/jenkins/login?from=%2Fjenkins%2F`。

```
[root@PacktPub webapps]# wget https://updates.jenkins-ci.org/latest/jenkins.war
--2018-10-04 12:43:08--  https://updates.jenkins-ci.org/latest/jenkins.war
Resolving updates.jenkins-ci.org (updates.jenkins-ci.org)... 52.202.51.185
Connecting to updates.jenkins-ci.org (updates.jenkins-ci.org)|52.202.51.185|:443... connected.
HTTP request sent, awaiting response... 302 Found
Location: https://updates.jenkins-ci.org/download/war/2.144/jenkins.war [following]
--2018-10-04 12:43:08--  https://updates.jenkins-ci.org/download/war/2.144/jenkins.war
Reusing existing connection to updates.jenkins-ci.org:443.
HTTP request sent, awaiting response... 302 Found
Location: http://mirrors.jenkins-ci.org/war/2.144/jenkins.war [following]
--2018-10-04 12:43:08--  http://mirrors.jenkins-ci.org/war/2.144/jenkins.war
Resolving mirrors.jenkins-ci.org (mirrors.jenkins-ci.org)... 52.202.51.185
Connecting to mirrors.jenkins-ci.org (mirrors.jenkins-ci.org)|52.202.51.185|:80... connected.
HTTP request sent, awaiting response... 302 Found
Location: http://ftp-nyc.osuosl.org/pub/jenkins/war/2.144/jenkins.war [following]
--2018-10-04 12:43:08--  http://ftp-nyc.osuosl.org/pub/jenkins/war/2.144/jenkins.war
Resolving ftp-nyc.osuosl.org (ftp-nyc.osuosl.org)... 64.50.233.100, 2600:3404:200:237::2
Connecting to ftp-nyc.osuosl.org (ftp-nyc.osuosl.org)|64.50.233.100|:80... connected.
HTTP request sent, awaiting response... 200 OK
Length: 75820252 (72M) [application/x-java-archive]
Saving to: 'jenkins.war'

100%[==================================================>] 75,820,252  16.9MB/s   in 4.4s

2018-10-04 12:43:13 (16.6 MB/s) - 'jenkins.war' saved [75820252/75820252]
```

图 4.15

4．首次使用 Jenkins 浏览器时，它将要求输入密码，需要从 Apache Tomcat 日志中复制该密码并将其粘贴到浏览器中，如图 4.16 所示。

```
*************************************************************
*************************************************************
*************************************************************

Jenkins initial setup is required. An admin user has been created and a password generated.
Please use the following password to proceed to installation:

127cff69efa448ef9e44f2abb1c4c76d

This may also be found at: /root/.jenkins/secrets/initialAdminPassword

*************************************************************
*************************************************************
*************************************************************
```

图 4.16

5．图 4.17 所示为 Jenkins 门户的外观。该界面表明已经将初始密码写入日志和 `/root/.jenkins/secrets/initialAdminPassword` 文件中。

为 Jenkins 配置 GitHub

下面看一下如何为 GitHub 设置 Jenkins。

1．完成 Jenkins 的安装后，可以看到如图 4.18 所示的屏幕。

图 4.17

图 4.18

2．在该示例中使用 GitHub 作为代码存储库，因此需要启用 Jenkins 的 GitHub 插件。这可以将 GitHub 连接到 Jenkins，并且只需单击一次即可轻松构建代码。为此，需要单击 **Manage Jenkins | Manage Plugins**，如图 4.19 所示。

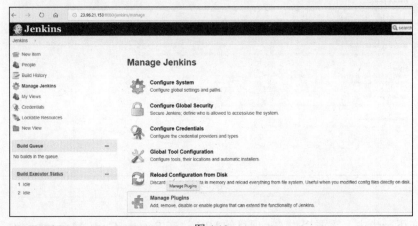

图 4.19

3．单击 **Available** 选项卡，然后搜索 GitHub plugin（见图 4.20）。下载并安装插件。

图 4.20

设置 Jenkins 作业

重要的是，我们需要创建一个 Jenkins 项目作业，具体步骤如下。

1．单击 **New Item** 并输入项目名称。单击 **Freestyle project**，然后单击 OK 按钮，如图 4.21 所示。

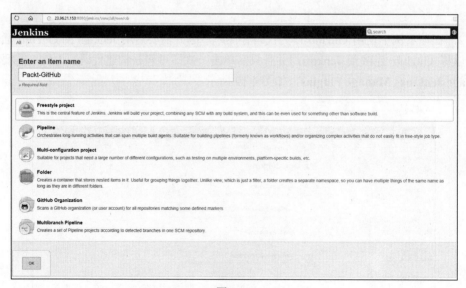

图 4.21

2．在下一步中，需要提供 Git 项目的 URL。在 **Source Code Management** 下，应选

择 **Git |Repository URL** 及其凭据，如图 4.22 所示。

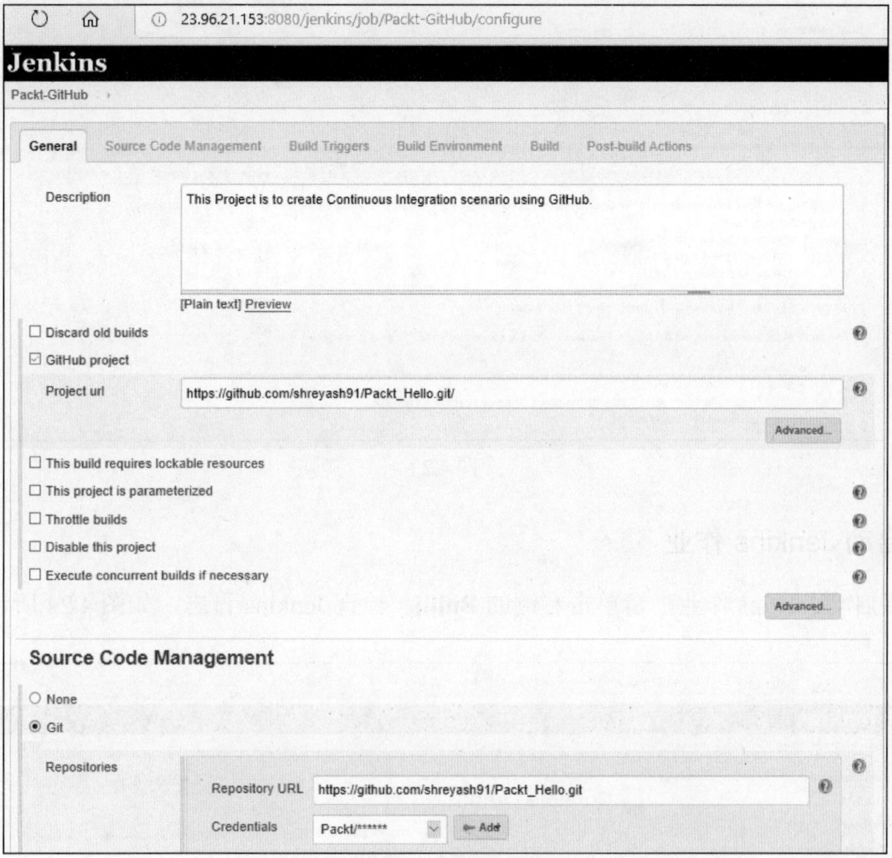

图 4.22

3．可以根据我们的时间计划触发 **Build periodically**。就这里来说，选择的是每天晚上 **12:01:26** 运行，如图 4.23 所示。

4．单击 **Save** 按钮，然后尝试运行作业。还可以配置 JUnit，以便在构建测试用例之后运行它们并共享报告。

安装 Git

在运行 Jenkins 作业之前，请确保在本地的 Jenkins 中安装了 Git。我们的工作实际上将连接到 GitHub 并执行一些 Git 操作，例如获取、拉出或推入，因此 Git 应该已启动并正在运行。

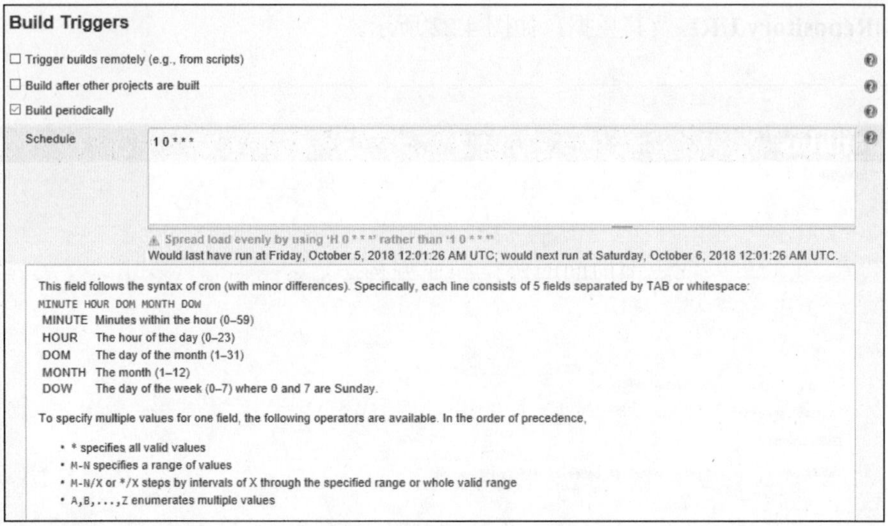

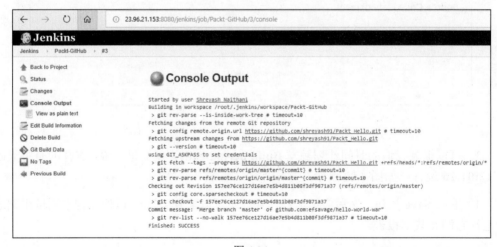

图 4.23

启动 Jenkins 作业

要启动 Jenkins 作业，请单击右侧的 **Build**。检查 Jenkins 日志，如图 4.24 所示。

图 4.24

在这里，每次开发人员将任何修改合并到 GitHub 仓库，都会触发 Jenkins 的作业，并构建最新版本的代码。构建完成后，还可以在 Jenkins 作业中配置 JUnit 来自动测试用例。这样做可以改善开发生命周期，使我们的流程更加稳健。

3. CD

CD 与 CI 紧密相连。它指的是将已经通过 QA 测试的一段代码发布到生产中的过程。成功通过的代码必须尽快与终端用户分享，这有助于在一个项目中促进新的创新和技术成长。

通过使用 CI/CD 策略，我们不仅可以进行快速开发，而且可以对开发的产品进行质量检查。我们可以使用部门间的协作和业务构想，这些构想可以迅速发展为有效的产品。

DevOps 实践的一个例子是用版本控制来开发一个应用程序。通过版本控制，当我们开发一个应用程序时，将在多个版本中进行开发，并在每次发布后增强一个新的功能。在部署代码时，代码的镜像被保存下来，并创建一个检查点作为故障恢复程序。现在，每当系统中需要一个新的增强功能，我们只需访问代码镜像，并将新的代码逻辑添加到其中。这减少了多余的工作，有效地利用了我们的资源，也提供了更快的交付。如果代码在发布过程中出现中断，这个程序可以帮助我们将应用程序恢复到最后一次成功的检查点。这个概念在图 4.25 中有所描述。

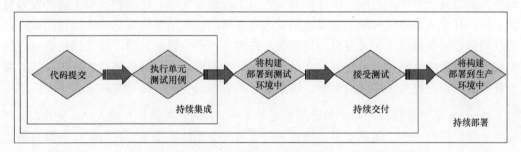

图 4.25

4.2　与开发和质量检查团队合作

顾名思义，DevOps 是指开发和运营团队的组合，旨在一起成功完成业务项目。通过项目开发、交付和维护的团队之间的协作，项目可以在各个方面更快、更高效地完成。我们在 DevOps 中的主要重点是开发和质量分析团队。这与 CD 和新版本的交付有关。

在当今竞争激烈的世界中，一种新的创新或想法是热门财产，每个人都想快速从中获利。快速交付新产品的需求给开发人员带来了额外的负担，他们需要创建在各个方面都要优化的新功能。这可能会导致代码中断，从而导致整个应用程序关闭。反过来，错误的部署可能导致应用程序的配置中断，而这可能是不可恢复的。

4.2.1　开发人员在 DevOps 中的作用

开发人员是一个成功产品背后的大脑。他们的目标是根据业务需求创新和丰富当前的产品。他们持续优化应用程序，使其更有效率。他们总是致力于开发不同的应用程序，以显著提升产品的性能。一旦在代码库中更新，开发人员就会并行地获取代码，应用不同的逻辑和方法来实现性能提升的共同目标。借助于版本控制，可以根据客户的反馈来增加或删除功能。

4.2.2　QA 团队在 DevOps 中的作用

在 DevOps 中，开发人员和测试人员扮演着同样重要的角色。两者的责任纠缠在一起，以至于外人将他们视为一个团队。QA 拉近了开发人员与运营团队的距离，从而使整个过程透明化。他们就像一座桥梁，团队可以在这里合作并检查产品的可行性。一旦产品得以部署，整个团队将致力于丰富、支持和保持产品的运行，以确保长期成功。产品的真实性检查是在实时的基础上进行的。如果 QA 不合格，任何新的功能更新都是等待发生的灾难。这些质量检查可帮助企业强化产品的构建阶段。QA 团队将开发人员和运营人员带到一个单一的框架中，让开发人员了解运营要求，让运营人员了解开发人员的工作。开发人员将代码细节分享给测试人员，而测试人员又将其分享给运营团队，并对代码进行功能测试。如果发现任何错误，在对生产产生影响之前，这些错误会被迅速发现并实时解决。测试人员与开发人员分享他们的知识，后者分析他们的代码，从而减少任何缺陷。这提高了产品的质量，降低了产品版本的变更，而且客户满意度更高。

DevOps 是一种降低产品交付时间延迟的策略。当测试人员和开发人员不同步时，产品将必须先符合一个团队的要求，然后再符合另一个团队的要求。在持续部署具有最新功能和逻辑的应用程序时，需要进行严格的测试。这需要使测试人员了解代码更改，并相应地准备测试用例。

随着 QA 团队的引入，DevOps 已经成功地降低了这种延迟。DevOps 使开发人员与测试人员分享他们的构建过程成为可能，而测试人员又与开发人员分享他们的知识，从而创建了一个系统，在这个系统中，每个人都知道所做的任何更新。运营团队了解到技术细节，这可以帮助他们更好地理解流程。内部流程和后端流程现在可以提供给测试人员，他们可以利用这些来准确地指出问题可能出现的地方和原因。如果需要任何变通方法，QA 测试员将负责提供代码修复。

QA 实践

QA 测试人员必须愿意参与技术团队，以理解和分析工作。他们的目标必须是自动执行测试用例，以获取新的增强功能并验证其影响。

他们必须致力于提供满意的产品而不是完美的产品。他们必须维护质量检查指标，必须尽早检查缺陷。与产品相关的需求收集必须是一次性活动。QA 团队需要专注于提供一种持续测试的方法，其中任何新的集成都需要由自动化测试工具来测试。

4.3 总结

DevOps 即服务（DaaS）是应用程序开发中的一种新兴理念。可以使用多种方法将 DevOps 设置为一种服务。它因具体的公司而异，因此需要自己决定使用怎样的 DevOps。许多公司采用 DaaS 来管理自己的云应用程序。通过使用 DevOps 即服务，可以将构建、测试和部署过程自动化。可以通过实施有效的 CI 和 CD 流程来实现这一点。在本章中，我们已经学会了如何使用 Jenkins 工具设置一键部署和回滚。我们还看到了如何收集和发送自动监控警报，学习了如何设置 Jenkins、GitHub 来实现 CI 和端到端的部署。这有助于与改进工程管道，改善交付过程。本章还讨论了开发和 QA 团队之间的合作。

从本章中可以得出结论，DevOps 的生命周期包含开发、测试、集成、部署和监控。Amazon Web Service、Red Hat、微软学院和 DevOps Institute 都推出了 DevOps 认证。DevOps 可帮助公司将其代码部署周期缩短为几周和几个月，而不是几年。

下一章将讨论集群、容器编排和使用 Kubernetes 管理容器的概念，还将讨论弹性微服务和共享卷（share-volume）容器等主题。

第 5 章
容器集群和编排平台

可靠的应用程序和环境可以通过容器化、微服务架构（MSA）、容器管理和集群等新兴技术来创建。容器集群和编排是目前需求很高的技能，因为越来越多的公司正在转向微服务，以提供更好的服务。目前，我们有成熟的产品可满足客户的需求，而且在企业领域和开源领域都存在解决方案。开源领域的产品占主导地位，如 Docker、Kubernetes 和 OpenShift。

本章旨在对上述技术进行详细说明，以确保实现站点可靠性工程的目标。本章将介绍以下内容：

- 弹性微服务；
- 应用和数据卷容器；
- 群集和管理容器；
- 容器编排和管理。

5.1 弹性微服务

上一章简要提到了微服务，这里需要再快速地总结一下，以进行回顾。微服务是一种架构风格，其中大型且复杂的软件应用程序由一个或多个较小的服务组成。每个服务都被称为微服务，并且相互独立部署，我们不需要知道其他微服务背后的实现。每个服务作为一个单一的业务功能工作，它是松耦合的、小的、集中的、语言无关的，并且有一个有界限的背景。

弹性微服务可以定义为在发生故障或中断后能恢复到工作状态的能力。弹性是微服务的主要优势之一。与单体系统不同的是，在单体系统中，如果某个地方发生故障，则会破坏整个应用程序，而在微服务中，它只会影响到那个特定的功能，应用程序中的其他服务将照常运行。

5.2 应用和数据卷容器

众所周知，2017 年是容器年（如 Docker 和 Kubernetes）。可以将它们当作将一个应用程序的代码进行打包的方法，以便应用程序可以与它的依赖关系一起运行，并与其他进程隔离。现在有两种主要类型的容器：有状态容器和无状态容器。在无状态容器中，从一个应用程序产生的数据不能用于另一个应用程序。而有状态容器将在某处存储或记录数据，使其是可用的。在现实世界的应用程序中，根据应用程序的要求，我们很可能需要使用有状态容器。

现在看一下在容器之间共享磁盘存储的背后步骤。在该示例中，我们将使用名为 PacktPod 的 Kubernetes Pod。这个 Pod 将包含两个容器：PacktContainer_first 和 PacktContainer_second。图 5.1 所示为它的样子。

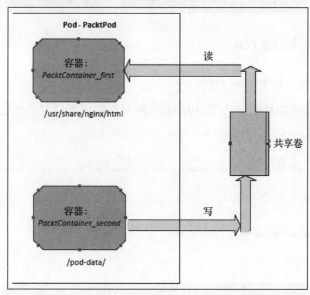

图 5.1

下面看看如何在 Kubernetes 中设置共享卷。

1. 首先，需要创建一个 Pod 定义。这将创建一个 Pod 名称 `PacktPod`；卷作为共享数据；还有两个容器：`PacktContainer_first` 和 `PacktContainer_second`。我们的新文件 `PackContainer.yaml` 如图 5.2 所示。

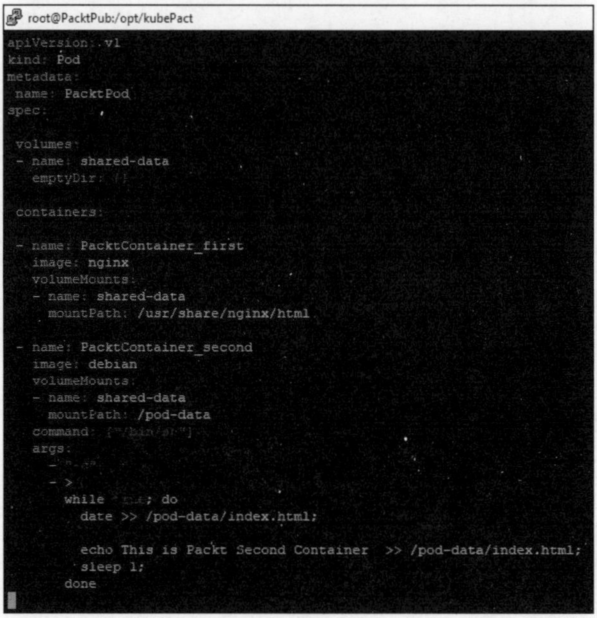

图 5.2

2．使用以下命令创建 Pod。

```
# kubectl create -f PackContainer.yaml
```

3．运行以下命令以执行一个 Shell，并使用日期和回显消息 "This is Packt's Second Container" 来更新 index.html 文件：

```
# kubectl exec -it PackContainer.yaml -c PacktContainer_first --/bin/bash
```

4．可以使用以下命令来验证 index.html 文件。

```
# tail /usr/share/nginx/html/index.html
```

输出如图 5.3 所示。

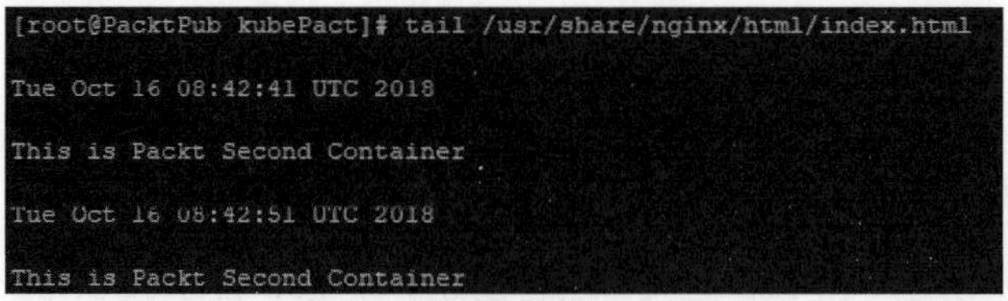

图 5.3

5．要使用 Kubernetes 服务公开我们的 Pod（即 PacktPod），请使用以下命令。这将在节点端口上创建一个新服务：

```
# kubectl expose pod PacktPod --type=NodePort --port=8080
```

6. 最后，使用 curl 命令，可以检查第一个容器是否能正常工作并能处理该端口上的 HTTP 请求。在该示例中，容器的端口是 30691：

```
# curl http://localhost:30691/

Tue Oct 16 08:42:41 UTC 2018

This is Packt Second Container

Tue Oct 16 08:42:51 UTC 2018

This is Packt Second Container
```

5.3　集群和管理容器

本节将介绍集群的定义，并看看市场上一些流行的容器集群解决方案。当前有许多成熟的解决方案。本节将用到架构图，因为架构图往往可以帮助我们更清楚地理解这些概念。

据 CNCF 最近的一项调查显示，使用容器的公司越来越多。在图 5.4 中可以看到，与往年相比，有更多的公司在生产级部署中使用了 250 多个容器。

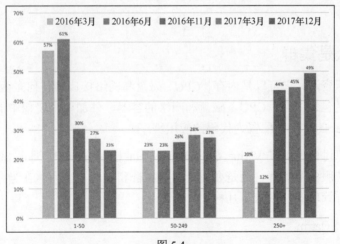

图 5.4

随着容器采用率的提高，旧的担忧正在减少，新的挑战正成为容器管理的前沿。我们应牢记这些新挑战，并在其他竞争对手抢占市场先机之前，将精力集中在这一领域。

在图 5.5 中可以看到，与往年相比，监控和缩放在如今是更重要的问题。

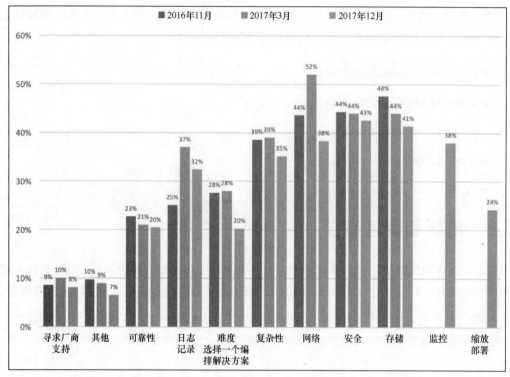

图 5.5

5.3.1　什么是集群

集群是一组资源，它可以是内存、CPU、磁盘和网络接口等任何东西。在容器时代，这些资源可以是包含内存、CPU、磁盘和网络的容器，外加单个镜像中的应用程序，或者在类似 Docker 的文件中配置为代码的应用程序。

本节不打算讨论使用了 Veritas Cluster、Red Hat Cluster、HP、SUN 或类似 AIX 的集群等工具的传统服务器集群，而是要讨论容器集群和管理，因为这在当今更为重要。市场上的容器集群管理器包括以下几种：

- Docker Swarm；
- CoreOS Fleet；
- AWS ECS；

● Apache Mesos。

Docker Swarm：Docker Swarm 是来自 Docker 社区的集群解决方案，有社区版和企业版两个版本。为了在 Docker 容器上实现集群，需要在所有管理的主机上以 Swarm 模式启动 Docker（见图 5.6）。它可以在主模式或从模式下工作。Docker 把本地集群称为 Swarm。这一点从 Docker 1.12 版本开始就有了。

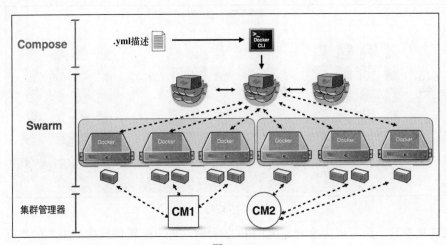

图 5.6

每当需要扩展集群时，只需要初始化一个新节点并将其添加到集群中，这样一来，主 Swarm 就可以开始在其上调度作业。以下是可供参考的各种快速命令。

```
#docker service init

#docker service join

#docker service create

#docker service scale

#docker service update

#docker service deploy
```

CoreOS Fleet：CoreOS 是主要由 Google 开发和贡献的操作系统（见图 5.7）。它最初具有用于容器集群管理的功能，但从 2018 年 2 月起，其功能有所降低，现在 CoreOS 专注于 Kubernetes 的所有解决方案，因此这里不进一步涉及任何相关的信息。

AWS ECS 和 ECS 服务作为集群管理器：Amazon 提供了一种弹性计算服务（ECS），

可帮助用户在 AWS 环境中部署容器。ECS 包含下面 3 个组成部分：

- 集群；

- 服务；

- 任务。

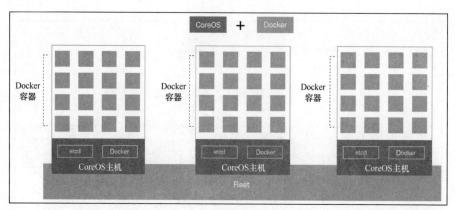

图 5.7

ECS 集群是一组可以完全自定义的 EC2 实例，可以配置任何实例类型的类别。

可以使用 ECS 服务来组合多个微服务。每个服务都会以任务的形式包含容器定义，我们可以很轻松地设置容器的最小数量、期望数量和最大数量。同样地，可以增加网络接口的数量来处理更多的负载。

任务以 Docker YAML 配置文件的形式体现，可在其中配置镜像名称、版本、内存、CPU 和卷。任务可以用 YAML 或 JSON 格式编写，任务文件与 Dockerfile 非常相似。

AWS ECS 提供了一个不错的仪表盘，在该仪表盘上可以查看集群使用情况的汇总。通常，在集群上配置的 EC2 节点是通过 AWS EC2 自动伸缩组（ASG）进行管理的，因此，可以根据需要轻松地增加集群的水平容量。

通常，人们不了解集群的资源需求，并且会在不增加集群容量的情况下不知不觉地开始在现有集群上添加更多服务或任务。我们需要密切注意 AWS ECS 仪表盘以查看计算能力，并仔细分析内存分配策略。过度使用可能会在高峰负载时段产生问题。确保添加的示例类型是正确的，并且足以处理生产负载。AWS 当前正在开发 Fargate 服务，该服务将删除这种管理，从而使我们能够动态地添加容量。

ECS 中的流量从 Route 53 开始，然后进入 ELB 和 ASG 目标组，最后以 AWS ECS

服务名称结束。

图 5.8 中显示了以下组件：

- AWS ECR（容器注册表）；
- 任务定义（实际的 JSON 文件，类似于 Dockerfile，后者包含了容器资源规范，例如 RAM 或 CPU）；
- 服务描述（正在运行的不同微服务容器的数量，例如应用程序或 Web 服务器）；
- AWS ECS 集群。

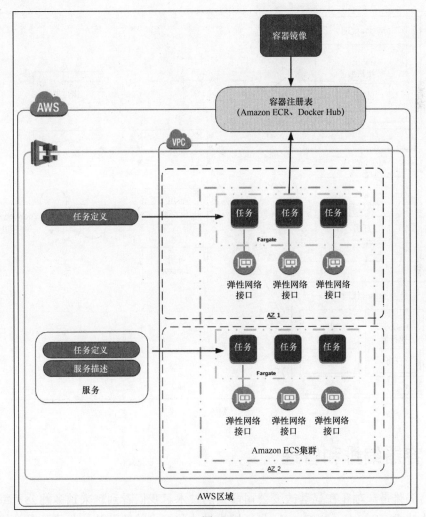

图 5.8

所有这些组件都在 AWS VPC 下进行防护。集群基于在两个可用区（**AZ1** 和 **AZ2**）中部署的 EC2 实例构建。每当服务启动时，它就会读取任务定义并从 AWS ECR 存储库中提取相关的 Docker 镜像。还可以从 Docker 注册表（hub）或自己部署的私有注册表中获取镜像。

Apache Mesos：Apache Mesos 并非完全是容器集群或管理解决方案，但它有助于组合来自混合环境的资源。它允许我们创建可供其他容器解决方案使用的内存和 CPU 资源容量池。Marathon 是一个解决方案，公司可以将其与 Mesos 结合使用以提供该服务。请参考图 5.9 以详细了解该概念。

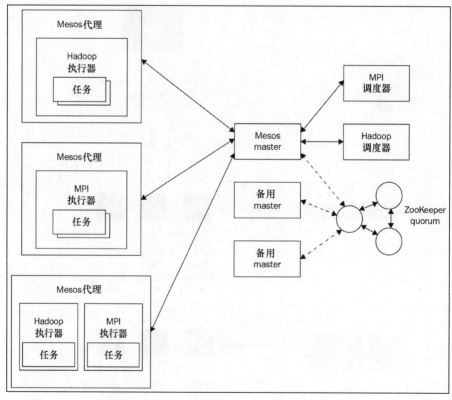

图 5.9

5.4　容器编排和管理

容器编排是一项正在显著改变公司前景的技术。我们看到越来越多的公司每天都在采用这些技术。Red Hat 和 Google 是直接提供这些技术并帮助其他公司开发类似产品的主要玩家。目前，成熟的产品包括 Kubernetes 和 OpenShift，许多公司正在生产中使用这些产品。本节将介绍市场上大多数可用的解决方案，并看一下它们的架构。

CNCF 最近进行的一项调查显示了一些关于公司如何管理容器的有用统计数据。从图 5.10 中可以清楚地看到 Kubernetes 在容器管理方面处于领先地位。

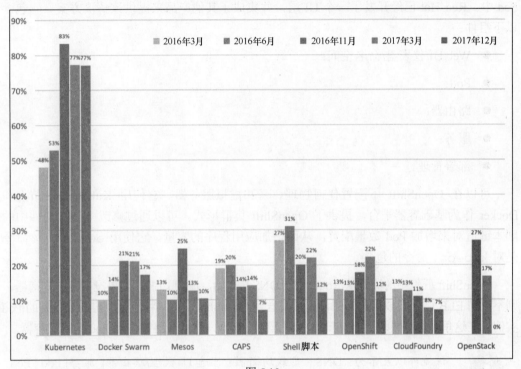

图 5.10

5.4.1 什么是容器编排

容器编排是指对计算机资源进行自动管理、协调、安排和监控，因此它们可以为工程师提供企业级的质量，而且无须花费大量时间进行设置。市场上最流行的容器编排软件如下：

- Red Hat 的 OpenShift；
- Google 的 Kubernetes 或 AWS EKS；
- Mesos 和 Marathon；
- CoreOS Tectonics；

- Docker Compose；

- OpenStack Magnum。

Red Hat 的 OpenShift：Red Hat 是容器编排市场中的早期参与者，占据了 Kubernetes 集群大多数份额。OpenShift 是一个容器编排解决方案，可帮助将容器化的微服务部署到 Pod 中。Red Hat 已经开发了一个 UI 层，并集成了其他产品来提供该解决方案。它包含以下组件：

- Web UI/仪表盘/命名空间；

- Pod；

- 路由器；

- 服务；

- 部署管理。

可以在 OpenShift 下配置任何物理、云和虚拟服务器。它使用 Kubernetes 节点和 Docker 作为基础容器平台，提供了 OpenShift 集群形式。可以通过修改 YAML 文件中的副本键值对来增加 Pod 数量配置，从而增加应用程序的容量。它使用 oc 命令，该命令是对 kubectl 命令的包装。

OpenShift 群集中的流量从 Route 53（DNS）开始，流向 ELB（如果没有负载均衡器，则不流向 ELB）。代理被配置为在将流量发送到 OpenShift 之前，将流量重定向到特定的 Pod 实例。在这里，服务模块会将流量路由到正确的容器，然后最终路由到 Pod 内部的容器。

该流可以表示为：DNS | 负载均衡器（可选）| 代理/路由器 | 服务 | Pod | Pod 内配置的容器。

图 5.11 所示为 OpenShift 平台的各个组件，其中包括下面这些：

- 企业容器主机（任何物理、虚拟或基于云的服务器）；

- 容器编排与管理；

- 应用程序生命周期管理；

- 容器。

OpenShift 集群需要服务器，它将在服务器上面安装所需的集群组件，如 Kubernetes、内部负载均衡器、内部日志管理、安全和多租户功能。这些都是捆绑软件。应用程序生命周期管理层是一个可以使用自己的内部工具并使用 oc API 或命令来部署应用程序的层。也可以使用任何 CI/CD 工具，如 Jenkins。

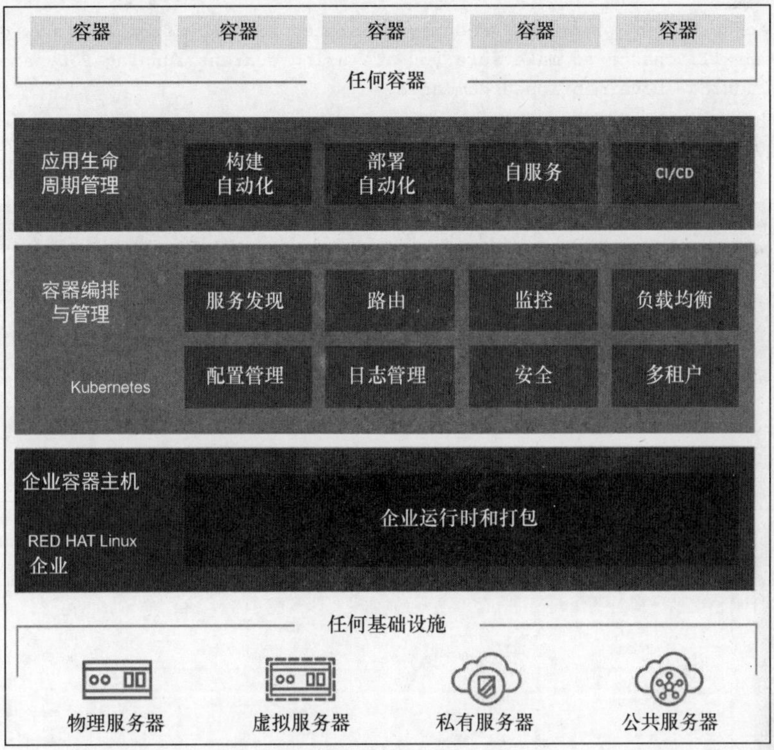

图 5.11

以下示例代码显示了一些最常用的命令，包括如何登录到 ACP（OpenShift）端点、如何访问 Pod，以及如何登录到运行中的容器：

```
# Packt Pub example to access your container running in ACP cluster:

# Following command will help you to login inside your Openshift setup
#oc login -u 'Shailender' -p 'YOURPASSWORD'
#oc project <Project name to switch >

# Following command will help you to list all container running inside your POD
with name and resource specification.

#oc describe pods packtpub-app-1-dvj4b|egrep -i
"name|image:|started|mem|cpu"
#oc describe pods |egrep -i "^name:"

# Following command will help you to login inside a container running under POD
```

```
#oc exec -it packtpub-app-1-dvj4b -c 'packtpub-webserver' bash
```

NOTE: packtpub-app-1-dvj4b is randomly generated name so after each new deployment this name will change so make sure you are using current running POD name value during running above mentioned commands.

图 5.12 所示为 OpenShift 仪表盘。

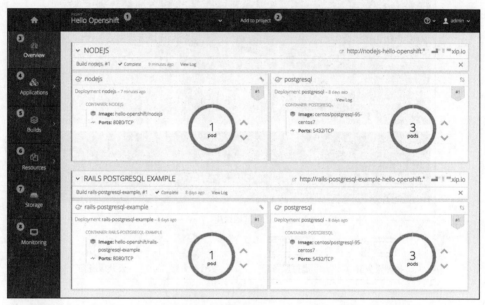

图 5.12

图 5.12 显示了该产品的几乎所有功能。在右侧可以看到所有菜单，这些菜单可以用来导航到前面提到的所有组件。环境和项目通过命名空间分隔。在这里，**Hello Openshift** 是命名空间或项目名称，我们将在其下部署或配置 Pod。在圆圈中可以看到特定服务当前正在运行的 Pod 数，可以通过按向上或向下箭头轻松地增加或减少该计数。

我们可以清楚地看到键值形式的容器名称。例如，在 postgresql Pod 中，该值为 POSTGRESQL。还可以看到用于构建每个 Pod 的镜像以及列出该 Pod 的端口号。可以使用缩放选项自动缩放这些 Pod。默认情况下，只能使用 CPU 阈值进行扩展，并且没有支持的内存或网络连接数的默认选项。如果要实现该功能，则需要提出自己的自定义解决方案。

Google 的 Kubernetes 或 AWS EKS： Kubernetes 是 Google 集群解决方案（名为 Borg 和 Omega）的开源版本，由 Google 在 2014 年捐赠给开源社区 CNCF。Kubernetes 正在

主导容器编排市场，在使用方面远远超过了 Docker Swarm 解决方案。Docker 在容器市场上占有领先地位，而 Kubernetes 则在编排市场上占据了领先地位。Kubernetes 可以让用户配置任何容器平台，这意味着也可以用它来配置 Docker 或 rkt 容器。Kubernetes 是用 Go 语言编写的。它包括一个主服务器和一个节点服务器（minions）。

主节点运行基于 REST 的 kube-apiserver 服务，该服务充当 Kubernetes 集群的前端，使用的是 JSON。Kubernetes 集群的内部工作由内部架构组件处理，包括 kube-clusterstore、kube-controller-manager 和 kube-scheduler。kubectl 是用于管理该集群上的活动的日常命令。

现在，大多数第三方厂商和 DaaS 厂商已经开始提供 Kubernetes 服务，几乎在所有的云厂商的产品中都可以找到它，包括 AWS、Google 的云、阿里巴巴的云和 MS Azure。它的组件（见图 5.13）与 OpenShift 中描述的那些组件类似。

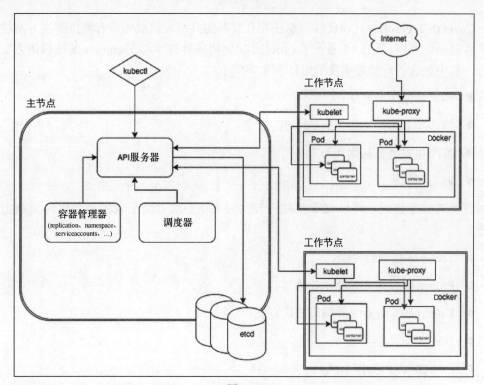

图 5.13

Apache Mesos 和 Marathon：Marathon 是 DC/OS 的容器编排解决方案。要部署应用程序，通常会结合使用 Mesos 和 Marathon。Mesos 包括资源节点，而 Marathon 使用其调度程序来部署作业。更多信息请参考图 5.14。

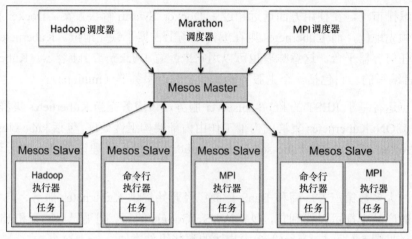

图 5.14

CoreOS Tectonics：CoreOS 目前正在开发其工具链，以成为带有编排解决方案的真正的容器操作系统。图 5.15 显示了 CoreOS 如何将各种技术与 Tectonics 编排解决方案相结合，其中包含了一些最重要的组件，如下所示：

- 容器镜像注册表层；
- 将在其上运行工作负载的主机层；
- 监控和安全工具集；
- 容器环境。

它具有以下组件，可以部署在任何云供应商上。这有助于我们避免供应商锁定的问题：

- Tectonic 控制台界面；
- Prometheus 作为监测解决方案；
- Kubernetes 作为内部编排解决方案；
- Docker 作为容器引擎；
- CoreOS 作为操作系统。

Docker Compose：Docker Compose 既是编排器又是命令。`docker compose` 用于配置应用程序。例如，可以在名为链接容器的单个文件下配置 Web 服务器和数据库服务器，而 `docker compose` 命令将用于运行安装程序。以下代码是如何创建 `.yml` 文件以及如何运行配置容器的示例：

```
# vim packtpub-deployment.yml
version: '2'
services:
  packtpub-web:
    build: .
    ports:
      - "80:80"
  packtpub-postgres:
    image: "postgres:alpine"
# Run docker compose from your project folder
#docker-compose up
```

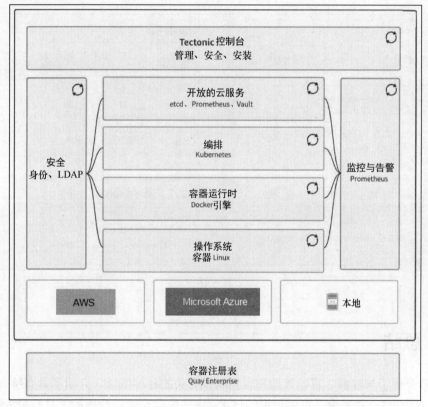

图 5.15

OpenStack Magnum：私有云市场中的另一个选择是 OpenStack。这是一个编排解决方案，该解决方案将现有的 Docker 和 Kubernetes 技术与 Magnum 服务结合使用，可以通过该技术与 API 进行交互。

在图 5.16 中，左侧显示了群集的计算能力，可以在其中配置任何虚拟机或物理机（它们可在支持容器的平台上运行）。Docker 作为容器引擎运行，容器作为特定的服务实例运行，Kubernetes 或 Swarm 可根据扩展需求将容器用作工作节点。

在图 5.16 的右侧，可以看到 Magnum 组件是与 OpenStack Heat 模板一起运行的。在这里，它与各种 OpenStack 服务互动，比如 Glance（用于图像管理）、块存储服务 Cinder、网络服务 Neutron，以及计算服务 Nova。每当应用程序需要更多的容量时，它就会与左边的组件互动，通过 Magnum 指挥器旋转更多的 Docker 容器以满足需求。

对于集群管理，Magnum 提供了 API，通过这些 API 可以与 Magnum 客户端进行交互。其中一个 API 的示例是 python-magnum 客户端。

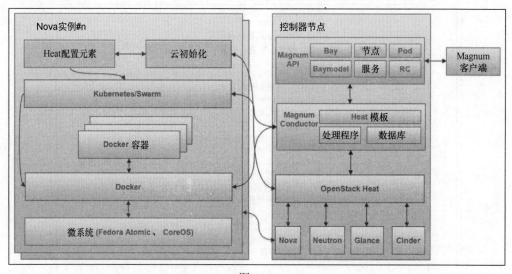

图 5.16

5.5　总结

本章介绍了与容器、容器管理和容器编排有关的各种概念，介绍了具有持久化卷的应用程序的弹性，并考虑了可以使用的技术。这些内容对选择合适的工具有很大的帮助。选择、设置、配置和监控这类复杂的解决方案是非常重要的。如果它来自 DaaS 或是作为一个企业版本，则提供了某种监控和管理选项。然而，如果试图设置自己的解决方案，则必须配置和集成其他解决方案，使它成为公司的生产就绪端点。

下一章将学习有关软件架构和设计的知识，软件架构和设计是一个包括多个促成因素的过程，例如业务战略、人力资源、质量属性、设计和 IT 环境。

第 6 章
架构模式与设计模式

架构和设计是服务或微服务开发过程中的基石，它们为我们在云时代实现任何逻辑提供了清晰的思路和方向。它不仅可以用于传统的单体应用程序的开发，还可以用于未来的开发，并将永远是一个基石，继续帮助我们从头开始构建服务。可将其看作给实习生的工具包，通过在他们的脑海里保留这些架构和设计声明，来构建他们初始的系统，并持续重建和重新设计。软件架构和设计是一个包括多个促成因素的过程，例如业务战略、人力资源、质量属性、设计和 IT 环境。

6.1 架构模式

下述信息提供了有关架构模式定义的明确说明：

- 可以作为系统的蓝图；

- 天生具有通用性和可重用性；

- 可以让开发人员对组件之间的交互方式有功能上的理解；

- 架构风格也称为架构模式；

- 非功能性决策由功能需求形成并划分；

- 布局合理的架构可降低与构建解决方案相关的业务风险，并帮助开发人员明确了解业务和技术需求，并且还可以在业务和技术之间建立关系。

图 6.1 所示的思维导图给出了 IT 世界中使用的不同类型的架构模式，其中我们很容易听到的是客户端/服务器模式、主从模式、模型-视图-控制器模式和对等模式。

设计模式：设计模式定义了功能需求，有助于将系统分解成组件，并定义它们的交互，以满足系统的功能性需求和非功能性需求。有很多设计模式，如执行模式、计算模式、架构模式、算法策略模式和实施策略模式，可以使用这些模式来构建自己的系统，并且可以一次挑选一个模式，将精力放在这个模式上，在实现了这个模式之后，再将精力放到另一个模式。图 6.2 更为详细地描述了用于构建软件的设计模式。

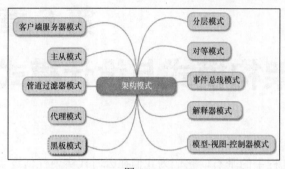

图 6.1

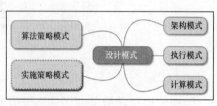

图 6.2

解决方案架构师、应用程序架构师和企业架构师等高级技术人员可帮助你在任何软件开发的初始阶段或基础设施的设置中使用架构和设计模式。

本章将重点关注分布式计算和操作方面，将研究人们正在考虑的新趋势，这些新趋势涉及安全性、可靠性、弹性、性能优化，以及在异步应用、管理的分布式环境中传递消息，还涉及对关键基础设施组件的监控（在关键基础设施组件中，我们拥有完全不同的设计模式）。

6.2　设计模式

在设计任何服务之前，考虑所有的设计模式是非常重要的，因为它有助于构建一个可预测的服务，该服务具有安全性、弹性、性能、可扩展性、可用性和可靠性。这些基础知识可使你的应用程序更加成熟。传统上，开发人员并没有正式考虑过这些模式，但在云时代，在设计过程中考虑和选择这些模式，可以带来更大的灵活性，因为这些模式是云供应商服务的构建模块，甚至云供应商在设计自己的基础设施时也使用同样的模式。

下面将介绍以下 6 个设计模式。这些主题相当宽泛，完全可以用一章的篇幅来单独介绍，但这里只是让大家简单了解这些子主题，以便在执行一些实际实现时考虑使用它们：

- 安全；
- 弹性；
- 性能；
- 可扩展性；
- 可用性；

● 可靠性。

图 6.3 所示为新一代服务的设计模式支柱。

图 6.3

在分布式、多租户、云托管的环境中，前面的所有主题都非常重要，在设计服务时必须考虑这些模式。这些主题下的一些常用模式是 API 节流、使用联合认证的单点登录（SSO）、速率限制和 sidecar 容器。消息传递、管理和监控是图 6.4 所示的思维导图中显示的设计模式，但它们的子主题在六大支柱中都有涉及，因为有些支柱显示了所有这些重叠的内容。

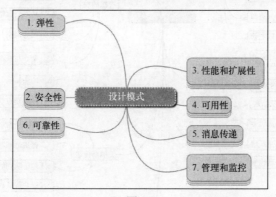

图 6.4

市场上可用的工具集具有所有的功能和配置，可以实现这些设计模式，并将这些设计模式带入一个真正实用的世界。知道这些主题的公司并不多，而那些接触到这些主题的公司已经开始构建可扩展的大规模应用程序，并在行业中处于领先地位。AWS、Azure 和 GCP 都经过了测试，它们在云计算市场上处于领先地位，而 Netflix 和 YouTube 是视频流领域的顶级公司，在幕后你会发现它们在实现其服务时也实施了这些设计模式。

大多数云供应商都发布了架构良好的框架、指南和设计模式，用于向客户提供咨询，并告诉它们如何构建服务。例如，Amazon 发布了架构良好的框架（WAF）。每当围绕 AWS 云构建服务时，在任何设计讨论中都会使用的 5 个支柱如下：

- 安全；

- 可靠性；

- 执行效率；

- 成本优化；

- 卓越运营。

思维导图对于显示这些模式之间的关系非常有用，这样就可以在单个视图中一目了然，我们尝试将它们全部放在图 6.5 中。下面 32 种是 Microsoft 进行大致分类后的设计模式，可以将它们归类为前 7 个设计模式。

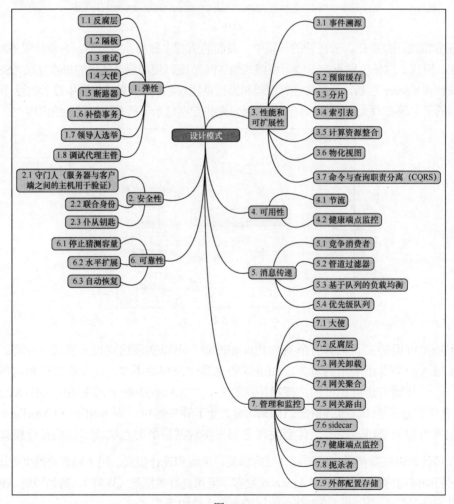

图 6.5

表 6.1 所示为有关这些设计模式的简要描述。

表 6.1

设计模式	描述
大使	代表消费者服务或代理来发送网络请求的助手服务
反腐层	可以帮助用户在传统的应用程序和新设计的应用程序之间创建一个层
服务于前端的后端	创建可由前端服务或 UI 直接使用的后端服务
隔板	将应用程序隔离到池中,这样一来,即使一个服务发生故障,也不会影响另一服务
边缘缓存	将数据保持在高速缓存中以备快速访问
断路器	用于设计服务,以处理需要一定时间才能将故障修复的服务;使用断路器可以实现优雅地延迟或处理代理请求的逻辑
命令与查询职责分离(CQRS)	用于定义隔离操作以使用单独的接口读取数据
补偿事务	在许多情况下,逻辑在执行过程中会失败,因此应该实现一些功能,以使事务正常地回滚到其原始状态
竞争消费者	使多个并发的消费者能够处理在同一消息传递通道上接收到的消息
计算资源整合	将多个任务或操作整合到一个计算单元中
事件溯源	使用仅追加的存储来记录事件的完整系列,这些事件描述了对域中的数据执行的操作
外部配置存储	将配置信息从应用程序部署包中移动到一个集中的位置
联合身份	将身份验证委派给外部身份提供商
守门人	通过使用一个专门的主机实例来保护应用程序和服务,该实例充当客户端和应用程序或服务之间的中介,用于验证和净化请求,并在它们之间传递请求和数据
网关聚合	使用网关将多个单独的请求聚合为一个请求
网关卸载	将共享或专用服务功能卸载到网关代理
网关路由	使用单个端点将请求路由到多个服务
健康端点监控	在应用程序中执行功能检查,外部工具可以通过暴露的端点定期访问这个应用程序
索引表	在查询经常引用的数据存储中的字段上创建索引
领导人选举	通过选举一个实例作为负责管理其他实例的领导人,来协调分布式应用程序中的一系列协作任务实例所执行的操作
物化视图	当数据的格式不适合进行所需的查询操作时,则在一个或多个数据存储中的数据上生成预填充的视图
管道过滤器	将执行复杂处理的任务分解为一系列可重复使用的独立元素

续表

设计模式	描述
优先级队列	对发送给服务的请求进行优先级排序，以便让优先级较高的请求能更快地接收和处理
基于队列的负载均衡	使用队列充当任务和服务之间的缓冲区，该队列可以调用该任务和服务来平滑处理间歇性的重负载
重试	通过透明地重试先前失败的操作，使应用程序能够在尝试连接到服务或网络资源时，处理预期的临时故障
调度代理主管	在一组分布式服务和其他远程资源之上协调一系列操作
分片	将数据存储划分为一组水平分区或分片
sidecar	将应用程序的组件部署到一个单独的进程或容器中，以提供隔离和封装。例如将日志和指标代理容器作为主应用程序的一个 sidecar 运行
静态内容托管	在云提供商服务（例如 AWS S3）上托管静态内容
扼杀者	通过用新的应用程序和服务逐渐替换特定的功能，逐步迁移传统的系统
节流	用于限制对服务的请求量，以避免任何 DoS 或 DDoS 攻击；还给出了关于如何在多租户环境中优雅地处理多个客户端流量的清晰实现逻辑
仆从钥匙	使用令牌或密钥为客户端提供对特定资源或服务的受限直接访问

 设计模式子主题可能会分为多个类别，因此请牢记设计模式思维导图，因为我们在特定设计模式的主题下给出了更广泛和随机的定义，因此不会重复这些设计模式的定义。

6.2.1　安全设计模式

安全性是在云中或公司内保护自己免受外部攻击的重要因素之一。为了保护基础设施，从而保护机密信息，每一层都需要安全性。安全有以下更广泛的设计模式，这些模式在 AWS WAF 中也有涉及：

- 身份和访问管理；
- 发现性控制；
- 基础设施保护；
- 数据保护；
- 应急响应。

以上几点的一些详细示例如下所示：

- 使用角色（例如 AWS IAM 角色）来保护身份，并实施细粒度的授权；

- 使用端口/IP 范围（例如 AWS 安全组）阻止流量，并使用 CIDR 范围隔离内部和外部流量；

- 使用网络流日志分析来检测行为的最新趋势，例如使用 AWS GaurdDuty、Symantec 云负载保护来进行 AWS VPC 流日志分析；

- 使用反恶意软件/防病毒代理（例如 Symantec 端点保护、Symantec 云负载保护代理[也称为 CAF 代理]）进行端点保护；

- 围绕 IT 基础设施进行集中日志分析，以通过观察流量趋势或异常流量来源来检测异常或 DDoS 攻击；

- IDS/IPS 方法是通过网关将所有流量转发到此类系统，然后阻止/允许流量；

- 传输中的安全性和 at-REST 方法，例如使用 SSL 实施并在存储中对磁盘进行加密；

- 应该有系统的过程来处理任何安全事件，并且应该拥有可用的信息来检测此类事件，以便可以对此类事件及时采取措施。

6.2.2　弹性设计模式

弹性是指一个系统优雅地处理和恢复故障的能力。它是在设计服务时最重要的因素之一，以便在任何情况下都能恢复其高负荷，或恢复内部或外部组件的故障。

- **构建服务**：本书讨论了微服务和实现微服务的设计原则。

- **重试逻辑**：如果任何端点或事务失败，它可以帮助应用程序处理预期的临时故障，还可以重试相同的事务以从特定问题中恢复。

- **监督代理**：安装类似于监督的服务，以连续监视应用程序/守护程序/服务，并在它们失败时重新启动。SupervisorD 是公司可用来恢复其服务的免费工具，因为它有助于使用简单的配置来配置多个服务监控。

- **健康监控**：每个应用程序/服务都应该公开其健康状态，这样就可以使用外部工具对其进行监控，从而可以采取行动进行自动通知和恢复。大多数网络应用程序会公开其健康状况。类似于 PHP、ASPX 这样的页面会被 AWS ELB 等系统持续监控，并提供健康状态机制，以在转发流量到注册节点之前检查即时状态。一些外部监测系统，如 Runscope、AlertSite 和 Webmetric 系统，会监测特定的字符串或 HTTP 200 状态代码，以获得应用程序的健康状态。

● **断路器**：为了保护应用程序免遭级联故障的困扰，可以实施这样一种逻辑：该逻辑可以阻止流量或向连接的应用程序发送消息和延迟消息的发送，该应用程序通过阻止去往下游组件的流量来保护应用程序。例如，如果你知道自己已达到可扩展性的峰值，并且能处理的流量无法多于向代理发送的延迟消息（如果代理是自己提供的），　那么就可以阻止此类流量。

● **基于队列的系统**：为了处理临时故障或处理异步负载，可以使用一个基于队列的机制来处理流量，以避免服务出现任何故障，并帮助进行并行处理，而不会使你的微服务 CPU 或内存的使用率激增。RabbitMQ 形式的 AMQP（高级消息队列协议）实现在一个行业中被用于这样的队列系统，在这种队列系统中，多个监听通道的微服务被配置在交换（exchange）下。

● **补偿事务**：在许多情况下，当逻辑在执行过程中失败时，应该实现一些功能，以使事务优雅地回滚到其原始状态。

● **领导人选举**：在分布式环境或微服务领域中有许多系统，其中基础设施组件承担着领导人的角色，以便根据指导原则使功能符合要求。例如，Docker Swarm 使用管理器节点，而 Kubernetes 使用主节点管理其他工人节点。

6.2.3　可扩展性设计模式

可扩展性是指系统在不影响性能的情况下应对负载增加的能力，或者可以随时增加可用资源的资源利用率的能力。可扩展性的设计原则如下：

● 避免单点故障；

● 水平扩展，不是垂直扩展；

● 将工作远离核心服务；

● 缓存系统的实现；

● 保持缓存是最新的；

● 异步系统；

● 无状态；

● 系统能够处理任何故障。

可扩展性是众多 AWS WAF 组件功能中的其中一个。当通过扩展来处理负载时，则会在以下几点中找到前文提到的设计原则。在真实的云和容器世界中，通常会在实际实施中看到下述情况。

- **扩展 CPU 利用率**：监控服务的 CPU 利用率，然后进行扩展或收缩，Kubernetes、AWS 弹性容器服务（ECS）、用于 Kubernetes 的弹性容器服务（EKS）或其他云系统使用类似的方法来扩展客户端基础架构。它们从 Hypervisor 中收集相关信息，并将 CPU 使用率公开给外部应用程序。

- **扩展内存利用率**：可以使用内存监控来扩展服务，但是 AWS ECS、EKS 和 Kubernetes 没有将它作为默认功能，因此必须自行编写包装器。

- **扩展连接请求的数量**：可以通过大量连接来扩展服务，因为有些系统（例如代理系统和负载均衡器）仅将客户端请求转发到下游微服务，这些微服务能够处理特定数量的连接。

- **扩展存储容量**：扩展存储容量或文件系统是可扩展系统中的另一个要求，在该系统中，必须扩展硬盘/文件系统以使其能够满足要求。

6.2.4 性能设计模式

可以使用系统在任何给定时间段内的响应能力来衡量性能。下面是 AWS WAF 中描述的用于提升性能的设计原则：

- 将高级技术大众化；
- 数分钟之内实现全球部署；
- 使用无服务器架构；
- 更频繁地进行实验；
- 机械同情。

下面是对上述设计原则的一些详细说明。

- **将高级技术大众化**：最好是从外部供应商那里获得复杂技术，或者将其作为服务，而不是"重复发明轮子"，因为很难在短时间内实现复杂的技术，如果不这样做，则其他竞争对手将获得优势。

- **数分钟之内实现全球部署**：云可帮助用户在短时间内甚至数分钟内触达更远的社区。

- **使用无服务器架构**：在云中，无服务器架构使得我们无须运行和维护服务器以进行传统的计算活动。例如，存储服务可以作为静态网站，从而移除了对网络服务器的需求，而事件服务可以托管代码。这移除了管理这些服务器的运维负担，也可以降低交易成本，因为这些被管服务是以云的规模运作的。

- **更频繁地进行实验**：云可以帮助用户进行更多的实验，因此可以更频繁地尝试不同的设计和架构。

- **机械同情**：它提供了一种与实现设计相关的更加一致的方法。

6.2.5　可用性设计原则

可用性指的是系统的正常运行时间。这是大多数公司在签订 SLA 协议时最需要的特性之一，因为可用性直接决定了收入：

- 业务驱动了高可用性（HA）；

- 保持简单；

- 配置更高的可用性。

下面是非常详细的可用性的详细实现：

- **区域级别的 HA**：确保在多个区域中部署基础设施，例如在美国和亚洲分别部署一些基础设施，以便在一个区域出现故障时可以进行故障转移。

- **地域级别的 HA**：使用的是多个地域级别的可用性。

- **网络级别的 HA**：主流供应商的企业网络设备具有高可用性功能，可以将流量故障转移到其他路由器/交换机。如果它们没有检测到任何心跳，则可以进行维护。

- **负载均衡器级别的 HA**：使用高可用性服务（例如 AWS ELB），或使用群集解决方案部署冗余负载均衡器。

- **Hypervisor 级别的 HA**：VMware ESXi 或其他 Hypervisor 平台附带 HA 协议，当其中一个系统出现故障时，则可以使另一个系统成为领导者。

- **服务/微服务级别的 HA**：在高可用性系统上部署服务，例如 Kubernetes Pod、AWS EKS、ECS 和 Docker Swarm。

可以随时关注事件趋势，还可以查看平均修复时间（MTTR）和平均故障间隔时间（MTBF），以了解服务的可用性以及是否已实施了上述建议，从而降低事件的数量。

6.2.6 可靠性设计原则

人们之所以向云计算迁移，是因为与内部设置相比，云计算可以提供更可靠的系统。成本是实现适当可靠性的主要因素之一：

- 测试恢复过程；

- 自动从故障中恢复；

- 水平扩展以提高聚合系统的可用性；

- 停止猜测容量；

- 使用自动化管理变更。

下面提供了有关以上几点的更多信息。

- **测试恢复过程**：练习服务数据的恢复过程，以便可以处理任何事件并在短时间内恢复系统，从而使系统更加可靠。

- **自动从故障中恢复**：监控关键性能指标（KPI），以在故障期间自动采取措施，实现快速恢复。

- **水平扩展以提高聚合系统的可用性**：与垂直扩展相比，水平扩展的速度更快，并且水平扩展的成本是线性的，而垂直扩展的成本则呈指数增长。

- **停止猜测容量**：向系统提供数据和事实，这样它就可以做出扩展的决定，而不用猜测客户流量。猜测是一种短期的临时解决办法，当人们没有与服务相关的指标时，可以使用这种方法。在没有数据/事实的情况下，如果选择猜测负载，就会导致失败，降低可靠性。我们看到在 DDoS 攻击期间，与基于事实/数据的扩展系统相比，猜测系统有更多不可靠的信息。

- **使用自动化管理变更**：在变更实施过程中避免人为干预，并尝试使该过程尽可能自动化。

之前有一段时间，我们一直在努力为公司实现可靠性，因此开发了项目可靠性成熟度 KPI 矩阵，这个矩阵非常有用，它使用矩阵下的各种 KPI 告诉人们项目中的成熟度或可靠性。

6.2.7 断路器设计模式

本节将讨论断路器模式。在此之前，我们先来考虑一下，在其中一个服务被其他服务同步调用的任何微服务架构中，如果一个服务出现故障怎么办？高延迟、代码问题或有限的资源都可能导致故障。一个服务的故障会导致整个应用中的其他服务发生故障。为了管理这个问题并防止发生级联服务故障，可以使用一个断路器。这不仅仅是一种设计模式，可以把它看作一种可持续的模式，这意味着它可以用来防止微服务发生故障。

可以想象一下家里的电力供应。我们从主电网获得电力，而电力可能流经断路器。如果雷击造成电网上的电压激增，会使断路器断开。因此，断路器将保护家里的内部线路和电气系统。在微服务的世界里，断路器的工作方式完全相同，即如果一个服务发生故障或失效，它将停止对该特定服务的所有调用和请求，并返回缓存的数据或一个超时错误。

断路器的优点

以下是断路器的一些优点。

- **监控**：断路器对于监控非常有价值。如果服务出现故障，则应该能被监控到，并在某处正确记录下来，然后从故障状态中恢复。

- **容错**：在测试断路器中的各种状态时，可以添加逻辑以创建容错系统。例如，如果某服务不可用，那么可以添加逻辑，以从缓存中获取该服务的页面。

- **降低负载**：如果某服务变慢或崩溃，断路器可以通过为缓存页面或超时页面提供服务来处理这种情况，并通过降低其负载来帮助服务恢复。

在图 6.6 中可以看到，断路器模式具有 3 种状态：闭合、打开和半开。

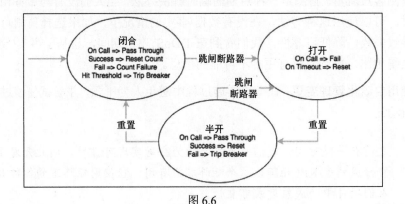

图 6.6

闭合状态

断路器模式的正常状态是闭合状态，这表明所有的服务都已启动并运行。它将把所有请求传递给服务。如果故障请求的数量增加到一个预定的阈值，断路器将转为打开状态。

从图 6.7 中可以看到，客户端正在尝试访问服务，并且请求通过断路器传递。在这种情况下，后端微服务（称为供应商微服务）已启动并正在运行，因此它可以无延迟地进行响应。断路器将该请求传递给客户端。

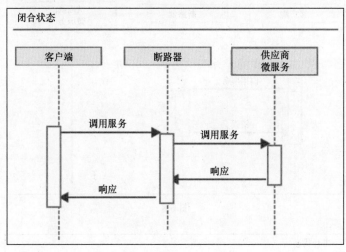

图 6.7

打开状态

如果后端服务遇到了响应缓慢的情况，或者服务因任何原因而停机，断路器就会收到一个后端服务的失败响应。一旦失败请求的数量达到预定的阈值，它将把断路器的状态改为打开。断路器可以通过提供一个缓存页面或超时页面来处理这种情况，并通过降低负载帮助这些服务恢复。

从图 6.8 中可以看到，后端微服务（供应商微服务）不可用。断路器以错误或缓存页面的形式响应客户端。可以在断路器中添加逻辑，以指示在后端微服务不可用时应发送哪个响应。

半开状态

我们应该对断路器进行适当的监控，以了解后端微服务是否已经恢复。断路器定期尝试调用后端微服务，以检查该服务的状态。这种状态称为半开状态。它将保持这种半开状态，除非所有的请求都从后端微服务成功返回。然后，电路将保持其正常状态，也就是闭合状态。

在图 6.9 中，由于后端微服务（供应商微服务）不可用，客户端请求失败，并且断路器进入打开状态。在一段时间过后，断路器继续通过尝试调用来检查后端服务的状态。一旦断路器收到来自尝试调用的成功请求，电路将切换到闭合状态。

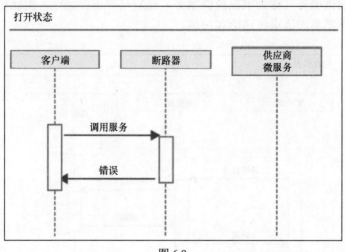

图 6.8

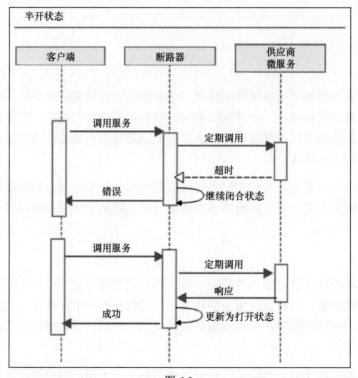

图 6.9

6.3　总结

　　本章介绍了架构模式、设计模式、倾向于软件的设计模式，以及目前以云主导的软件即服务（SaaS）形式分布的模式，当前厂商正试图探索更多易于实施的模式。本章概述了如何围绕这些模式设计应用程序，并通过思维导图的形式提供了一个良好的图像视图，在讨论和实施模式的过程中可轻松地用作参考。本章介绍了断路器、限速和节流模式，可帮助开发人员建立有弹性的服务，这种弹性服务可以应对任何分布式攻击，从而为托管在多租户环境中的客户提供良好的体验。本章详细介绍了断路器，包括它的实现方式，以及在遇到重载或后端服务中断的情况下如何使用它们。本章还给出了一些可用性和可靠性的提示，可以将其用在实际项目中。

　　下一章将学习与可靠性实施技术相关的知识，其中包括 Rust 编程和 Ballerina 编程。

第 7 章

可靠性实施技术

本章的目的是让大家放心，未来是光明的，一切事情在云时代正在发生变化，我们很快就能使用合适的编程语言将想法实现出来。我们将可以使用 FaaS、微服务和端点编写代码，物联网设备将向它们发送数据。几乎所有的东西都会通过网关，通过 API 到达你的服务。在过去的 30 年中，许多编程语言不断涌现，很多程序员也都在研究这些语言。所有这些编程语言都是为未来服务的吗？并不是。几乎很少有语言能通过 API 为集成的世界提供适当的支持。Node.js 可能是唯一一个试图实现 REST 编程原则的语言。

本章将介绍面向未来的语言。它被称为第一种云原生编程语言，相当灵活、强大、美观。它就是 Ballerina，这是一种全新的编程语言，它是一种静态编译语言，具有丰富的数据类型，是强类型的。它支持 XML，使用 JSON，并有一个文本和图形语法。当在 IDE 中编码时，它可以提供一个完整的逻辑概览。

我们还将介绍第二种编程语言，即 Rust。本章将介绍以下内容：

- Ballerina 编程；
- Rust 编程；
- 有关的概念。

7.1 Ballerina 编程

Ballerina 给我们的第一印象是，它是一种神奇的语言，将极大地改善 SRE 的世界。它提供了在去中心化的世界中所需的一切：库、IDE、编译器、构建器、部署器、文档和工具。在 Ballerina 的第一个演示示例中，开发人员创建了一个在网络端口上进行监听的 REST 端点，在 API 中实现了与 Twitter 的通信，并且嵌入了一个 hello 函数，该函数的代码文件与服务的 main() 函数相同，而这一切都在最多 15 分钟之内完成。他们继续展示了更多的示例，包括如何在几个简单的步骤中借助于 Ballerina 来使用断路器。

Ballerina 于 2005 年从 Apache Synapse 项目演变而来。它由 WS02 架构师开发，以响应使用现有语言的集成实现。它是一种简单的编程语言，根据 Apache License 2.0 版本发布。

它的语法和运行时解决了终端集成的难题。它是一种图灵完备语言，具有快速的编辑、构建和运行周期，能实现敏捷开发。Ballerina 代码在包含事务、嵌入式代理和网关运行时的服务中进行编译。

它具有以下功能：

- 它是网络世界中使用的一种编程语言；
- 它针对分布式世界中的集成进行了优化；
- 它易于理解和编写，就像一个带有 if 和 else 条件的简单 C 程序；
- 它使用不带缩进的简单语法，这与诸如 Node.js、Go、Python 或 Java 这样对开发人员不太友好的语言不同；
- 它的数据、网络和安全意识编程的灵感来自于 Maven、Go、Java 和 Node.js；
- 它通过提高清晰度并允许开发人员一目了然地查看代码逻辑，提高了开发人员的生产率；
- 它的延迟低，占用的内存少，而且能快速启动；
- 它支持将 JSON、XML 和表作为数据类型；
- 它提供用于单点登录身份验证的连接器，还为 BasicAuth、SOAP、AmazonAuth 和 OAuth 提供了连接器；
- 它与 HTTP、REST 和 Swagger 深度集成；
- 它为主流的 Web API 提供了客户端连接器，例如 Twitter、LinkedIn、Facebook、Gmail 和 Lambda 函数；
- 它正在申请专利；
- 它能与 Docker 很好地集成；
- 它能与 Kubernetes 很好地集成并且可以使用它部署代码；
- 它可以了解你的测试用例的需求；

- 它可以了解你的软件包存储库要求，并提供与 Go、Node 包管理器（NPM）或 Maven 依赖项管理类似的模型；

- 它可以在大多数广泛使用的 IDE 上使用，包括 Vim、VC、IntelliJ IDEA 和 PyCharm；

- 它使用并行工作者（parallel worker）的概念，工作者是非阻塞的，而且没有任何函数可以锁定同一文件中定义的其他并行函数的执行。

虽然前面已经介绍了它的很多功能，但还有几个重要的功能值得强调。其中之一是 Ballerina Composer 工具，它是一个基于浏览器的工具，可以以一种创新的方式编写代码和绘制顺序图。我们可以在顺序图视图和源代码视图之间轻松切换。Composer 的源代码可在 GitHub 中找到，可以将其下载下来并在开发工作中进行尝试。另一个惊人的功能是，单个程序有一个 main()函数和多个服务端点，它们可以监听任何有效的网络端口（0～65,535），因此可以在一个程序中进行并发处理。这是第一个具有这种创新功能的语言，而且考虑到了 REST API 端点。

本节将查看以下示例：

- hello 程序示例；

- 顺序图示例；

- Twitter 集成的简单示例；

- 断路器代码示例；

- 数据类型和控制逻辑表达式语句。

7.1.1　hello 程序示例

下面是一个用来显示打印方式的标准的 Ballerina hello 程序。使用 Vim 创建文件并运行 hello.bal 命令：

```
//#vim hello.bal

//Ballerina base library for Input/Output messages
import ballerina/io;
// function main()
public function main()
{
    io:println("You are reading PacktPub Hello example! ");
    io:println("-------- Program End -------");
}
```

7.1.2 Twitter 集成的简单示例

以下程序是如何与 Twitter API 集成的示例。可通过一个配置文件来传递账户的 Twitter API 凭据。该程序将在 TCP 端口 9090 上侦听，并将通过你的账户发布一条推文。

运行以下命令以执行以下代码：

```
ballerina build packt-twitter-example.bal

    // NOTE 1: Use Linux VIM editor to edit file and copy following code mentioned
    after vim line
    // NOTE 2: Make sure you get twitter's client id, secret,access and tokens before
    running this code and you can refer
    https://developer.twitter.com/en/account/get-started

    #vim packt-twitter-example.bal

    //Example shown during Ballerina demo
    //Created for Ballerina example and similar reference can be taken from their github
    //Github: https://github.com/ballerina-platform/ballerina-lan

    import ballerina/config;
    import ballerina/io;
    import wso2/twitter;

    endpoint http:Listener listener {
        port:9090
    }

    endpoint twitter:client tweeter {
        clintId: config:getAsString("YOUR_CLIENT_ID");
        clientSecret: config:getAsString("YOUR_CLIENT_SECRET");
        accessToken: config:getAsString("YOUR_ACCESS_TOKEN");
        accessTokenSecret: config:getAsString("YOUR_ACCESS_TOKEN_SECRET");
        clientConfig: {}
    }
    @http:ServiceConfig {
        basePath: "/",
    }
    service<http:Service> hello bind listener {
    @http:ResourceConfig {
    basePath: "/",
    methods: ["POST"],
    body: "person",
    consumes: ["application/json"],
    produces: ["application/json"]
```

```
        }
        hi (endpoint caller, http:Request request, Person person) {
            string payload_body = check request.getTextPayload();
            var status = check tweeter ->tweet("Hello" + payload_body + "PacktPub
#ballerina example" )
        int id = status.id;
        string createdAt = status.CreatedAt;
        json jason_content = {
            twitterID: id,
            createdAt: createdAt,
            key: "value"
        };
        _ = caller -> respond(jason_content);
    }
}
```

这将生成一个如图 7.1 所示的顺序图（请注意，文本会不同，因为我们对该图形使用了不同的代码）。

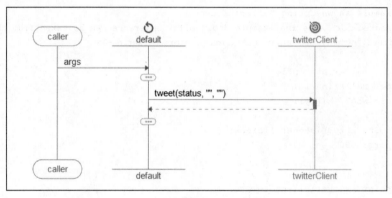

图 7.1

箭头标记（->）非常重要。图生成器工具使用它来生成从调用者到端点的端点图，其中包含了通信的方向，这对于开发人员编写代码非常有用。

使用 Ballerina，可以将服务端点直接添加到代码中，使它们与 main 函数共存。这使 Ballerina 成为完全云原生的编程语言，它以最少的代码量来支持网关和 REST API 端点。

7.1.3 Kubernetes 部署代码

下面的代码将生成一个 Docker 镜像，其中包含 YAML 格式的 Kubernetes 部署文件。它通过 Ballerina 源代码的文件夹树结构进行组织，拥有良好的结构，如下所示：

```
// --------------------------------------
@kubernetes:Deployment {
  image: "demo/ballerina-packt-image",
  name: "ballerina-packt-image"
}

// secretes.toml is file in which we defined our secure or other variables
@kubernetes:ConfigMap {
  ballerinaConf: "secretes.toml"
}
@http:ServiceConfig {
 basePath: "/"
}
// --------------------------------------

//Following is just same code that we given in above twitter example to
give you reference about where you can place your deployment code
service<http:Service> hello bind listener {
  @http:ResourceConfig {
    path: "/",
    methods: ["POST"]
  }
  hi (endpoint caller, http:Request request, Person person) {
    string body = check request.getTextPayload();
    var status = check tweeter ->tweet("hello" + body + "PacktPub
#ballerina example" );
    int id = status.id;
    string createdAt = status.CreatedAt;
    json js = {
      twitterID: id,
      createdAt: createdAt,
      key: "value"
    };
  }
}
```

在上面的代码块中，`Deployment` 和 `ConfigMap` 行将在 Kubernetes 集群上将代码转换为易于部署的代码。在编写完这些行之后，应该可以运行其余命令。

如果构建和编译新修改的代码，则会看到一些 Kubernetes 相关的信息。它还会生成一个 Kubernetes 文件夹结构，可以在其中找到 YAML 中的部署配置。通过对 Kubernetes 文件夹下生成的 ConfigMap 文件使用 `kubctl` 命令，可以直接部署在 Kubernetes 或 OpenShift 集群上。相关示例如下所示：

```
@kubernetes:ConfigMap - complete 1/1 - Referring that it has
successfully generated Kubernetes config map files

$ ballerina build packt-twitter-example.bal
```

```
@kubernetes:Service                          - complete 1/1
@kubernetes:ConfigMap                        - complete 1/1
@kubernetes:Docker                           - complete 3/3
@kubernetes:Deployment                       - complete 1/1
```

下面的树命令显示了在 build 命令之后生成的文件和文件夹结构：

```
$ tree
.
├── packt-twitter-example.bal
├── packt-twitter-example.balx
├── kubernetes
│   ├── packt-twitter-example_config_map.yaml
│   ├── packt-twitter-example_deployment.yaml
│   ├── packt-twitter-example_svc.yaml
│   └── docker
│       └── Dockerfile
└── secretes.toml
```

在生成的配置图 YAML 文件或文件夹结构上运行 kubectl apply 命令之后，它将把 Twitter 代码部署为运行的 Pod，可以将网络流量重定向到该 Pod：

```
# Following kubectl command will deploy YAML configs on your kubernetes cluster

$ kubectl apply -f kubernetes/
configmap "packt-twitter-example_config_map" created
deployment "packt-twitter-example" created
service "packt-twitter-example" created

#Run following commands to see your deployment status

$ kubectl get pods
```

7.1.4　断路器代码示例

以下代码是使用了 Ballerina 的断路器示例。它将在 TCP 的 9090 和 9091 端口上侦听。与其他语言的代码相比，该代码的可读性更好：

```
//Circuit breaking example from https://ballerina.io/
import ballerina/http;
import ballerina/io;

string previousRes;

endpoint http:Listener listener {
port:9090
};
```

```
// Endpoint with circuit breaker can short circuit responses under
// some conditions. Circuit flips to OPEN state when errors or
// responses take longer than timeout. OPEN circuits bypass
// endpoint and return error.
endpoint http:Client legacyServiceResilientEP {
url: "http://localhost:9091",
circuitBreaker: {
// Failure calculation window
rollingWindow: {
// Duration of the window
timeWindowMillis: 10000,

// Each time window is divided into buckets
bucketSizeMillis: 2000,

// Min # of requests in a `RollingWindow` to trip circuit
requestVolumeThreshold: 0
},

// Percentage of failures allowed
failureThreshold: 0.0,

// Reset circuit to CLOSED state after timeout
resetTimeMillis: 1000,

// Error codes that open the circuit
statusCodes: [400, 404, 500]
},

// Invocation timeout - independent of circuit
timeoutMillis: 2000
};
```

上述代码适用于具有各种断路器定义的 `legacyServiceResilientEP`。下述代码在此基础上进行了扩展，其中使用断路器的条件定义来定义各种路径和方法，代码将根据这些路径和方法进行响应：

```
@http:ServiceConfig {
basePath:"/resilient/time"
}
service<http:Service> timeInfo bind listener {

@http:ResourceConfig {
methods:["GET"],
path:"/"
}
getTime (endpoint caller, http:Request req) {
```

```
var response = legacyServiceResilientEP ->
get("/legacy/localtime");

match response {

// Circuit breaker not tripped
http:Response res => {
http:Response okResponse = new;
if (res.statusCode == 200) {

string payloadContent = check res.getTextPayload();
previousRes = untaint payloadContent;
okResponse.setTextPayload(untaint payloadContent);
io:println("Remote service OK, data received");

} else {

// Remote endpoint returns an error
io:println("Error received from "+"remote service.");
okResponse.setTextPayload("Previous Response : "
+ previousRes);
}
okResponse.statusCode = http:OK_200;
_ = caller -> respond(okResponse);
}

// Circuit breaker tripped and generates error
error err => {
http:Response errResponse = new;
io:println("Circuit open, using cached data");
errResponse.setTextPayload( "Previous Response : "
+ previousRes);

// Inform client service is unavailable
errResponse.statusCode = http:OK_200;
_ = caller -> respond(errResponse);
    }
  }
 }
}
```

图 7.2 所示为断路器代码流程图。

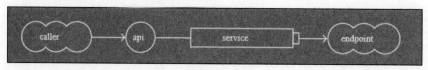

图 7.2

7.1.5 Ballerina 数据类型

Ballerina 提供的数据类型与传统编程语言中的数据类型相似。但是，它也提供了一些其他有用的类型，例如 XML、JSON 和表。图 7.3 所示的层次结构图显示了 Ballerina 支持的不同数据类型。

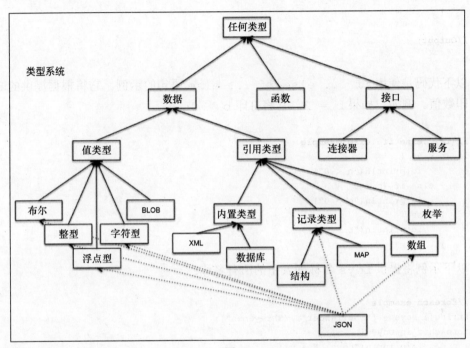

图 7.3

7.1.6 控制逻辑表达式

与其他编程语言（比如 C 语言）类似，Ballerina 具有控制逻辑语句，并且这些语句非常简单。可用的控制语句如下：

1. while

2. if ..else if .. else

3. foreach

4. Match

5. Match expression

6. Elvis

下述代码显示了一个使用 while 的示例，它将运行该循环两次并输出一个 i 值：

```
//while example
while (i < 2) {
        io:println(i);
        i = i + 1;
    }
```

```
//Output:
1
```

以下代码是使用 if ... else if ... else 语句的示例。它将根据提供的 b 值来打印数值。例如，如果 b = 2，它将打印 b > 0：

```
// if ..else if..else example
if (b < 0) {
        io:println("b < 0");
    } else if (b > 0) {
        io:println("b > 0");
    } else {
        io:println("b == 0");
    }
```

以下示例将提供 boys 名称列表中的所有名称：

```
//foreach example
string[] boys = ["Shailender", "Shreyansh"];
foreach v in boys {
        io:println("boys: " + v);
    }
```

```
//Output:
Shailender
Shreyansh
```

Ballerina 中还有许多其他语句、表达式和运算符，例如 Elvis 运算符以及 match 和 match expression 流控制语句。

在讨论 Ballerina 时，还应讨论许多组件，比如运行时环境、如何在大多数最新的编排工具（如 Kubernetes 和 Docker）中部署代码，以及从编写源代码到生产和部署的整个生命周期。

7.1.7　Ballerina 的基石

Ballerina 具有以下 3 个基本组成部分：

- 运行时；

- 部署；

- 生命周期。

下面来详细看一下。

- **Ballerina 运行时环境**：图 7.4 的右侧所示为运行时的完整定义。

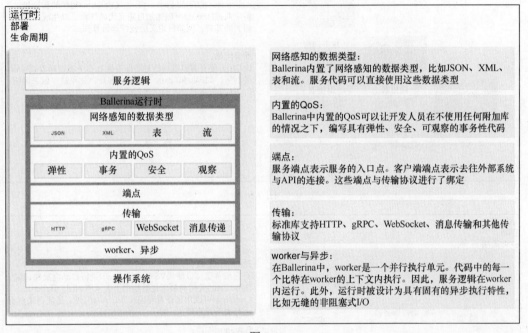

图 7.4

- **部署 Ballerina**：可以直接通过开发人员的命令提示符部署 Ballerina 代码。该选项支持 DevOps 和简易的 CI/CD。图 7.5 所示为可以在其上部署 Ballerina 服务的平台。

- **生命周期**：Ballerina 中有多种工具，包括用于生成测试用例的源代码编译工具，这有助于构建各种不同的部署平台。可以在大多数著名的 IDE（例如 Visual Studio、VIM、PyCharm 和 IDEA）中编写扩展名为 .bal 的 Ballerina 源代码，然后使用 ballerina build 命令将源代码编译为扩展名为 .balx 的字节代码。之后，使用 ballerina run <binary_name> .balx 执行代码。图 7.6 所示为通过 CI/CD 流程的源代码的生命周期。

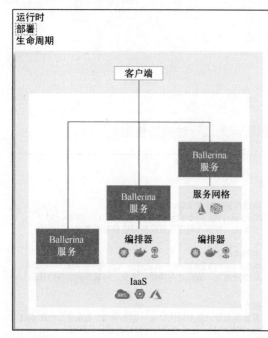

IaaS：
通过使用代码注释和构建系统，Ballerina服务和其他运行时组件（比如API网关）可以打包部署到任何云原生环境中。在IaaS环境中，Ballerina服务可以作为VM或容器运行，在构建期间可以选择将映像推送到注册表

编排器：
代码注释会触发编译器扩展，为不同的编排器（比如Kubernetes或Cloud Foundry）生成Ballerina组件的构建包。供应商或DevOps可以添加自定义代码注释，以生成与环境相关的部署，例如自定义的蓝绿部署算法

服务网格：
Ballerina服务可以选择性地将断路器和事务流逻辑委托给服务网格，如Istio和Envoy（如果存在）。如果缺少服务网格，Ballerina服务将嵌入与之等同的功能

图 7.5

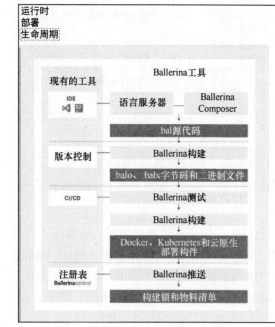

Ballerina工具：
语言服务器可以使用VS Code和InteliJ进行自动完成和调试。Ballerina的关键词和语法架构用于表示序列图。Ballerina Composer可以用来查看和编辑Ballerina代码，还能用来查看运行时开发跟踪

Ballerina构建：
将服务编译为优化的字节码，以方便内存优化后的BVM执行。提供了项目结构、依赖关系、包管理和单元测试。构建锁可以轻松地重新创建服务和部署。生成可执行文件（.balx）或库（.balo）

CI/CD部署：
部署代码注释触发构建扩展，构建扩展用于生成持续集成、持续交付或编排器环境的构件。可以将构件推送到CI/CD系统，或者完全略过

注册：
将端点连接器、自定义注释和代码函数用作或组合为共享包。使用Ballerina Central（一个共享的全局存储库）来推拉版本化的软件包

图 7.6

7.1.8 Ballerina 命令备忘单

以下是一个命令备忘单，供大家参考：

```
#ballerina init
#ballerina build <source_code>.bal
#ballerina run <byte_code>.balx

#ballerina search <library>
Example: #ballerina search twitter

#ballerina help
#ballerina push
#ballerina pull
#ballerina test
#ballerina version
#ballerina swagger
#ballerina list
#ballerina doc
#ballerina encrypt
```

7.2 可靠性

本节将讨论应用程序的可靠性。断路器是可靠性中的一个重要概念，因为它可以用来避免因第三方端点的故障或应用程序中的组件故障而造成的级联故障。我们很可能遇到过这样的情况：一个组件的故障导致整个系统瘫痪。即使已经设置了 DR 和多个可用区，我们的应用程序仍然失败了。为了解决这个问题，可以实施一个断路器，这可以让我们的服务更加可靠和可预测。

断路器有助于降低服务质量或使用自己的 HTTP 代码进行回复，从而请求客户端帮助你实现可靠的服务，其中你的应用程序使用一些有效的返回码进行响应。在我们的 Twitter 示例中，可以轻松地嵌入断路器代码。互联网上有许多示例可供参考，这里不再赘述。

在代码中嵌入可靠性是非常重要的，这样它就能优雅地处理故障和异常，使你成为市场上更可靠的供应商。可靠性会影响你的声誉，而声誉与金钱有关，所以在设计应用程序时必须考虑到未来。

7.3 Rust 编程

下面准备了解 Rust 语言。在详细介绍 Rust 编程之前，有必要考虑一下需要它的原因。

要知道，我们已经有了其他几种语言，如 Java、C/C++和 Python。在 C/C++/C#中，因为可以把 C/C++/C#语言直接翻译成汇编代码，因此我们对运行的硬件拥有了更多的控制权，所以可以适当地优化它。但这不是很安全，小的错误可能就会造成大的段错误。另一方面，我们有 Python 和 Ruby 语言，它们带来了更多的安全性，但对正在发生的事情缺乏控制。而这正是 Rust 发挥作用的地方。使用 Rust，我们不但具有控制权，也有安全保障。

 Rust 官网给出的正式定义是 "Rust 是一种系统编程语言，运行速度极快，可防止段错误并保证线程的安全性"。

Rust 是一种系统编程语言，这意味着可以利用一些有趣的功能，如对分配、垃圾收集（内存泄漏很少）和最小运行时间的细粒度控制。Rust 的运行速度快得惊人，这使得这种语言成为大家的最爱，因为我们可以快速地运行和编译代码。它可以提供比 C/C++更好的性能，可以防止几乎所有的崩溃和段错误。Rust 默认是安全的，没有空指针，也没有悬空指针。而且它消除了数据竞争，这意味着它保证了线程的安全和所有权。

7.3.1　安装 Rust

安装 Rust 非常简单，只需要运行以下安装脚本，就可自动安装。

```
curl -sSf https://static.rust-lang.org/rustup.sh | sh
```

完成安装后，只需尝试运行 `rustc -v` 来验证安装版本。`rustc` 是一个 Rust 编译器。

下面来看一个简单的 `hello` 代码：

```
// This is the main function
fn main() {
 // The statements here will be executed when the compiled binary is called
println!("Hello. This is PacktPublisher!"); //println is Macro which prints
text to console.
 }
```

7.3.2　Rust 编程的概念

很多人可能想知道，在已经有了很多编程语言的情况下，为什么还需要另一种语言。在深入研究 Rust 编程之前，先看看为什么需要它，以及为什么将它称为编程的未来。在 C/C++/C#中，因为可以把 C/C++/C#语言直接翻译成汇编代码，因此我们对运行的硬件拥有了更多的控制权。但这不是很安全，小的错误可能就会造成大的段错误。另一方面，我们有 Python 和 Ruby 语言，它们带来了更多的安全性，但对正在发生的事情缺乏控制。但现在我们有了 Rust，它不但具有控制权，也有安全保障。Rust 语言最早出现在 2010 年左右，它是由 Graydon Hoare 开发和设计的。

在 2016 年、2017 年和 2108 年的 StackOverFlow 调查中，Rust 语言被评为最受欢迎的编程语言（见图 7.7）。

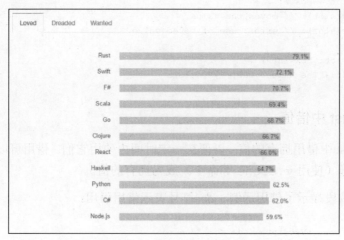

图 7.7

图 7.8 所示为 Rust 随时间的演变。

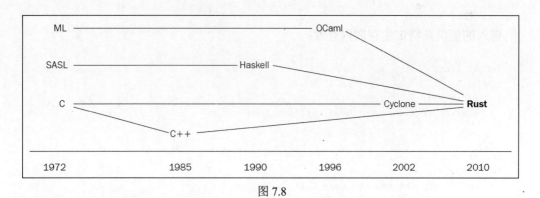

图 7.8

1. Rust 中变量的所有权

在 Rust 中，变量将移至新位置，从而防止在以前的位置使用它们。我们需要定义变量的所有者，所以不能只是随机创建一个新变量并使用它。

在以下代码中，Box 是分配操作。我们将其传递给 helper 函数。在下面的示例中可以看到，在第一个具有第一个 slot 值的 helper 函数调用中，所有权被移动到了 helper 函数下。在第二个调用期间，它失败了，因为第二个调用具有 Box <int>类型，无法复制：

```
fn main() {
    let slot = Box 1;
    helper(slot); // moves the value
    helper(slot); // error: use of moved value
    }
fn helper(slot: Box<int>) {
    println!("The Number was: {}", slot)
    }
```

2. 在 Rust 中借值

可以在 Rust 中借用拥有的值，以便在一定时间内使用它们。借用可以嵌套，借用的值可以通过克隆（使用 v.clone 等命令）成为拥有的值。

以下代码片段显示了借用示例。& 符号表示借用引用：

```
fn helper(slot: &Vec<int> { /* ... */ }
fn main() {
  let a = Vec::new();// doesn't move!
  helper(&a);
  helper(&a);
  }
```

借入的值仅在特定生存期内有效：

```
let a: &int;
{
    let b = 3;
    a = &b; // error! 'b' does not live long enough
}

Let a: &int;
let b =3;
a = &b; // ok, 'b' has the same lifetime as 'a'
```

3. Rust 中的内存管理

Rust 具有细粒度的内存管理，在创建后会自动进行管理。每个变量都有一个有效的作用域，当它超出作用域时会自动取消分配。

以下代码片段显示了内存管理的示例：

```
fn main() {
    // 'Slot' is an *owned* value
    let slot = box 3i;// The Slot goes out of scope here, it is owner if its data
}
```

4．Rust 的可变性

默认情况下，Rust 中的值是不可变的，但是必须将其标记为可变的：

```
Let a = 10;
a = 11; //Error
//Lets see how mutability can help here
Let mut a =10;
a = 11; // It will work fine!
```

可变性也是借入指针类型的一部分。变量仅在默认情况下是不可变的。可以通过在变量名前面添加 mut 使它们可变：

```
fn inc(i: &mut int) {
    *i +=1; //It will work fine!
}
```

5．Rust 中的并发

并发指的是使用所有权来防止数据竞争。并行性指的是在同一时间执行程序不同部分的能力。随着越来越多的计算机开始使用多个处理器，并行性变得越来越重要。并发允许用户写出没有细微错误的代码，并且可以在不引入新错误的情况下轻松进行重构。安全性是通过确保 proc 拥有捕获的变量来实现的。线程可以与通道进行如下通信：

```
//Spawn a child thread to be run in parallel
spawn(proc() {
    expensive_computation();
} );
other_expensive_computation();
```

6．Rust 中的错误处理

无论使用哪种编程语言，都可能会发生错误。我们需要能够处理这些错误。在 Rust 编程中，有两种类型的错误。

无法恢复的错误：像 Clang 中的 Macro 一样，Rust 也有类似的 panic! 函数。下面的示例显示了如何在 main 中使用 panic! 函数来处理不可恢复的错误：

```
fn main()
{
    panic!("Something is wrong... Check for Errors");
}
```

可恢复的错误：这是编程的标准部分，Rust 可以很好地处理。来看下面的例子。当调用 File::open 并发生错误时，它将调用 panic! 函数：

```
use std::fs::File;
fn main() {
    let _E = File::open("PacktDocument.txt");
    let _E = match _E
    {   Ok(file) => file,
        Err(why) => panic!("Something is wrong with the Document {:?}", why),
    };
}
```

7.3.3　Rust 编程的未来

Rust 擅长编写大规模的可维护系统，并且很容易嵌入到其他语言中。虽然 Rust 还在不断发展，但已经有很多项目在使用它。例如，Redox 是一个用 Rust 编写的操作系统；Iron 是一个用 Rust 编写的并发 Web 框架；微软 Azure IoT Edge 这个用于在物联网设备上运行 Azure 服务和人工智能的平台，也有使用 Rust 实现的组件。用 Rust 开发的其他项目包括 Servo Mozilla 的并行 Web 浏览器引擎，它是与三星和 Quantum 公司合作开发的。这个项目由几个子项目组成，它改进了 Firefox 的 Gecko Web 浏览器引擎。

7.4　总结

本章介绍了两种伟大的语言，讨论了它们完整的运行时环境、部署命令、顺序图等。本章还介绍了这些语言在现有的云时代的重要性，在这个时代，所有的东西都被转换为 API 端点和 REST。从 SRE 的角度来看，这些语言非常重要，因为借助于它们可以很容易地看到云环境中各种端点和服务之间的通信是如何发生的。这有助于应用程序的规划、实施和实时故障排除。

下一章将介绍实现可靠系统的最佳做法。

第 8 章
实现可靠系统的最佳做法

系统可靠性被定义为系统弹性的结合。随着数据密集型、进程密集型的 Web 级应用程序在各行业垂直领域的扩散，必须不惜一切代价确保应用程序的可靠性，以满足不同的业务预期。与之类似，云环境也成为业务流程和操作自动化的一站式 IT 解决方案。所有类型的个人应用程序、专业应用程序和社交应用程序正在被精心地设计并转移到云中心，以获得软件定义的云基础设施所表达的所有好处。因此，云的可靠性通过高度领先的技术和工具得到了保证。因此，应用程序和 IT 基础设施的可靠性是非常重要的，可以鼓励客户始终对 IT 领域的各种创新和改进抱有信心。本章将介绍从站点可靠性工程师、DevOps 人员和云计算工程师的专业知识、经验和教育中积累的最佳做法。

世界越来越紧密地联系在一起。随着用于建立和维持更深入、更极端连接的技术与工具不断丰富，我们日常生活中的物体正在相互连接（本地和远程），以进行决定性和深入的互动与合作。我们个人和职业环境中的各种物理、机械、电气和电子系统都与快速成熟和稳定的数字化/边缘技术相连接并加以集成。强大的通信和数据传输协议正在出现并快速发展，以系统地连接一切，并使它们能够以目的驱动的方式进行协作。

此外，数字技术力量（用于托管、管理操作以及事务应用程序的云基础架构和平台，大型、快速的流数据分析平台，开创性的人工智能（AI）算法和方法可从物联网数据中提取出预测性、规范性和个性化的见解，无处不在的微服务架构（MSA）模式、企业移动性、社交网络，以及雾/边缘计算、区块链等的迅猛普及）实现了知识丰富、面向服务、事件驱动、云托管、流程感知、以业务为中心和任务关键型的软件解决方案与服务，这些解决方案和服务直接实现了业务的自动化与扩展。通过技术支持的 IT 适应性、敏捷性和经济性，极大地促进了智能业务运营的建立和维持，并带来了优质的产品。

云计算范式的空前采用加速了可编程的、开放的、灵活的 IT 基础设施的到来。在此之前，IT 基础设施主要是封闭的、不灵活的、昂贵的，其体现形式是大型机服务器和单体应用程序。随着云支持战略的日益突出，我们以虚拟机（VM）和容器形式拥有了额外的基础设施资产。云 IT 基础设施通过云技术和工具的智能应用得到了高度优化与组织。由于将物理机/裸机服务器分割成多个虚拟机和容器，基础设施模块的数量必然会迅速上升。这种战略将 IT 基础设施（服务器、存储设备和网络解决方案）分割成许多易于操纵和管理、高度可扩展、网络可访问、可公开发现、可组合、可用的 IT 资源。这种转变肯定会带来一些业务、技术和用户上的优势。然而，这也带来了一个问题。那就是，现代 IT 基础设施的操作和管理的复杂性显著增加。此外，对于互联世界，软件解决方案必须由分布式和分散式的应用组件组成。为了成功地满足不断变化的业务需求，软件包必须灵活多变。因此，硬件、软件和服务必须创造性地实现现代化，并由内在的洞察力进行驱动。

软件的复杂性也随着需求、变更而不断增加。软件应用程序的功能性需求正在得到广泛满足，但挑战在于如何构建能够保证非功能性需求（NFR）的软件应用程序。非功能性需求又称为服务质量（QoS）和体验质量（QoE）属性。众所周知的 QoS 属性指的是可伸缩性、可用性、性能/吞吐量、安全性、可操作性和可靠性。

为了获得可靠的系统，我们需要拥有可靠的基础架构和应用程序。我们越来越多地听到、看到了有关基础设施感知的应用程序和应用程序感知的基础设施的信息。因此，很明显，基础设施和应用程序在推出可靠的软件系统中都起着至关重要的作用。本章致力于详细介绍使软件架构师和开发人员能够开发出具有弹性的微服务的最佳做法。将弹性微服务组合起来，就得到了可靠的软件系统。

8.1　可靠的 IT 系统：新兴特征和提示

全球的企业都要求可靠性。IT 可靠性是实现业务可靠性的基础。IT 专家已经发布了一系列的步骤来实现可靠的系统。当前有架构和设计模式、最佳做法、平台解决方案、技术和工具、方法论等，它们可以产生具有弹性和灵活性的可靠系统。下面进行详细讨论。在这之前，先关注一下 IT 领域正在发生的各种值得注意的进展。

8.2　用于可靠软件的 MSA

MSA 被看作是下一代应用程序的架构风格和模式。借助于一系列敏捷编程方法，如结对编程和极限编程、Scrum 等，可以使用一些成熟的技术来加速软件的开发。然而，在加速企业级应用程序的开发方面还存在空白。MSA 作为最新的敏捷应用程序开发方法被提出。此外，通过对传统和现代的应用程序进行仔细的分割，使其成为一些易于实施和管理的应用程序组件与服务，也加快了应用程序的开发速度。也就是说，每个软件应用程序都被分割成一组互动的微服务。微服务的构建可以独立完成。应用程序可以通过组合（编排）平台快速形成分布式微服务。换句话说，从头开始开发软件的时代已经一去不复返了。相反，复杂的应用程序正在通过配置、定制和组合技术从微服务中形成。

因此，通过 MSA 概念、工具、框架、设计和集成模式以及最佳做法的巧妙利用，可以加快应用程序的设计和开发。随着 DevOps 在整个 IT 行业中站稳脚跟，当前已经实现了快速部署已开发和已测试的应用程序组件的目标。随着微服务被定位为软件设计、开发和部署的最佳单元，以微服务为中心的应用程序开始支配着业务和 IT 服务的发展。

8.2.1　容器和编排平台的加速采用

容器尤其是 Docker 容器的快速普及加速了微服务的广泛使用。也就是说，容器为微服务提供了最佳的打包格式和运行时/执行环境。由于容器和微服务的轻量级性质（它们一般都是细粒度的），一个应用程序的容器化微服务及其冗余实例的数量相当多。即使是一个小规模的云中心，也承载着几千个应用和数据容器。因此，操作、观察和管理的复杂性必然会迅速升级。作为这种困境的自动化解决方案，当前存在容器生命周期管理解决方案，如 Kubernetes、Docker Swarm 和 Marathon。这些解决方案简化并加快了容器的集群、编排和管理。

容器化云的出现

随着 Kubernetes 工具生态系统的不断壮大，容器化云环境的建立和维护得以大大简化和精简。随着配置管理（CM）工具（如 Chef、Puppet 和 Ansible）和云编排工具（如 Terraform）的出现，基础设施即代码（IaC）的概念正在获得大量关注。IT 资源（裸机服务器、虚拟机和容器）的自动配置，以及应用程序的交付、部署、配置、管理和安置，可以加速实现适当的云基础设施，以有效地运行平台和应用程序，保证业务生产力。容器和 Kubernetes 可以在 OpenStack 云和裸机（BM）服务器上运行。OpenStack 和 Kubernetes 平台解决方案的结合为未来的云环境（无论是本地还是远程）带来了一系列的业务和技术优势。

因此，微服务、容器和容器编排平台与多云环境（边缘云、私有云、公有云和混合云）的结合，可以产生有能力和有认知力的 IT 基础设施，能够以灵活的方式满足不断变化的业务需求。因此，有弹性的基础设施为实现和运行可靠的系统奠定了一个良好的基础。容器的出现是实现可靠基础设施的一个好迹象。

8.3　服务网格解决方案

微服务的弹性可以确保系统的可靠性，这是不争的事实。为了开发能感知流程且以业务为中心的复合应用程序，必须将几种微服务融合在一起。弹性和可扩展的微服务的相互协作，实现了可靠的软件系统。

服务弹性正在通过利用服务网格解决方案（如 Istio、Linkerd 和 Conduit）来实现。在服务交互时形成服务网格是一种不错的方法，它可以确保服务弹性的实现。支持服务网格的解决方案的更快的成熟度和稳定性在建立弹性微服务方面有很大的帮助，这些微服务组合在一起，将形成可靠的系统。因此，容器化的微服务、容器编排平台（如 Kubernetes）和服务网格解决方案的结合，为生产和部署可靠的系统提供了一个强大而通用的基础。

8.4　微服务设计：最佳做法

随着微服务被确立并提升为下一代应用程序的构建模块，必须利用各种模式、实践和平台来完成微服务的设计。本节将介绍一些由杰出的软件架构师推荐的最佳做法。还有一些文章和博客解释了有效设计微服务的各种最佳做法。

准确地说，随着微服务架构的空前采用和工具生态系统的稳步增长，具有模块化、面向服务、可扩展、事件驱动、云托管、以流程为中心、业务关键型、充满洞察力、可扩展和可靠性等特点的应用程序可以通过无风险的方式来实现，且这种势头正在蓬勃发展。

一个被广泛接受的事实是，MSA 保证了应用程序设计、开发和部署中急需的敏捷性，然而，也有一些挑战。由于分布式处理的脆弱性，微服务可能会受到影响。对于任何有价值的应用程序，都需要在所有参与的微服务、传统应用程序、数据源等之间进行整合。为了克服前面提到的限制，有一些新的方法应运而生。

8.4.1　事件驱动微服务的相关性

为了增强以微服务为中心的应用程序的可扩展性和可靠性，人们正在研究多种选项。研究发现，事件驱动架构（EDA）和微服务架构（MSA）的结合在寻求设计与部署可靠应用程序方面发挥了不可思议的作用。本节将重点介绍事件驱动微服务的重要性以及如何实现和组合它们以产生可靠的系统。让我们从对异步通信的需求开始。

事件已经成为一种重要的组成部分，它不仅有几十个集成系统，而且还有智能系统，用于实现商业活动和人员任务的自动化。企业应用程序越来越多地由事件驱动。例如，我们有各种事件都与不同的业务操作有关。航空公司延误了航班，医生开了药，货物刚到达，发票没有及时支付，电表出现了破损，这些都是不同的事件。事件将不同的分布式应用程序和服务联系起来，进行集成操作。一个监控、测量和管理服务可以接收和分析由其他应用程序发出的事件流，以发现事件的模式是否遵循其正常流程。如果有任何偏差，则必须将它检测到并为其采取任何适当的应对措施。

8.4.2　为什么要异步通信

微服务可以采用同步和异步方式进行通信。但是，随着事情的发展，需要事件驱动的微服务反过来又要求进行异步交互。在本节中，我们将讨论其动机。

我们一直在使用同步通信。我们对 TCP、HTTP 和 FTP 比较满意，这些协议本质上支持同步通信，因此具有一定的优势。绝大多数使用的请求和响应交互模型都是通过同步通信模式完成的。然而，世界倾向于异步通信模式。如果服务器应用程序的负载很高，那么客户端就必须等待从服务器获得响应。如何处理这种情况呢？也就是说，如何能将服务器上长期运行的业务流程优雅地传达给客户端？如果一个服务器端的服务由于某些原因而不可用，那么客户端如何处理这种情况呢？由于存在冗余的服务实例，如何让服务器采取不同的路线来处理客户端请求的有效服务？如何保证服务器或服务的响应时间，是这个互联世界中的另一个巨大挑战。除此之外，也有其他的挑战。

异步通信有望减轻我们的痛苦。长时间运行的任务、不可用或无响应的服务器、服务透明性、请求重排序和优先级排序等可以通过异步通信轻松实现。现在，讨论一下 EDA 模式的本质。

EDA 由产生事件流的事件生产者和监听事件的事件消费者组成。事件以近乎实时的方式传递，因此消费者可以在事件发生时立即进行响应。生产者与消费者是解耦的。EDA 可以使用发布/订阅（pub/sub）模型或事件流模型。

- **发布/订阅**：我们已经进一步详细说明了这一点。由于事件的数量惊人，有能力的消息传递中间件解决方案可以精确跟踪事件的订阅。也就是说，当一个有形的事件被发布时，消息传递基础设施会将该事件发送给它的每个订阅者。一旦收到一个事件，该事件就不能再次播放。此外，新的订阅者也不能看到该事件。

- **事件流**：事件以有序的方式以流的形式写入日志。事件是持久存在的。客户端不订阅事件流，相反，客户端可以读取流的任何部分，也可以随时加入并重播事件。

事件可以很简单，也可以很复杂。最近，已经出现了许多流分析平台和事件处理引擎，它们用来解释事件流。如今,应用程序的设计越来越以事件为中心。事件已在业务和 IT 世界中占据了主导的地位。以数据为中心逐渐趋向于以事件为中心。企业和云计算 IT 团队的任务是建立事件平台,以切实地提取有益的关联和模式、新鲜的可能性和机会、异常值、风险和回报等。来看下面几点。

- **简单事件处理**:事件会立即触发消费者执行操作。
- **复杂事件处理**:复杂事件通常是一系列事件,消费者应该处理复杂事件,以在事件数据中搜索可操作的见解。
- **事件流处理**:指的是将事件流平台(例如 Apache Kafka)作为管道,以接收事件并将其馈送到一个或多个流处理器。因此,流处理器需要处理或转换流。

8.4.3　为什么采用事件驱动的微服务

异步通信和事件驱动的微服务之间存在联系。在日益分散的 IT 世界中,事件正在成为集成的单元。必须巧妙地启用微服务及其应用程序,以捕获和处理事件消息,从而使其动作和反应变得智能。以业务和以人为中心的应用程序应该是敏感和响应的(S 和 R)。从服务器拉(pull)信息的模式将被取代为服务器将其信息和功能推(push)到多个客户端。也就是说,推模式最近越来越受到人们的关注。客户端代理和服务在触发后将处于静默状态,直到服务器以所有请求的细节进行回复。事件既简单又复杂,IT 系统必须具有适当的能力来对各种事件做出及时的智能响应。将简单事件组合在一起可以创建复杂事件。

为了通过微服务实现真正的敏捷性,有必要包含 EDA 模式的独特功能。也就是说,将正确的事件提供给正确的服务,以在正确的时间产生正确的响应。事件必须被系统地捕获并立即智能地采取行动,以产生实时、情境感知、以人为中心的自适应应用程序。因此,要生成真实世界中的应用程序,微服务必须对各种事件敏感。

在设计下一代系统和环境时,以事件为中心的思维是取得成功的关键,因为设备生态系统的不断发展,增加了一系列令人眼花缭乱的纤巧、方便时尚的可穿戴、植入式、手持式和移动式、便携式、游牧式和无线设备、边缘和数字化设备等。在我们准备迎接物联网系统和环境的时代之际,需要有大量知识丰富、对事件敏感和以设备为中心的微服务。为了完成任何有用的活动,微服务需要能以有洞察力的方式找到、绑定和利用其他微服务。因此,对于微服务的集成来说,经过验证以及潜在的服务编排方法发挥了重要的作用。

事件驱动设计是一种在不修改应用程序的情况下对其进行扩展的方式。在微服务架构中，每个微服务都被设计成一个细粒度的、自给自足的软件，可以完成单个业务活动。这意味着，为了实现一个用例或流程，可能需要多次访问许多微服务。也就是说，为了整合和组成微服务，事件化和异步消息传递是首选，因为它们可以保证可扩展性和弹性。开源社区和商业供应商都有面向消息的中间件和消息代理。对于事件，有事件存储和事件中心（hub）来储存事件。应用程序发布方发出的事件被这些中间件解决方案捕获、存储，并交付给应用程序消费方。因为有了这些中间件，事件和消息被保存在一个安全的地方。对于内部通信，Apache Kafka 是一个受欢迎的产品。对于外部通信，基于 HTTP 的中间件解决方案，如WebSocket、Webhook 等，得到了广泛使用。

我们利用了几种企业集成模式来生产集成系统。但是，微服务的分布式性质要求消息必须是分散传递的。也就是说，微服务正在从集中式集成总线架构向带有哑管道的智能微服务转变。微服务所需的智能由所有参与的服务来提供，而不由中央集成中心（hub）提供，例如企业应用程序集成（EAI）中心、企业服务总线（ESB）等。

今天，我们为每一个微服务建立了一个数据库。也就是说，我们正朝着多语言和去中心化的持久性迈进。与之类似，我们需要采用去中心化的多语言消息传递基础设施，以使微服务能够相互查找、绑定和组合，从而产生流程感知、以业务为中心的复杂服务。

8.5 事件驱动微服务的异步消息传递模式

下面是一些流行的异步消息传递模式，它们可以更快地实现事件驱动和异步消息传递微服务。

- **事件溯源**：今天，随着传感器、执行器、无人机、机器人、电子产品、数字化元器件、连接设备、工厂机械、社交网站、集成应用程序、去中心化微服务、分布式数据源、存储等的广泛和深入的采用，事件越来越具有渗透性和普遍性，并大量发生。因此，由位于不同地理位置的源发出的事件流入事件存储，该存储称为事件数据库。这个事件存储提供了一个 API，供各种消费服务订阅和使用授权后的事件。事件存储主要作为一个消息代理来运行。事件溯源将业务实体的状态（如订单服务）持久化为一连串的状态变化事件。每当业务实体的状态发生变化时，就会触发一个新的事件，并被附加到事件列表中。这在某种程度上与日志聚合的工作方式类似。事件溯源是一个很好的方式，可以增加对服务的可见性。应用程序可以通过重放事件轻松地重建一个业务实体的当前状态，如图 8.1 所示。

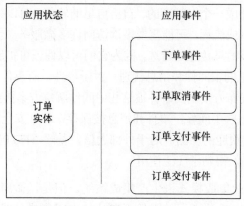

图 8.1

事件溯源的最常见流程如图 8.2 所示。

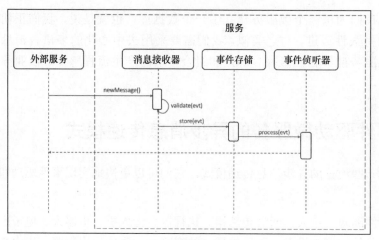

图 8.2

- **消息接收器**：接收传入的请求并将其转换为事件消息。

- **事件存储**：顺序存储事件消息，并通知侦听者/消费者。

- **事件侦听器**：表示负责根据事件类型执行相应业务逻辑的代码。

Apache Kafka 是一个广泛使用的事件存储。事件被分组为多个称为主题（topic）的逻辑集合。随后对这些主题进行划分，以便并行处理。分组后的主题的运作方式与队列类似。也就是说，事件是按照接收的顺序传递给消费者的。然而，与队列不同的是，事件被持久化以提供给其他消费者使用。较旧的消息会根据流的生存时间（TTL）设置被自动删除。事件消费者可以在任何时候消费事件消息，并对消息进行任意次数的重放。Apache Kafka 可以快速扩展，以处理每秒数百万的事件。

事件溯源的思想是，以不可变事件的形式表示每个应用程序的状态转换。然后，事件在发生时以日志的形式存储，以查询和永久存储事件。这最终显示了应用程序的状态在总体上是如何随着时间变化的。

发布者/订阅者： 该模式正在成为完成异步实时数据分配的未来发展方向。发布者不知道订阅者的情况。该模式被用来全面地解耦微服务。订阅者在不知道发布者的情况下进行注册并接收消息。这种模式主要是为了确保应用程序能够扩展处理任何数量的订阅者。中间件代理是为了保证所需的可扩展性。微服务架构能够创建松散和轻耦合的微服务。因此，除了水平扩展微服务外，独立部署和更新微服务是非常容易的。然而，在使用服务编排来组合微服务时，我们会得到有黏性的微服务，因此专家比较喜欢服务编排。该模式如图 8.3 所示。

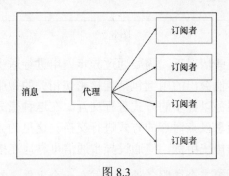

图 8.3

在下面的示例中，PORTFOLIO 服务必须添加一个股票仓位。PORTFOLIO 服务并不直接调用账户服务，而是将事件发布到 POSITION ADDED 事件流。账户服务已订阅该事件流，因此它会收到通知。它不是直接调用账户服务，而是将事件发布到 POSITION ADDED 事件流。账户微服务已订阅了该事件流，因此它获得了通知（见图 8.4）。这种间接的和启用中介的异步通信可确保参与的服务是完全解耦的。这意味着可以用其他高级服务替换或取代服务，可以通过其他容器化微服务实例快速扩展服务。该模式唯一的缺陷是没有集中监控和管理系统。

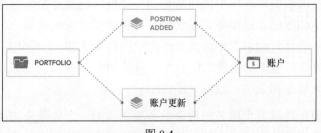

图 8.4

事件流水线（firehose）模式：当多个生产者正在生产更多的事件并且有许多消费者在等待事件消息时，就需要一个公共的消息交换中心。事件消息通过主题进行交换。在异步命令调用的情况下，交换是通过队列进行的。该模式的一种常见实现如图 8.5 所示。

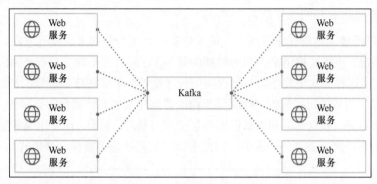

图 8.5

异步命令调用：在某些情况下，需要通过异步调用进行适当的编排，这通常是针对本地集成用例进行的。其他突出的用例包括连接密切相关的微服务，以交换具有交付保证的消息。在这里，微服务以异步的方式进行交互。在这种模式下，消息通常使用队列进行交换。队列有利于消息以点对点的方式进行交换。这里的大多数对话都是短暂的。这是一个以代理为中心的传统用例，但通过异步通信可靠地连接端点。

当一个微服务必须为第二个微服务处理并发布一个事件，然后必须等待从第二个微服务接收和读取一个适当的回复事件时，就需要这种模式。考虑一下前面提到的 PORTFOLIO 示例。一个标准的 REST API 调用告诉 PORTFOLIO 服务添加一个股票仓位。PORTFOLIO 服务将一个事件发布到股票加仓队列中，供账户服务处理。然后，该服务等待账户服务向账户更新队列发布一个回复事件，以便原始的 REST API 调用可以将从该事件收到的数据返回给客户服务。

传奇（saga）模式：每个微服务都通过自己的数据库获得授权。但是，某些业务运营涉及多个服务。跨多个服务的每个原子业务操作可能在技术级别上涉及多个事务。这里的挑战是如何在多数据库环境中确保数据的一致性。也就是说，当要访问多个数据库时，传统的兼容 ACID 的本地事务是不够的。这里的情况需要使用分布式事务。一种可轻松解决此问题的选择是利用 XA 协议实现两阶段提交（2PC）模式。但是对于 Web 规模的应用程序，2PC 可能无法正常工作。为了消除 2PC 的缺点，专家建议采用 ACID 来实现基本可用、软状态和最终一致性（BASE）。

专家建议，要把跨越多个服务的每个业务事务作为一个传奇来实现。也就是说，传奇是以一系列多个事务的形式呈现的。传奇被视为多个事务在应用程序级别的分布式协调。每个本地事务都会更新数据库，并向传奇中的下一个本地事务发布一个事件消息。如果一个本地事务由于某种原因或其他原因而失败，那么传奇就会执行一系列的补偿活动，撤销前面的本地事务所做的改变。

8.6　EDA 在产生响应式应用程序中的作用

响应式应用程序也是事件驱动的应用程序。在大多数情况下，在构建事件驱动的应用程序时，服务编排是首选的。根据响应式宣言，响应式应用必须具有以下特点。它们必须是响应性的、有弹性的和消息驱动的。响应式系统必须对任何类型的刺激立即做出响应。这与传统的请求和响应（R 和 R）模式正好相反，后者通常是阻塞的。事实证明，这种模式可以用更好的方式来使用可用的资源。同时，系统的响应能力也得到了强有力的提升。应用程序不是阻塞和等待计算的完成，而是以异步方式处理其他用户请求，以利用所有可用的资源和线程。

8.6.1　命令与查询职责分离模式

这是一个重要的模式，用于在数据库层面实现解耦。该模式实际上可以帮助我们使用不同的模型来更新和读取数据，如图 8.6 所示。当我们使用微服务时，这种隔离就派上用场了，因为微服务是事件驱动的。

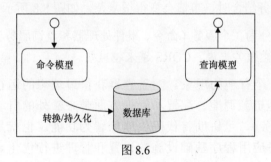

图 8.6

由于域事件是 EDA 时代的输入，因此命令与查询职责分离（CQRS）具有特殊的意义。但是，数据库需要一个域对象，该对象在结构上与域事件不同。下面是一个代表账户的域模型对象。

示例 1：账户聚合

```
{"createdAt": 1481351048967,"lastModified": 1481351049385,"userId": 1,
"accountNumber": "123456","defaultAccount": true,"status": "ACCOUNT_ACTIVE"}
```

当服务要查询一个账户时，数据库希望输入该模型。但是，当前的要求是通过使用域事件将当前状态更新为 ACCOUNT_SUSPENDED。这需要进行一种转变。下面是一个域事件的代码片段，用于将账户的状态从 ACCOUNT_ACTIVE 转换为 ACCOUNT_SUSPENDED。

示例 2：账户事件

```
{"createdAt": 1481353397395,"lastModified": 1481353397395,"type":"ACCOUNT_SUSPENDED",
"accountNumber": "123456"}
```

现在需要处理这个域事件，并将更新应用于查询模型。该命令包含域事件的模型，并使用它来处理对账户查询模型的更新，如图 8.7 所示。

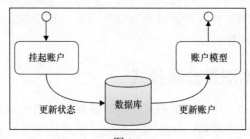

图 8.7

当 CQRS 与微服务结合时，事情会变得很复杂，如图 8.8 所示。

单个微服务被划分为 3 个服务（命令、事件处理器和查询服务）。这些服务可以独立部署。对事件驱动的微服务来说，CQRS 越来越重要。

无服务器是另一个有趣的现象。随着容器获得最理想的运行时环境，云服务提供商能够在基础设施资源调配、配置和管理方面带来额外的自动化。无服务器也称为 FaaS（功能即服务），可协助将代码快速部署为功能。也就是说，开发人员不需要为了运行功能而对应用程序基础设施的设置和管理进行优化。微服务和无服务器功能之间的关系是什么？一个微服务可以通过无服务器功能的智能组合来实现，如图 8.9 所示。

无服务器有助于加快微服务在生产中的更新和部署速度。这是通过将大部分工作流程管理移出核心组件，并移至可独立升级和部署的小型可组合功能来实现的。因此，可通过无服务器计算来实现微服务的更快部署。

总之，我们正在走向一个深度和高度连接的世界。任何值得注意的事件、状态或状态变化、阈值入侵等，都会被及时收集并传到给所有的消费系统，以便采取应对措施。

也就是说，应用程序必须被设计成能够对来自分布式来源的各种事件做出适当的反应和回应。事件驱动的应用程序的架构正在 IT 和商业世界中获得强大的地位。业务工作负载、操作系统和 IT 服务等集成系统得到了充分的授权，并具有响应事件的所需逻辑。

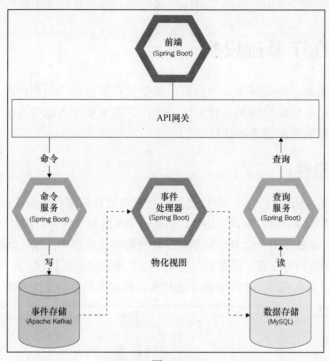

图 8.8

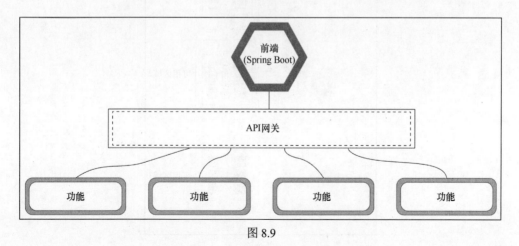

图 8.9

为了实现 EDA 目标，当前有事件存储和事件中心、面向消息的中间件（MoM）、消息代理、事件流平台和数据库。如前文所述，微服务成为构建和部署事件驱动应用程序的独特而灵活的构建模块。为了真正实现数字化转型，企业和 IT 公司必须谨慎地将时间、人才和财富投入到事件驱动的微服务上，以便在适当的时候收获丰厚的收益。

8.7　可靠的 IT 基础设施

如本章开篇所述，要获得可靠的系统，需要拥有可靠的应用程序和基础设施。前文已经讨论了实现可靠应用程序的各种方法。现在，需要更深入地研究并详细说明在构建和使用可靠基础设施时应遵循的最佳做法。

8.7.1　高可用性

为了实现更高可用性的冗余，最重要的一点是将软件应用程序设计成冗余的。冗余是指通过复制任何系统以显著提高其可用性。如果一个系统出于任何原因发生故障，复制的系统就会前来救援。这就是为什么软件应用程序被普遍部署在多个区域，如图 8.10 所示。最近，开发人员开始使用分布式、重复的应用程序组件来构建应用程序。因此，如果一个组件或服务出现故障，那么它的副本将有助于维持和延长应用程序的生命周期。

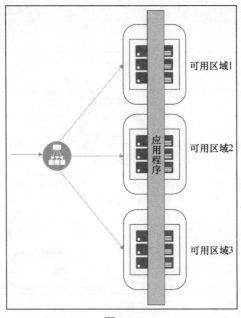

图 8.10

微服务架构最终导致了分布式系统的出现，这些系统具有高可用性和可扩展性。

图 8.11 清楚地说明了冗余对业务和 IT 系统至关重要的原因。在冗余就绪后，可以轻松实现系统和软件的 99.999% 的可用性。

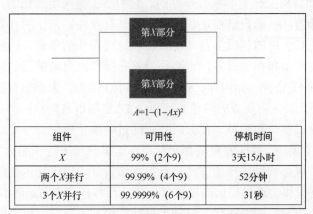

$$A = 1 - (1 - Ax)^2$$

组件	可用性	停机时间
X	99% (2个9)	3天15小时
两个X并行	99.99% (4个9)	52分钟
3个X并行	99.9999% (6个9)	31秒

图 8.11

也就是说，如果一个组件能保证达到99%的可用性，那么如果把这个组件放在两个不同的物理位置，总可用性就会提高到99.99%。随着实例的增多，系统的可用性也会越来越高。为了设计这样一个跨越多个可用区域的架构，应用程序必须是无状态的，并且需要使用弹性负载均衡器（进行集群化，以避免单点故障）来智能地将来自不同来源的请求路由到后端应用程序及其副本中，由于并非所有的请求都是无状态的，有些请求需要有黏性，因此，与有状态应用程序相关的几个解决方案正在推出。

通过容错来实现更高的可用性：容错依赖于一种专门的机制，以主动检测任何 IT 硬件系统的一个或多个组件的故障/风险，并立即将系统切换到一个冗余的组件，以无延迟地继续提供服务。发生故障的组件可能是主板，通常包括 CPU、内存、输入和输出设备的连接器、电源或存储组件。由软件包故障引起的软件停机是另一个问题。当前，有许多技术和工具可帮助开发人员构建容错的软件系统。

除此之外，还有通过自动化工具进行的软件测试和分析方法，这对消除软件库中的任何偏差和缺陷都很方便。最近，随着容器的快速成熟和稳定，与容器化微服务相关的错误或攻击可以很容易被识别并抑制在容器中，以达到故障隔离的目的。也就是说，通过这种隔离，任何错误和不端行为都可以在途中被预先阻止。这意味着，受损组件不会影响到系统内的其他组件。这就避免了系统的彻底宕机。可以纠正并重启失败的服务，或者可以利用冗余的服务实例来确保业务的连续性。IT 系统的容错能力保证不会出现服务中断。系统天生就具备这样的能力，即在发生内部故障和外部攻击的情况下，继续提供其指定的功能。

8.7.2　自动缩放

正如本书其他地方所定义的那样，可靠性是回弹性（reliability）加上弹性（elasticity）。也就是说，IT 基础架构应该是非常有弹性的。它们必须是应用感知的，而且为了满足用户和数据负载的峰值，基础设施模块和资产必须具有弹性。常见的计算实例，如虚拟机和容器，必须在现有实例的基础上自动配置，以处理额外的负载。同样，其他基础设施组件，如网络解决方案和存储设备，也必须能够在需要时自动扩展。这些都是粗粒度的 IT 资源。细粒度的 IT 资源，如内存、处理能力和 I/O 能力，也必须有能力以按需的方式进行自我扩展。因此，任何负载的峰值都可以由 IT 资源以自动化的方式来满足，从而减少人力资源的干预、参与和解释。在云时代，通过考虑位置限制，可以在附近的可用性区域配置额外的 IT 模块。智能容量规划和管理在这里获得了特殊的意义。不仅是基础设施，而且应用程序也必须以这样的方式进行架构和设计，以支持内在的自动扩展。当前有大量的模式、过程和实践可提供高度可扩展的应用程序和服务。随着 Web 规模的应用程序的部署，以及流量的频繁变化，自动扩展功能得到了开发人员的坚持使用。

实时可伸缩性：通过利用应用程序容器，可以加快调配额外资源以满足不断增长的需求。容器是轻量级的，可以进行更快、更容易的部署。因此，实时可伸缩性的目标通过容器化得到实现。容器通常需要几秒钟就能激活，而虚拟机需要几分钟。裸机服务器则需要几分钟的时间来准备好接收客户端的请求。因此，考虑到物理机和虚拟机的局限性，水平可伸缩性的优势日益突出。

8.8　基础架构即代码

基础设施即代码（IaC）凭借其可重复性和可再现性得到了广泛的应用。数据中心中有许多组件（服务器、网络、安全、存储等）都需要进行配置，以部署应用程序。在云环境中，需要进行配置的这类组件成千上万。如果采用手动方式进行配置，所花费的时间是非常巨大的，而且容易出现错误，甚至有可能会出现配置差异和漂移的情况。人类并不擅长 100%准确地完成重复性和手动任务。但是，机器在规模和速度上非常擅长执行重复的、冗余的和常规的任务。如果我们制作一个模板并将其输入机器，机器可以无差错地执行该模板 1000 次。如今，以模板为中心的基础设施调配、配置和应用部署方法获得了更广泛的关注。通过利用精心设计的模板，基础设施的优化和管理得以简化和优化。随着 IaC 概念的稳步发展，基础设施的设置和维护工作越来越简单、轻松。随着可视性、可控性和可观察性的增强，我们可以像编写软件程序那样，对 IT 基础设施进行操纵。基础设施的生命周期管理活动正在通过开创性的 IaC 领域中发生的一系列技术进步而实现自动化。

8.8.1　不变的基础设施

对每一次部署来说，不是对组件进行更新，而是直接进行替换。也就是说，不会对实时系统进行更新，而是调配一个资源的新实例。容器是不变的基础设施资源的最佳示例。与之类似，针对 AWS 镜像中的新实例，进行的是创建和部署，而不是更新。

为了支持在不变的基础设施中部署应用程序，推荐使用金丝雀（canary）部署。金丝雀部署减少了新版本的应用程序进入生产环境时发生故障的风险；有助于逐步向小部分用户推出新版本，然后再将其扩展到所有人。这在图 8.12 中得到了说明。

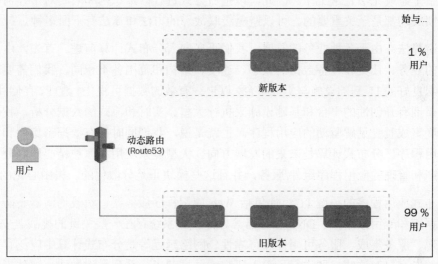

图 8.12

金丝雀部署的真正好处是，如果出现任何问题，可以将新版本进行回滚。因此，通过金丝雀部署模型可以更快、更安全地部署具有实际生产数据的应用程序。

8.8.2　无状态应用程序

如前所述，为了实现自动伸缩，应用程序必须是无状态的。对于不变的基础设施来说，无状态很重要。也就是说，任何请求都可以由任何资源熟练地处理。无状态应用程序对所有客户的请求做出响应，而不依赖于先前的请求或会话。应用程序不需要在内存或本地磁盘中存储任何信息。当有大量来自不同用户的请求时，将状态信息保存在应用程序服务器中可能导致性能下降。一般来说，与自动伸缩组内的任何资源共享状态信息必须通过内存数据库（IMDB）和内存数据网格（IMDG）来完成。常见的产品是 Redis、Memcached 和 Apache Ignite。因此，为了拥有可靠的基础设施和应用程序，需要用到 IaC、无状态应用程序、不变的基础设施，以及通过 DevOps 工具实现自动化等。

8.8.3　避免级联故障

通常，任何系统的一个组件中的任何错误/不当行为都会在整个系统中迅速传播，从而使整个系统瘫痪。因此，必须发掘并使用能从本质上帮助避免这些级联故障的有效技术。级联故障的经典示例是过载。即，当一个部件由于负载过重而完全陷入困境时，依赖于该受力部件的所有其他部件可能会过度等待。也就是说，宝贵的资源正在耗尽，这将导致整个系统无法正常工作。因此，以抢占方式进行故障识别和隔离对于任何复杂系统的预期成功都是至关重要的。可以避免级联故障的方法和算法有下面多种。

退避算法：由于各种业务的发展，我们正在向着分布式计算前进。首先，由于生成和收集的业务、社交和设备数据的大小、速度、结构和范围各不相同，我们需要高度优化和组织良好的 IT 基础设施与集成平台，以进行有效的数据可视化、清理、存储和处理。我们渴望拥有开创性的平台和基础设施来执行大型、实时和流式的数据分析。我们拥有大量高度集成且受见解驱动的应用程序。也就是说，我们同时拥有数据密集型和流程密集型应用程序。分布式计算是未来的发展方向。大型复杂应用程序被精心地划分为许多易于生产和管理的应用程序组件/服务，并且这些模块正是分散化的、去中心化的。

分布式应用程序的关键 IT 组件包括 Web 应用程序服务器、负载均衡器、防火墙、分片数据库和专用数据库、DNS 服务器等。分布式系统存在一些关键的挑战。安全性、服务发现、服务集成、服务可用性和可靠性、网络延迟等是分布式计算中广泛存在的问题。相关专家已对这些问题进行了深入研究，并推荐了一系列最佳做法、评估指标、体系结构和设计模式等。第 3 章详细介绍了一系列弹性模式以提供可靠的系统。此外，还有弹性支持框架、平台解决方案、编程模型等，它们可以充分增强系统和服务的可靠性。

重试：解决与分布式计算相关的问题的一种标准技术是应用经过验证的重试方法。一旦出现错误，服务请求方就会尝试重新执行失败的操作。这里的问题是当有大量请求方时，网络的压力会加大。也就是说，网络带宽将被完全消耗掉，从而导致系统崩溃。为了避免这种情况，建议使用退避算法（比如常见的指数退避算法）。指数退避算法会逐渐增加重试的速率，这样可以大大避免网络拥塞。

伪指数退避算法是指数退避算法的一种极简形式，如图 8.13 所示。

超时：这是另一种弹性保证方法。假设有一个稳定的基线流量，数据库突然变慢，在执行 INSERT 查询时需要更多的时间来响应，但基线流量并没有发生变化。因此，突然变慢的原因是有更多的请求线程占用了数据库连接。结果，数据库连接池显著缩小。

池中没有任何连接可供任何其他 API 使用，因此其他 API 开始失败。这是级联故障的经典示例。如果 API 超时，而不是坚持停留在数据库上，则相关服务可能已经完成，而不会出现不必要的完全故障。因此，必须使用超时来实现服务弹性。

```
retries = 0
DO
    wait(2^retries * 100 milliseconds)

    status = do_request() OR get_async_result()

    IF status = SUCCESS
        retry = false
    ELSE
        retry = true
        retries = retries + 1

WHILE (retry AND (retries < MAX_RETRIES))
```

图 8.13

幂等运算：这是确保数据一致性和完整性的重要因素。如果有客户端请求通过 HTTP 作为消息发送到应用程序，并且由于一个瞬时错误导致客户端收到了应用程序发出的超时回复，但该请求消息实际上可能已由应用程序接收并处理。尽管如此，由于超时响应，用户选择了重试选项。

假设请求是对后端数据库执行 INSERT 操作。当再次应用重试选项时，可能会重复插入相同的数据。如果应用程序实现了幂等运算，就可以避免这些错误。幂等运算是可以重复任意次的操作，并且该重复不以任何方式影响应用程序。重要的是，即使反复尝试，也会得到相同的结果。

服务降级和回退：可以允许应用程序通过降级的方式来提供较低质量的服务，而不是完全宕机。也就是说，应用程序的响应可能会变慢，或者应用程序的吞吐量可能会降低。这是一种折中选择，而不是应用程序失败了。应用程序必须使用一个或其他回退选项。

企业级和任务关键型应用程序是由分布式的微服务组成的。随着容器化微服务的采用，通过部署服务的多个实例，微服务的可用性正在显著提高。也就是说，通过利用容器来部署同一微服务的多个实例，这些容器成为微服务的最佳运行时/执行环境。当一项服务遇到一些困难时，可以要求其实例提供预期的功能。API 网关充当微服务的中介和协调器。在终结服务实例（而不是服务）方面，位置智能以及网络的延迟发挥了至关重要的作用。

让我们看看如果在数据库中会发生什么。如果 INSERT 查询变慢，谨慎的做法是先设置超时时间，然后回退到数据库的只读模式，直到解决 INSERT 问题为止。如果应用程序不支持只读模式，则可以将缓存的内容返回给用户。

针对间歇性错误和暂时性错误的恢复能力：随着云环境逐渐成为针对自动化、扩充和加速要求的业务流程与运营的一站式 IT 解决方案，企业级应用程序经过现代化处理后迁移到云中，可以获取云理念最初宣称的各种好处。随着混合型 IT 的发展，以分布式方式构建和部署具有集中治理功能的应用程序组件成为新的规范。云环境中的大型分布式系统出现了几个问题。由于系统和所用架构的体积与复杂性（由此产生的异质性和多样性）的急剧增加，间歇性错误时有发生。间歇性错误包括瞬态网络连接、请求超时、I/O 操作以及对外部服务的依赖（这些外部服务会过载）。

因此，人们呼吁建立一种能够在受到攻击和影响时智能地返回其先前和首选状态的弹性系统。最佳做法是将系统设计为能允许故障的发生，而不是不能发生故障。现代 IT 系统的复杂性要求我们需要设计、开发和部署有弹性且多功能的应用程序。必须将应用程序设计为具有极高的容错能力，以持续交付其指定的功能。一种想法是收集有关各种间歇性错误的统计数据，并根据这些信息定义一个阈值，以触发对错误的正确反应。

断路器：这是一种广泛实施的弹性技术，被各种规模的服务提供商所使用。这里说的是将断路器应用到失败的方法调用中，以避免任何灾难故障和级联故障。

这些都是对失败的方法调用应用断路器，以避免任何形式的灾难性和级联故障。如前所述，超时、退避、允许服务降级和回退、间歇性错误处理是防止级联故障的关键方法。

断路器监控生产者和消费者之间连续失败的次数。如果这个数字超过了故障阈值，断路器对象就会跳闸，生产者调用消费者的所有尝试都会立即失败，或者返回一个定义的回退。在一个等待期之后，断路器允许一些请求通过。如果这些请求成功通过，断路器就会恢复正常状态；否则，它就保持断开状态，并继续监视消费者。图 8.14 所示为一个具有超时机制的断路器。

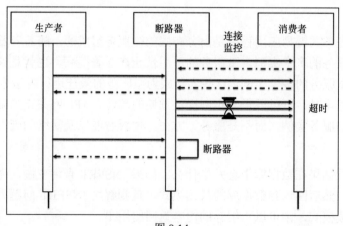

图 8.14

断路器被认为是一种关键的弹性方法，这种弹性机制激励软件架构师、工程师在设计和构建软件系统时纳入弹性措施。当前有一些免费的实现方法，如 Hystrix，可以将其纳入源代码，以实现弹性应用程序。

负载均衡器：这是在企业和云 IT 环境中广泛使用的另一个弹性机制。随着越来越多的服务及其实例被塞进 IT 环境中，为了能通过了解每个应用组件的最新负载情况，将应用程序和设备请求分发到一个或多个应用组件的多个实例中，人们对负载均衡器的需求正在上升。负载均衡器考虑了每个实例的使用情况，以路由客户请求，从而均衡负载。这显然有助于保持系统的弹性。

市场上有硬件形式和软件形式的负载均衡器。持续不断地对微服务进行健康检查，可以确保微服务能持续提供服务。负载均衡器能够做到这一点，如图 8.15 所示。负载均衡器不断探测其服务实例，如果一个服务不能满足服务请求，那么负载均衡器将把服务请求重定向到一个正常工作的服务实例上。如前所述，可能有几个原因导致服务瘫痪或无法及时履行其义务，比如服务数据库没有响应，服务可能被许多服务请求所淹没，网络可能暂时不可用。

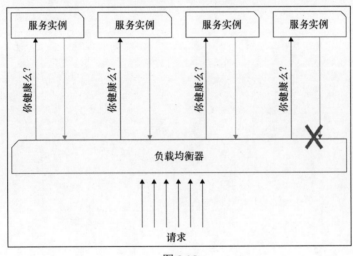

图 8.15

微服务越来越多样化，因此必须保证服务及其通信的灵活性。如前文所述，有几种简单的方法和途径可确保服务的弹性。当拥有了弹性服务后，再通过各种组合方法，就可产生可靠的系统。

8.9　总结

随着 IT 在提升业务运营和人员任务方面的作用与责任不断上升，IT 系统的多样性和异质性所引起的复杂性也在持续上升。在 IT 领域有许多值得注意的进展，这些进展导致了各种业务流程的优化、简化和自动化。业务敏捷性正在通过 IT 敏捷性机制得到实现。随着云计算模式的快速成熟和稳定，业务部署和服务模式在最近经历了一些转变。业务转型是通过 IT 转型直接实现的。然而，随着数字技术的快速采用，数字转型的新概念正在成为新常态。

业务的实际目标是通过 IT 可靠性技术和工具来实现可持续的数字化转型。具有恢复性和弹性特点的可靠系统是当务之急。本书（特别是本章）介绍了有关可靠 IT 的大部分内容。下一章将介绍服务网格解决方案是如何满足服务的弹性要求的。

第 9 章
服务弹性

容器和微服务之间存在着无缝和自发的衔接。这种独特的联系为全球的企业带来了一些战略优势，即用更少的资源实现更多的目标。人们将容器当作微服务及其冗余实例的最佳包装和运行时机制。随后，微服务被精心地容器化、测试、策划，并储存在公开可用的容器镜像库中。现在，随着 Kubernetes 作为领先的容器集群和编排平台被广泛接受，由数百万个容器（托管服务）组成的云环境得以迅速建立和维持。也就是说，Kubernetes 对容器进行了富有洞察力的管理，对业务的自动化和加速做出了巨大的贡献。Kubernetes 为创建多容器的复合应用程序奠定了基础，这些应用程序是业务感知的，并以流程为中心。

然而，人们发现，服务与服务之间的通信存在一些严重的缺陷。换句话说，保证服务弹性的特性并不是由 Kubernetes 原生提供的。因此，专家建议使用服务网格来确保服务弹性。本章介绍了所有用于容器启用和编排目的的平台。此外，还介绍了服务网格解决方案是如何满足服务的弹性要求的。

9.1 容器化范式

容器已经成为云计算应用程序（包括支持云的应用程序和云原生的应用程序）的有效运行时和资源。容器相对较轻，因此数百个容器可以在一台物理或虚拟机上运行。容器还有其他技术上的好处，如水平可扩展性和可移植性。容器几乎可以保证物理机的性能。随着容器化范式的更快成熟和稳定，近乎实时的可扩展性正在成为现实。

容器化（containerization）生态系统正在迅速发展，因此，容器被定位为实现最初设想的云化收益的理想方式。

容器被定位为托管和执行大量微服务及其示例的最合适的资源和运行时。随着一些开源以及商业级的监控和数据分析解决方案的出现，容器的监控、测量和管理要求也在加速提高。最近，容器网络和存储方面受到了极大的关注。具体来讲，有许多自动化工具和可行的方法使得容器化具有渗透性、参与性和普遍性。

9.1.1　为什么要使用容器化

部署应用程序的传统方法是使用操作系统（OS）软件包管理器在裸机服务器/物理机（节点/主机）上安装软件应用程序。这导致应用程序的可执行文件、配置、库和其他依赖关系相互纠缠，并与底层主机操作系统纠缠在一起。随着虚拟化的快速成熟和稳定，一种压倒性的做法是建立不变的虚拟机（VM）镜像，以实现可预测的推出（rollout）和回滚。但这里面临的主要挑战在于虚拟机是重量级的，而且不可移植。

新的方法是部署容器。容器实现了操作系统级的虚拟化，而不是硬件虚拟化。这些容器彼此之间完全隔离，也与底层主机隔离。容器有自己的文件系统，不能看到其他容器进程；以约束每个容器的计算资源的使用情况。容器的构建比虚拟机更容易、更快速。由于容器与底层基础设施和主机的文件系统完全解耦，因此容器在本地和远程服务器之间具有极高的可移植性。另外，多个操作系统的发行版本并不是容器可移植性的障碍。

容器是非常轻型的。一个应用程序/流程/服务可以被打包并托管在一个容器内。这种应用程序与容器之间的一对一关系在业务、技术和用户层面带来了大量的好处。也就是说，不可变的容器镜像可以在构建/发布时创建，而不是在部署时创建。这样就可以为同一应用程序的不同版本生成不同的镜像。这可以将技术和业务更改快速地引入应用逻辑。

每个应用程序不需要与应用程序栈的其他部分组合。此外，一个应用程序不与底层基础设施捆绑在一起。因此，容器可以在任何地方运行（开发、测试、暂存和生产服务器）。容器是透明的，因此它们的监控、测量和管理更容易做到。容器的主要好处如下。

- **敏捷应用程序的创建和运行**：通过开源的 Docker 平台提供的技术和工具来构建容器镜像，可以更快地实现容器化。容器的开发、打包、运输和运行都是透明的，而且更快、更简单。

- **持续集成、交付和部署**：容器化概念为自动化 DevOps 任务（持续集成、交付和部署）做出了巨大贡献。

- **开发与部署之间的关注点分离**：如前所述，可以在构建/发布时创建容器镜像。部署与开发完全解耦，因此应用程序可以在任何基础设施上运行，而不会遇到任何障碍。也就是说，容器化实现了软件可移植性的长期目标。

- **可观察性**：有了容器化范式，不仅操作系统层面的信息和指标，而且应用程序层面的信息，如性能/吞吐量、健康状况以及其他增值和决策支持细节，都可以被收集、清理和压缩，以及时提出可行的见解。

- **微服务的最佳运行时：**云原生应用程序和支持云的应用程序都以微服务为中心。容器被定位为微服务的最佳运行时。容器和微服务的融合将为云 IT 环境带来各种好处。

- **资源隔离：**由于容器化带来了隔离，因此可以轻松预测应用程序的性能。

- **资源利用：**由于容器是轻量级的，因此可以在一台机器上放置多个容器。因此，容器化可以让 IT 环境更为密集。此外，资源利用率也显著提高。

毋庸置疑，从战略上来讲，容器化被指定为解决困扰云环境的大多数弊病的良好工具。

9.2 解密微服务架构

最近，微服务架构（MSA）正在获得大量的关注和市场份额。大规模的单体应用程序正在不断被拆分为一个易于管理和可组合的微服务池。传统的应用程序是封闭的，不但缺乏灵活性，价格也相当高昂，因此应用开发和维护（ADM）服务提供商知道开发并长期维护这样的应用程序相当困难。这类应用程序还具有低利用率和低重用率等缺点。因此要将它们为网络、移动和云做好准备，则面临着一系列挑战。要将传统的应用程序进行现代化和迁移，以接受较新的技术，并在优化的 IT 环境中运行，则需要消耗大量的时间、人力和财富。采用敏捷方式开发软件，可以在尽可能短的时间内实现业务价值。通过 DevOps 的概念，软件的交付和部署同样得到了加速。这一概念通过一系列强大的自动化工具和技术得到了促进。现在，软件解决方案的设计也必须以无风险的方式加速进行。微服务架构的风格和模式来了。

微服务作为一种优秀的架构风格，能够将复杂的大型应用程序划分为微型的多个服务。每一个服务都在自己的进程中运行，有自己的 API，并使用 HTTP 等轻量级机制进行通信。微服务是围绕业务能力建立的，因此具有松耦合、高内聚、可水平扩展、可独立部署、与技术无关等特性。每个微服务都应该很好地完成一项任务。这些微服务通过系统的组合，可实现企业级和业务关键型应用程序，其中复杂的大型软件应用程序由多个服务组成。经常部署新版本的微服务是非常容易的。也就是说，它可以灵活地适应和交付任何类型的用户建议、业务情感变化和技术更新。同样，更新的微服务的设计、开发、调试、交付、部署和停用也可以迅速完成。借助于支持的平台和优化的 IT 基础设施，可以更快地实现可轻松部署的微服务。

微服务在本质上有利于水平可扩展性。微服务是自定义、自治和解耦的。依赖性施加的约束被优雅地消除了，因此可以容忍故障并实现所需的隔离。微服务开发团队可以更快地独立交付业务需求。然而，在以微服务为中心的应用程序中，存在一些新的运营挑战。首先，应该能动态地发现微服务。其次，在找到网络位置后，控制流和数据流必须精确地路由到正确的、正常运行的微服务。最后，必须对微服务进行受控访问和安全访问，需要对其进行细致的监控、测量和管理，以实现指定的业务目标。

必须有意识地并持续地收集、清理和整理各种日志和操作数据，以及时提取可用且有用的运营见解。微服务越来越容器化，人们开始使用强大的 DevOps 工具（持续构建、集成、测试、交付和部署）来增强业务能力。

尽管拥有所有这些顶级的声明，但微服务架构仅仅是一个进化中的架构。它继承了前一个版本的某些历史包袱，即面向服务的架构（SOA）模式。企业服务总线（ESB）是 SOA 模式中的服务总线/网关/代理/消息中间件。ESB 具有服务发现、中介、扩展、弹性、安全性以及其他类似的功能。但是，在随后的微服务时代，类似于 ESB 的单体软件被表达并公开为一组动态的交互式微服务，这样做的美妙之处在于将业务能力从各种支持服务分离开来。在图 9.1 中可以看到，网络/通信功能从微服务的核心活动中分离出来。这种分离带来了许多业务和技术优势。

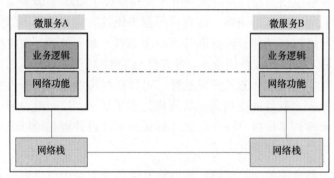

图 9.1

我们已经讨论了容器化现象，以及作为高度优化的应用程序构建模块和部署单元的微服务的快速应用。现在，人们更感兴趣的是将这两个具有战略意义的概念融合在一起。这种结合将对企业产生颠覆性、创新性和变革性的影响。企业和云 IT 部门将是最具建设性和贡献性的部门。微服务和容器化的融合将为商业和 IT 领域带来前所未有的可能性和新机遇。

9.3　Kubernetes 在容器时代的作用日益增长

Kubernetes 是一个可移植和可扩展的开源平台，用于管理容器化的工作负载。Kubernetes 将端到端的容器生命周期管理活动自动化。在 Kubernetes 平台中，许多自动化模块的配置要求进行了合适的声明，它们可以协同工作，以实现所需的状态。在了解了 Kubernetes 的战略重要性后，它的工具生态系统正在迅速增长，就像在云环境中用于高效运行容器的集群和编排平台一样。容器作为托管和执行微服务的最受欢迎的运行时，正在变成云时代最重要的资源。在实现容器创建、运行、拆除、停止、替换和复制的自动化方面，容器集群和编排平台的贡献正在增长。

　　Kubernetes 消除了部署和扩展容器化应用程序时涉及的手工活动。以业务为中心、流程感知、任务关键型、灵活、事件驱动、云托管和面向服务的多容器复合应用程序成为开发企业级应用程序的新方法。在开发这种通用、弹性、自适应、熟练和动态的应用程序方面，Kubernetes 发挥了至关重要的作用。Kubernetes 正在进入各种云环境（私有云、公有云、混合云和边缘云）。

　　如前所述，未来的应用程序是由多个容器融合而成的，也就是说，必须对容器进行集群化和编排，以便在容器化云环境中构建和部署下一代工作负载。Kubernetes 编排能够构建跨越多个容器的应用服务，能在一个节点/主机集群上调度这些容器，能在必要时扩展这些容器，并随着时间的推移管理这些容器的健康状况。Kubernetes 的其他重要贡献包括与网络、存储、遥测和其他核心服务进行无缝和自发的整合，为工作负载提供一个全面而紧凑的容器基础设施。这一理念是为了带来尽可能多的自动化，使应用程序和服务能够按照供应商和用户之间商定的服务等级协议（SLA）提供其功能（见图 9.2）。

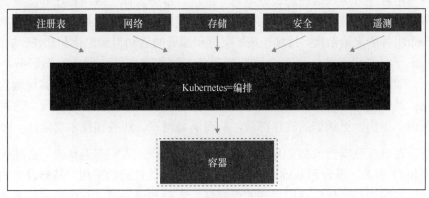

图 9.2

　　在意识到容器对蓬勃发展的云时代的战略贡献后，容器的发展开始变得清晰起来。容器的轻量级特性，以及高透明度特性，使其更有利于云应用程序和基础设施。由此带来的结果是，云中心的容器数量大幅上升。因此，容器化云的操作和管理的复杂性正在稳步增加。未来的方向是通过自动化工具和平台带来更深入和决定性的自动化。简单起见，Kubernetes 可以将多个容器作为一个 Pod 聚集在一起。在一个主机/节点/机器中，可以有几个 Pod，每个 Pod 包括一个或多个容器。Docker 的网络功能可以将多个容器链接在一起。Kubernetes 遵循不同的机制进行容器联网。此外，Kubernetes 将工作负载调度到容器集群上。Kubernetes 平台的负载均衡功能可以平衡各个 Pod 的动态负载，以确保始终运行正确数量的容器，以简化工作负载，从而顺利交付。

容器相当高效，因为它可以用更少的资源完成更多的工作，因此昂贵的 IT 资源得到了最大限度地利用，保证了所需的经济性。容器还考虑到了软件的部署和升级。Kubernetes 可以挂载和添加存储，以运行有状态应用程序。它可以扩展容器和容器实例，以提高容器化应用程序的可用性。所有部署的软件应用程序和它们的运行时（容器）可以被持续监控和管理；可以捕获各种运行条件（比如应用程序的健康状况），以进行各种适当的活动，如自动扩展、复制等。许多开源工具也频繁出现并得以发展，从而让 Kubernetes 更容易使用。针对服务和容器镜像注册、网络、安全等方面，当前也存在一些项目倡议和实现。Kubernetes 已经成为容器化环境的自动化、加速和增强平台。

9.4　服务网格的概念

服务应该被网格化，从而在服务相互之间的交互中具有通用性、稳健性和弹性。在不断增长的微服务世界中，普遍建议通过自动化工具包来实现服务网格。因此，出现了许多服务网格解决方案，这些解决方案对于生产、维护云原生应用程序和支持云的应用程序变得极为关键。微服务正在成为企业级业务应用程序的最佳构建块和部署单元。由于容器和微服务的无缝衔接，持续集成、交付和部署的活动得到简化和加快。如前所述，Kubernetes 平台在自动化容器生命周期管理任务时相当方便。因此，微服务、容器和 Kubernetes（市场领先的容器集群、编排和管理平台）的组合可以很好地实现运营的自动化和优化。基础设施的优化和应用程序的各种非功能性需求也很容易实现。这种组合也激活和强调了更快、更频繁的软件部署，从而满足用户、业务和技术变化。

然而，在确保强制性的服务弹性方面仍有一些差距。人们普遍认为，必须保证业务应用程序和 IT 服务（平台和基础设施）的可靠性，以促进云的采用。基础设施的弹性和服务的弹性共同提高了软件应用程序的可靠性。人们普遍相信，有弹性的服务共同导致了可靠的应用程序。底层基础设施模块必须为保证应用程序的可靠性做出巨大贡献。有多种技术可以提高云基础设施的可靠性。IT 资源的集群化，如 BM 服务器、虚拟机和容器，是一个被广泛接受和强调 IT 可靠性的方法。

随着数据中心中虚拟机和容器的迅速普及，自动扩展正在成为现实。一些强大的技术（例如复制、分区、隔离和共享）为提高 IT 服务和业务应用程序的可用性做出了巨大贡献。分布式计算已成为确保高可用性的福音。但是，IT 系统和业务服务组件的分布式性质带来了它们自己的问题。首先，通过脆弱的网络进行远程调用是一件很麻烦的事情。其次，当利用分布式系统和不同的系统、服务来实现业务目标时，可预测性将大大丧失。因此，需要一种新的方法为随后的面向服务的云时代解决服务弹性的问题。如前所述，服务弹性可带来可靠的应用程序。云基础实施通过一系列具有开创性的可靠性支持技术不断升级，以实现 IT 可靠性愿景。

服务网格是一个额外的抽象层，用于管理微服务之间的通信。在传统的应用程序中，网络和通信逻辑被构建并插入到代码中。现在，我们倾向于使用微服务，它只关注业务逻辑。所有其他相关的操作都被分离出来，并作为水平服务和公用设施（utility）服务呈现。这种将传统应用程序划分为细粒度和单一责任服务的动态池的做法，为服务提供者和消费者带来了一些好处。在传统的应用程序中，弹性逻辑直接构建在应用程序本身。也就是说，重试和超时、监控/可见性、跟踪、服务发现等，都被硬编码到应用程序中。然而，随着应用架构越来越多地被分割成精细化、多语言和微小的服务，将通信逻辑从应用程序中移出并放到底层基础设施中成为一个重要的问题。

简而言之，服务网格使用一个名为 sidecar 容器的代理，这个代理连接到每个容器的编排 Pod 或 Docker 主机/节点。然后，这个代理可以连接到集中的控制平面软件。该软件不间断地收集各种操作数据（如细粒度的网络遥测数据），并应用网络管理策略或代理配置变化，建立和执行网络安全策略。其他功能包括动态服务发现、负载均衡、超时、回退、重试、断路、分布式跟踪和服务间的安全策略实施。

服务网格解决方案通常为大规模运行的多服务应用程序提供了几个关键功能。弹性模式，如重试、超时、断路器、故障、延迟感知和分布式跟踪，正在以最佳方式实现，并内置于服务网格解决方案中。有一些分布式跟踪工具，如 Zipkin（Zipkin 是一个分布式跟踪系统，它有助于收集在微服务环境中排查延迟问题所需的计时数据）和 OpenTracing。服务网格解决方案还提供了顶级服务指标，如成功率、请求量和延迟。除此之外，它还可以执行故障和延迟感知的负载均衡，以绕过响应缓慢或有故障的服务实例。

Kubernetes 已经有一个开箱即用的非常基本的服务网格解决方案。它是服务资源，通过定位必要的 Pod 来提供服务发现。可以使用著名的轮询方法来平衡服务请求。一个服务通过管理集群中每个主机上的 iptables 来工作。这不支持典型的服务网格解决方案中的其他关键功能。然而，通过在集群中实施一个功能齐全的服务网格系统（Istio、Linkerd 或 Conduit），可以轻松获得以下功能。

服务网格解决方案允许服务使用简单的 HTTP，在应用层上不需要 HTTPS。服务网格代理将管理发送方的 HTTPS 封装和接收方的 TLS 终端。也就是说，应用组件可以使用普通的 HTTP、gRPC 或任何其他协议，而不用担心传输过程中的加密问题。

- 服务网格代理知道允许访问和使用哪些服务。

- 它支持断路器模式和其他弹性模式，例如重试和超时。

- 它还支持延迟感知的负载均衡。传统上使用的是轮询负载均衡，但它没未考虑每个目标的延迟。配备齐全的服务网格根据每个后端目标的响应时间来平衡负载。

- 它能够执行队列深度负载均衡。通过了解当前请求的处理量，可以基于最不繁忙的目标路由新请求。服务网格知道服务请求历史记录。

- 服务网格可以将由选定的 HTTP 报头标记的特定请求路由到负载均衡器后面的特定目标。这样可以轻松进行金丝雀部署测试。

- 服务网格可以进行健康状况检查，并驱逐行为不当的对象。

- 服务网格可以报告每个目标的请求量、延迟指标、成功率和错误率。

- 服务网格的主要目标是建立服务通信弹性。服务网格解决方案可以与服务注册表集成，以动态识别服务。这种集成有助于发现并调用适当的服务来完成任务。

- 服务的安全性也得到了极大的增强，因为服务网格可以对服务进行认证，使得只有被批准的服务才可以相互通信以执行业务任务。

- 服务监控是通过服务网格解决方案激活和完成的。如果多个服务链接在一起以满足一个服务请求，那么通过标准化服务网格提供的端到端监控能力，问题跟踪和分布式跟踪将被大大简化。

考虑到越来越多的微服务参与到业务工作负载和 IT 应用中并做出贡献，服务网格作为一种任务关键型基础设施的解决方案随之出现。服务网格解决方案已经成为支持和维护以微服务为中心的应用及其可靠性的重要成分。市场上有一些开源的以及商业级的服务网格解决方案。由于它是一个新兴的概念，因此将来会有实质性的进步，以加强服务的弹性和稳健性。服务的根深蒂固的弹性最终导致了可靠的应用程序。

服务网格层可有效地处理服务到服务的通信。通常，每个服务网格都实现为一系列互连的网络代理，并且这种方法能够更好地管理服务流量。随着 MSA 的持续发展，这种服务网格的想法已吸引了很多关注。MSA 时代的通信流量将截然不同。也就是说，服务与服务之间的通信成为运行时应用程序行为的重要因素。传统上，应用程序的功能作为同一运行时的一部分在本地发生。但是，对于微服务，应用程序的功能通过远程过程调用（RPC）发生。因此，在不可靠的广域网（WAN）上进行分布式计算时，缺陷将大大增加。

与分布式系统打交道的程序员都了解有关分布式计算的谬误，这些谬误具体如下：

- 网络是可靠的；

- 延迟为零；

- 带宽是无限的；

- 网络是安全的；

- 拓扑结构不会变化；

- 只有一名管理员；

- 传输成本为零；

- 网络是同构的。

在无处不在的服务时代（在地理上不同位置的不同微服务也可以相互通信），用来增强弹性的一种战略解决方法是采用服务网格。服务网格通过将责任推到基础设施层，将应用程序的服务开发人员从这一负担中解脱出来。

通过服务网格，运行在容器、Pod、虚拟机（VM）或裸机（BM）服务器上的服务被配置为将其消息发送到本地代理，该代理作为一个 sidecar 模块进行安装。该本地代理注定要执行诸如超时、重试、断路、加密、应用自定义路由规则和服务发现等功能。各种网络监控和管理活动都是由服务网格精确执行的。随着服务网格架构的概念被空前接受，围绕着服务网格解决方案和其他中间件解决方案（如企业服务总线、企业应用程序集成和 API 网关）的讨论也在不断开展。

微服务通信的弹性是通过合并服务网格解决方案实现的，如图 9.3 所示。

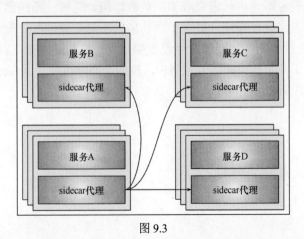

图 9.3

图 9.3 中有 4 个服务集群（A～D）。也就是说，服务集群由一个服务及其实例组成。每

个服务实例都有一个 sidecar 代理。所有使用各种通信和数据传输协议的网络流量，从一个服务实例通过其本地 sidecar 代理流向其他服务。本地代理考虑到了服务通信的所有需求，因此大多数被广泛报道的分布式计算的缺陷可以被完全克服。我们已经指出了分布式计算中被广泛认同和接受的谬误，而且通过使用服务网格简单而明智地消除了这些谬误。

数据平面：在服务网格中，有两个重要模块，即控制平面和数据平面。sidecar 代理（数据平面）执行以下任务：

- 最终一致的服务发现；

- 健康检查；

- 路由；

- 负载均衡；

- 认证与授权；

- 可观察性。

所有这些功能都是任何服务网格解决方案的数据平面的主要职责。确切地说，sidecar 代理是数据平面。换句话说，数据平面直接负责有条件地转换、转发和观察流入、流出服务（客户端以及服务器）的每个网络数据包。也就是说，数据平面的主要职责是确保任何服务请求都以可靠和安全的方式从微服务 A 传递到微服务 B。

控制平面：服务网格的数据平面（sidecar 代理）所提供的网络抽象真的很神奇。然而，代理必须提供正确和相关的细节，以将服务请求消息路由到适当的服务和它们的实例。此外，服务发现也不是由代理完成的。负载均衡、超时、断路器等的设置应该在控制平面中以明确的方式进行指定。数据平面功能的实际配置是在控制平面内完成的。如果将其与 TCP/IP 进行类比，控制平面类似于配置交换机和路由器，以便 TCP/IP 在这些交换机和路由器上正常工作。在服务网格中，控制平面负责配置 sidecar 代理的网络。控制平面的功能包括配置以下内容：

- 路由；

- 负载均衡；

- 断路器/重试/超时；

- 部署；

- 服务发现。

控制平面控制一组分布式和无状态的 sidecar 代理。控制平面管理和配置代理，以正确地路由流量。此外，控制平面会配置 Mixer，以实施策略并收集遥测数据。图 9.4 所示为组成数据平面和控制平面的各种组件。

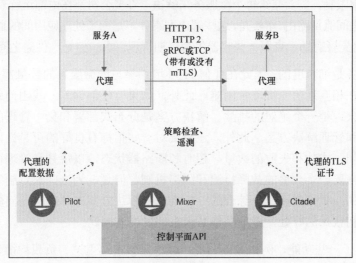

图 9.4

9.4.1 数据平面与控制平面的总结

服务网格数据平面：任何标准的服务网格解决方案都必须遵守这种具有两个平面（控制和数据）的架构。sidecar 代理是数据平面。来自任何应用服务的每个请求都必须通过这个平面。数据平面主要负责执行服务发现、健康检查和路由；执行负载均衡和认证/授权等功能。可观察性对于任何服务网格解决方案都是不可缺少的。数据平面收集各种性能、可扩展性、安全性、可用性和其他有助于决策的信息。

服务网格控制平面：控制平面监控、配置、管理和维护其管辖下的所有数据平面。控制平面为所有的数据平面提供策略和配置。数据平面在控制平面的集中监控下形成了一种分布式系统。这就是分布式部署的目标，但集中式监控是通过使用这种架构来实现的。

9.5 为什么服务网格至关重要

服务网格解决方案的成功引入和迅速的成功有几个令人信服的原因。微服务已经成为企业级应用程序最合适的构建模块，以及应用程序部署的最佳单元。此外，部署大量的微服务而不是大型的单体应用程序，为开发人员提供了在不同的编程语言、应用程序开发框架、快速应用程序开发（RAD）工具和整个系统的发布节奏中进行工作所需的灵活性。这种转变带来了更高的生产力和灵活性，对大型团队更是如此。

这也带来了挑战。对于单体应用程序来说，必须一次性解决的问题，如安全、负载均衡、监控和速率限制，需要交给每个微服务来解决。许多公司都在内部运行着负载均衡器，用于在微服务之间流量路由。事实是，这些解决方案并不是为了处理应用间的通信而设计的。Kubernetes 平台无疑有助于克服一些容器生命周期管理需求。但是，供需之间仍有差距。

由于微服务是细粒度的，因此在任何 IT 环境中参与的微服务的数量都是偏高的。要弄清哪些服务在相互通信变得非常困难。此外，如果有任何偏差，找出问题的根源和原因对运营团队来说是一个绝对的挑战。解决方案是分布式部署和集中管理的，我们需要一个中央监控和管理解决方案。此外，还需要对一些指标有良好的可见性，如每秒的请求量、响应时间、成功和失败的数量、超时和断路器状态，以规划和管理微服务的资源容量。最后，需要一个合格的故障检测和隔离机制。但是，为这些缺点制定单独的解决方案是不可取的，我们需要一个综合的、标准化的解决方案来解决这些问题。为了实现微服务架构最初宣扬的好处，服务网格是未来的发展方向。

DNS 提供了一些功能，例如服务发现，但不提供快速重试、负载均衡、分布式跟踪和健康监控功能。传统的方法是将几样东西拼凑在一起，以实现更大更好的目标。新方法是采用集成套件。服务网格解决方案能够通过大幅降低服务的管理成本，提高可见性并构建更好的故障识别和隔离机制，来显著解决上述问题。

因此，焦点转移到了服务网格方法上。对于试图使用不同的团队（这些团队拥有并运行自己的微服务）来构建大量微服务的公司来说，服务网格解决方案可以让 Kubernetes 更为高效。

通过服务网格解决方案（如 Istio 和 Conduit）形成并增强服务网格，是未来的发展方向。微服务的可靠性、安全性和稳定性正在通过服务网格的形成得到保证。网络代理（数据平面）可以安装在每个容器/Pod/主机中。每个代理都用作网关，用于实现部署在不同容器中的微服务之间的交互。代理接受连接并将负载分散到整个服务网格。一个中央控制器（控制平面）用于巧妙地编排连接。虽然服务流量直接在代理之间流动，但控制平面知道每一次的交互和事务。控制器让代理实施访问控制，并收集各种指标（包括性能和安全性指标）。该控制器还集成了各种领先的平台，如 Kubernetes 和 Mesos，它们是促进容器化应用程序的自动部署和管理的开源系统。

9.6　服务网格架构

在使用服务网格解决方案时，有多种选择。服务网格解决方案可以以库的形式呈现，这样任何以微服务为中心的应用程序都可以按需导入并使用它。在构建和执行典型的应用程序时，我们已经习惯了导入编程语言包、库和类。Hystrix 和 Ribbon 等库是这种方法的著名例子。这对于那些完全采用一种语言编写的应用程序来说，效果很好。

由于以微服务为中心的应用程序是使用不同的语言编写的，因此上述方法不再可行。下面看一下其他方法。

节点代理：在这种架构中，每个节点都运行着一个单独的代理。该设置可以为异构的工作负载提供服务。它与库模型相反。Linkerd 在 Kubernetes 中推荐的部署方式是这样的。F5 公司的应用程序服务代理（ASP）和 Kubernetes 默认的 kube-proxy 的工作原理相同。由于每个节点上只有一个代理，因此需要底层的基础架构进行一些合作。大多数应用程序不能只是选择自己的 TCP 堆栈，猜测临时端口号以及直接发送或接收 TCP 数据包。它们需要将所有这些都委托给 OS 基础架构。

这种模式强调工作资源的共享。如果节点代理分配了一些内存来缓存一个微服务的数据，它可能会在几秒钟内将这个缓冲区用于另一个服务的数据。也就是说，资源以一种有效的方式进行共享。然而，共享资源的管理面临一些挑战，因此需针对管理的资源进行额外的编码。另一个可以轻松共享的工作资源是配置信息。节点代理架构不需要将配置细节分享给每个 Pod，而是在节点之间进行共享。

sidecar 是 Isito 和 Envoy 广泛使用的一种新模型。Conduit 也使用了 sidecar。在 sidecar 部署中，应用程序的代理以容器化的方式部署到每一个应用程序的容器。如果存在冗余的应用程序容器，则需要部署代理的多个副本。

负载均衡器通常位于客户端和服务器之间。高级的服务网格解决方案将 sidecar 代理附加到客户端库，因此每个客户端都可以平等地访问负载均衡器。这意味着，任何传统的负载均衡器中存在的单点故障得以消除。传统的负载均衡器是服务器端的负载均衡器，但是 sidecar 代理启用了客户端的负载均衡。

服务网格解决方案的核心责任是有效地处理核心网络任务，如负载均衡和服务发现。为了确保提高服务的弹性，服务网格解决方案实现了弹性设计模式，如断路器、重试、超时和容错。如果服务是有弹性的，则相应的应用程序也是可靠的。底层基础设施模块也必须是高度可用和稳定的。IT 系统和业务工作负载必须共同促进业务的连续性。

9.6.1　监控服务网格

我们需要更深的可见性，以便对任何履行职责的系统进行更严格的控制。在微服务世界中，移动部件的数量正在稳步增长，因此，在深入和果断地管理每一个部件时，都面临着一些挑战和担忧。自动化工具是未来的发展方向，可以及时监测和激活应对措施，减少人类的干预和解释。越来越多的软件应用程序被呈现为以微服务为中心的容器化应用程序。在任何微服务和容器化环境中，服务网格解决方案是越来越鼓舞人心和重要的组成部分。

服务网格具有本地监控能力。它们提供网络性能指标的组合，如延迟、带宽和正常运行时间监控。它们为节点/主机/物理机、Pod 和容器执行这些操作。它们还为各种事件提供详细的日志记录。监控和日志记录能力有助于找到任何问题的根源，并进行故障排除。

分布式跟踪被证明是实现可见性目标的一个关键因素。这里的理念是，它给每个请求一个 ID。当请求通过网络时，将显示每个请求所采取的路径。利用这一点，运营商和故障排错人员可以轻松了解网络的哪些部分或哪些微服务实例的响应是缓慢的或不响应。这些洞察力简化了修复工作。因此，监控工具在微服务环境中是不可缺少的。

安全性是实现微服务预期成功的另一个重要因素。新的网络项目（Calico）不再依赖于整个应用程序的外围防火墙，而是在微服务应用程序内的每个服务周围创建微防火墙。这样可以对安全策略进行细粒度的管理和实施，以确保微服务的坚不可摧的安全性。关闭一个微服务不会对其他服务产生任何严重影响。由于服务网格在数据平面上运行，因此可以在网格上应用通用的安全补丁和策略。服务网格主要确保服务间的通信安全。一个服务网格提供一个全景视图，可以用来查看多个服务相互交互时发生的情况。

9.6.2　服务网格部署模式

前文已经讨论了服务网格解决方案以及它们如何有助于实现难以实现的服务弹性目标。有几种不同的部署模式：

● 每主机/节点涉及一个代理实例；

● 利用服务网格代理常见的 sidecar 部署。

每主机代理部署模式：在这种部署模式中，代理实例被用于每个主机/节点。如前所述，一个主机可以是一个虚拟机或一个 BM 服务器。这个主机是一个 Kubernetes 工人节点。许多服务可以在一台主机上运行。所有这些服务都要通过代理实例向目的地发送它们的各种服务请求。如图 9.5 所示，代理实例可以作为一个 DaemonSet 部署在每个参与的主机上。

每个主机由一个服务及其实例组成。每个服务及其实例与部署在其他主机中的其他服务进行通信。代理是分布式服务之间的中介，以确保服务通信的弹性。

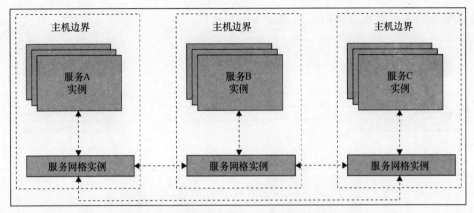

图 9.5

sidecar 代理部署模式：在这种模式下，每个服务的每个实例都部署一个 sidecar 代理。如前所述，一个微服务可以有几个实例，以确保故障切换和故障恢复。这种模式适合于使用容器或 Kubernetes 的部署。作为一个最佳做法，每个容器都托管和运行一个微服务。也就是说，如果一个微服务有多个实例，那么需要相应数量的容器来唯一地托管和管理它们。对于每个容器，如果都部署一个 sidecar 代理，那么容器的数量必然会增加。而且，必须要为 sidecar 代理留有空间。否则，性能就会下降。另一种方法是在每台主机上部署一个 sidecar 代理，这样 sidecar 代理容器的数量就会减少（见图 9.6）。

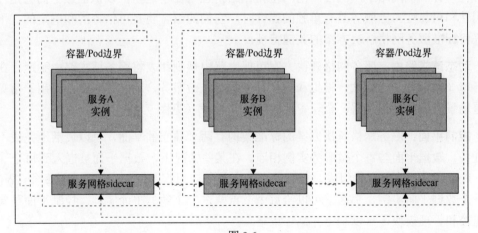

图 9.6

服务网格的 sidecar 模式：服务 A、B 和 C 可以通过相应的 sidecar 代理实例相互通信。默认情况下，代理仅处理源（上游）服务和目标（下游）服务之间的服务内网格群集流量。要将服务网格的一部分暴露给外部，必须启用入口流量。同样，如果服务依赖于外部服务，则可能需要启用出口流量（见图 9.7）。

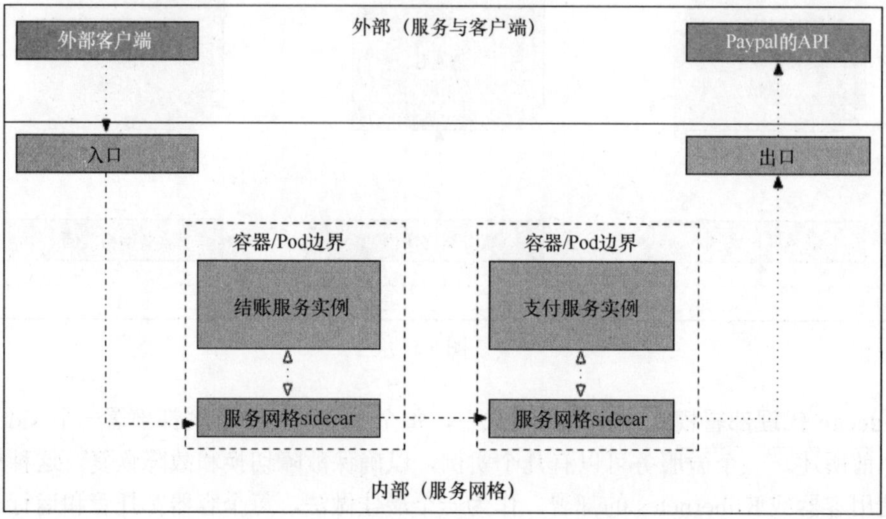

图 9.7

任何服务网格解决方案都必须在所有参与的微服务之间实现无缝和自发的交互。为了完成任何服务与服务之间的通信，服务网格解决方案需要具备一些重要的能力。在服务时代，计算机网络中广泛使用的网格拓扑结构也用在了这里，以保证服务的稳定性、可用性和可靠性。当服务具有单独的弹性时，它们的组合将是可信赖的和确定的。下面是任何标准服务网格解决方案的关键特征。

动态请求路由：服务网格解决方案可使用路由规则和表将服务请求路由到运行在不同环境（例如开发、测试、模拟和生产）中的首选微服务。动态请求路由可用于常见的部署场景，例如蓝绿部署、金丝雀部署和 A/B 测试（见图 9.8）。

控制平面：服务网格解决方案的标准架构有两个独立的平面，可以灵活地完成不同的任务。数据平面与每个微服务实例相连。在某些情况下，数据平面被嵌入到每个 Pod 中，Pod 通常由许多容器组成，以容纳一个完整的应用程序。如果不需要给每个 Pod 配备一个数据平面实例，那么就可以给每个节点塞进一个数据平面实例。控制平面是集中的监控和管理模块，可以制定并执行策略。

同样，使数据平面根据不断变化的情况工作所需的其他细节也是在控制平面上完成的。下一章将详细讨论领先的开源服务网格解决方案及其各种组件。数据平面的路由任务由控制平面激活和加速。同样，服务注册和发现也是由控制平面执行的，重要的负载均衡任务也是由控制平面管理的（见图 9.9）。

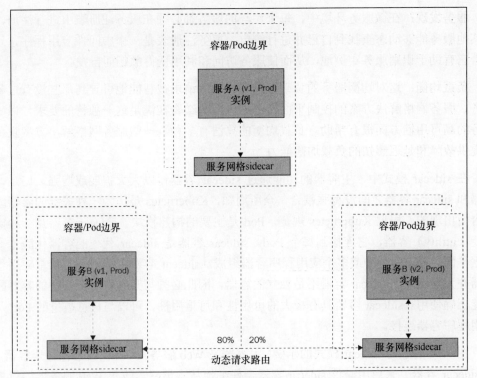

图 9.8

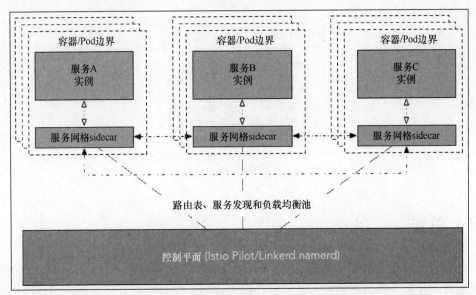

图 9.9

服务发现：在微服务环境中，每个参与的服务都必须在服务注册表中进行注册，以使其他服务能够动态查找到自己并进行绑定。服务注册表是一个中间件应用程序，这意味着它有助于识别服务实例池，从而使服务访问和利用变得顺畅而自发。

负载均衡：这对均衡服务的负载很重要。服务请求被智能地引导到那些没有过载的服务。服务网格解决方案的控制平面和数据平面的结合在满足这一独特的要求，以确保服务的高可用性方面很有帮助。负载均衡的算法有多种。一些服务网格解决方案宣称可以提供故障和延迟感知的负载均衡能力。

在 sidecar 模式中，主容器的功能通过 sidecar 容器得以大大扩展或增强。但是，主容器和 sidecar 容器之间没有强耦合。众所周知，Kubernetes 是作为一种关键的容器编排平台而出现的。根据 Kubernetes 规范，Pod 是主要的构建模块。sidecar 容器是一种实用功能（utility）容器，它连接到每个 Pod。sidecar 容器是 sidecar 代理的容器化版本，即数据平面。Pod 由一个或多个应用程序容器组成。sidecar 容器主要用于支持主应用程序容器并为其赋能。sidecar 容器不是独立的容器，因此必须与某些特定于业务的容器配对才能正确使用。sidecar 容器具有极大的可用性和可重用性，可以与任意数量的 Pod 及其应用程序容器连接。

图 9.10 所示为 sidecar 模式的示例。主容器是 Web 服务器，并由日志保存器容器（一个 sidecar 容器）来启用。该 sidecar 容器会仔细地从本地磁盘收集 Web 服务器的日志，并将其流式传输到集中式日志收集器。

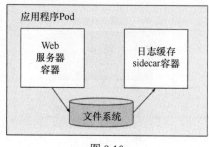

图 9.10

9.7　总结

容器通过对底层基础设施的抽象，简化了构建、部署和管理软件应用程序的方式。也就是说，开发人员只需关注和开发软件应用程序，然后将开发出来的应用程序以标准化的方式打包，并在任何系统上发布和部署，期间没有任何问题和障碍。它们可以在本地系统和远程系统上运行。随着云计算成为运行和管理各种企业、Web、云、移动和物联网应用程序的一站式 IT 基础设施解决方案，应用程序正在通过大量的自动化工具被容器化并部署在云环境中。然而，需要一些自动化工具来实现应用程序开发、集成、交付和部署的端到端活动的自动化。此外，应用程序的可用性、可扩展性、适应性、稳定性、可操作性和安全性必须通过技术上的解决方案来保证。服务网格解决方案已经成为容器化云环境的重要组成部分之一，并在提升服务弹性方面做出了巨大的贡献。下一章将学习如何使用 Prometheus 和 Grafana 指标来创建强大的仪表盘和警报。

第 10 章
容器、Kubernetes 和 Istio 监控

在云计算世界中，我们需要进行监测，以观察服务和应用程序在一段时间内的进度和质量。监测使我们能够对应用程序进行系统的审查。如果应用程序出现了故障，我们想知道故障在哪里以及是由什么引起的。监测有助于我们调查服务中的故障点。我们可以确保使用异常检测在早期发现这些有问题的服务。白盒监控可以帮助我们找出哪些服务出现了故障以及故障的原因是什么，还可以帮助我们调试这些服务。它还可以提供未来的趋势，这意味着它可以发现未来潜在的故障。这里将只关注那些使我们能够监控应用程序或基础设施的工具。

- **监控应用程序**：监控正在开发的功能或服务非常重要。应该有适当的时间序列图和仪表盘。

- **监控基础设施**：如有可能，应使用警报（例如响应时间或每秒的请求量）来监控所有非功能性服务。这对于在小问题变大之前发现它们很有用。

我们需要监控服务器和服务，以便在终端用户遇到问题之前将问题解决掉。监控可以提高产品质量，确保用户对服务感到满意。它还有助于避免停工成本。如果进行适当的监控，就可以根据数据而不是直觉来做决定。本章不仅要介绍如何设置监控，还要介绍如何启用警报，以在系统出现故障时通知我们。然后，将启用警报来监控基础设施，以收集关于错误、性能和吞吐量的数据。之后，将使用警报来衡量应用程序的用户体验以及所提供的服务质量。这将使我们能够做出良好的决策，并衡量我们提供的价值。

本章将讨论如何使用 Prometheus 和 Grafana 监控运行在集群、Pod 和 Kubernetes 上的应用程序或服务。本章将介绍以下内容：

- 介绍 Prometheus 和 Prometheus 架构；

- 配置 Prometheus；

- 在 Prometheus 中配置警报；

- 介绍 Grafana；

- 配置 Grafana；

- 在 Grafana 配置警报。

10.1　Prometheus

Prometheus 是一个开源的监控工具，最初由 SoundCloud 公司在 2012 年开发，灵感来自 Google 的 BrogMon。它是用 Go 语言编写的。根据 2017 年的 New Stack 调查，Prometheus 是用于监控 Kubernetes 集群的使用最为广泛的工具之一。Prometheus 与其他开源监控系统的不同之处在于，它有一个简单的基于文本的格式，从而很容易从其他系统获得指标。它还拥有一个多维数据模型和丰富简洁的查询语言。使用 Prometheus，可以监控所有级别、节点、容器调度系统，还有路由器和交换机。如果我们处理的是大型应用程序和快速移动的基础设施，这意味着我们运行的作业会有很快速的变化，每天要部署 100 次左右。在这种情况下，Prometheus 将非常有用，因为它有发现服务的能力。如果我们有一个动态的基础设施，则可以使用 Prometheus 来检测早期故障，并确定整个栈中发生了什么。它还可以帮助开发人员调查出错的方式和原因。然而，Prometheus 在日志生成方面不是很好。

 尽管 BorgMon 仍然是 Google 内部的工具，但现在通过 Prometheus 等开放源代码工具，每个人都可以将时间序列数据视为生成警报的数据源。

下面看一下 Prometheus 的积极特性：

- 具有使用时间序列数据的多维数据模型，并使用拉模型通过 HTTP 获取时间序列数据；

- 具有强大而灵活的查询语言，这在设置图形和监视仪表盘时会很有用；

- 很容易与其他工具（例如 Grafana）集成；

- 可以轻松调查应用程序的故障。

但是，Prometheus 不包括以下特性：

- 原始日志/事件收集；

- 追踪请求；

- 异常检测；

- 持久的长期存储；

- 自动水平缩放；

- 用户认证管理。

10.1.1　Prometheus 的架构

在图 10.1 中可以看到，Prometheus 有很多组件。Prometheus 架构的中心是 Prometheus 服务器，它可以在基础设施中作为一个或多个服务器运行。这个服务器将主动从应用程序中提取指标。可以在代码库中直接使用 Prometheus 指标，并将应用程序以特定的格式暴露在 HTTP 端点上，然后在这个端点上拉取参数。然后可以在后续的仪表盘上配置它。换句话说，它将抓取并存储时间序列数据。

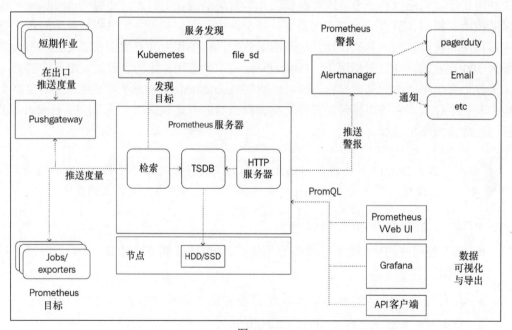

图 10.1

- **短期作业**：通常，每天都有许多小型作业在运行，例如清除缓存或删除用户。可以将一些重要的指标推送到 Pushgateway 中，然后 Prometheus 服务器可以拉取这些指标。

- **服务发现**：这是 Prometheus 发现应该清除的内容的方式。服务发现可以通过 DNS 服务、kubernetes 或任何自定义集成来执行。

- Alertmanager：顾名思义，它用于处理警报。可以使用 pagerduty、Email 或 Slack 通知用户或事件团队。

- Prometheus Web UI：可以查看简单的图形并设置警报和监视端点的状态。

10.1.2　配置 Prometheus

在本例中，需要一些先决条件。我们需要同时运行 Kubernetes 和 Istio 0.7。读者需要具有 Linux 的基础知识。看一下以下步骤。

1．首先，使用 `prometheus.yaml` 文件安装 Prometheus。可以在 `/kubernetes/addons` 文件夹中找到这个 `yaml` 文件。运行以下命令从 Istio 目录安装 Prometheus：

```
Kubectl apply -f install/kubernetes/addons/prometheus.yaml
```

输出如图 10.2 所示。

```
Kube@Kubernetes:/opt/istio/istio-0.7.1$ kubectl apply -f install/kubernetes/addons/prometheus.yaml
configmap/prometheus created
service/prometheus created
deployment.extensions/prometheus created
serviceaccount/prometheus created
clusterrole.rbac.authorization.k8s.io/prometheus created
clusterrolebinding.rbac.authorization.k8s.io/prometheus created
```

图 10.2

2．验证 Prometheus 服务正在集群中运行，如下所示：

```
kubectl -n istio-system get svc prometheus
```

输出如图 10.3 所示。

```
master@Kubemaster:~$ kubectl -n istio-system get svc prometheus
NAME          TYPE        CLUSTER-IP       EXTERNAL-IP    PORT(S)     AGE
prometheus    ClusterIP   10.105.135.113   <none>         9090/TCP    4d19h
master@Kubemaster:~$ 
```

图 10.3

3．使用以下命令进行端口转发。Prometheus 将在端口 9090 上运行：

```
kubectl -n istio-system port-forward $(kubectl -n istio-system get pod -l app=prometheus -o
```

```
jsonpath='{.items[0].metadata.name}') 9090:9090 &
```

输出如图 10.4 所示。

```
[1] 35637
master@Kubemaster:~$ Forwarding from 127.0.0.1:9090 -> 9090
Forwarding from [::1]:9090 -> 9090

master@Kubemaster:~$
```

图 10.4

4．如果未使用 Google Cloud、AWS 或 Azure，则可能无法获得外部 IP。在这种情况下，服务将在本地主机的 IP 地址 127.0.0.1 和端口 9090 上运行。可以使用 PuTTY 或命令提示符通过以下命令进行端口映射：

```
Ssh -L 9090:127.0.0.1:9090 master@40.76.212.128
```

输出如图 10.5 所示。

图 10.5

5．在浏览器中访问 http://localhost:9090，将看到 Prometheus UI。

6．可以看到现在有 Alerts、Graph 和 Status 选项卡。单击 Graph 选项卡，可看到 Prometheus 提供的一个表达式浏览器和内置图形。

7．现在单击 Metrics。这将在下拉列表中列出多个指标。可以选择其中一个，然后单击 Execute，如图 10.6 所示。

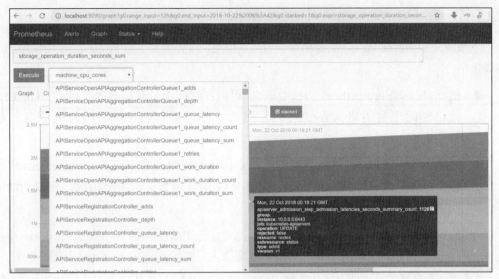

图 10.6

这将根据指标和数据来显示图表。还可以查看指标所指的是哪种类型的操作、组、实例 IP 和作业，如图 10.7 所示。

图 10.7

除此之外，可以设置警报。这将在下一节进行详细讨论。

10.1.3 在 Prometheus 中配置警报

本节将介绍如何在 Prometheus 中设计警报。但是，首先需要了解 Prometheus 中使用的一些概念。

● **指标**：指标是 Prometheus 的核心概念。可以在代码中公开这些内容，而 Prometheus 将以时间序列的格式存储它们。然后，可以将它们与灵活的查询语言一起使用。

● **标签**：Prometheus 通过标签指定了特定指标将应用到哪个服务。Prometheus 中的标签是任意的，因此，相较于只是哪个服务/实例公开了一个指标，标签的功能要更强大。

在以下示例中，`http_failure_request` 是表示 Prometheus 为 `productpage` 服务收集的所有点的指标，这暴露了一个 HTTP 故障请求。例如，`service ="productpage"` 是一个标签，表示这个特定的 `http_failure_ request` 指标适用于 `productpage` 服务：

```
# Request counter for the Product Page service( Application created in ISTIO)
http_failure_request{service="productpage"}
```

Prometheus 可以从服务、VM、基础设施或任何其他第三方应用程序中收集指标。要公开和抓取指标，它使用了**/metrics** URL，这将返回带有标签集及其值的完整指标列表，而无须进行任何计算（见图 10.8）。

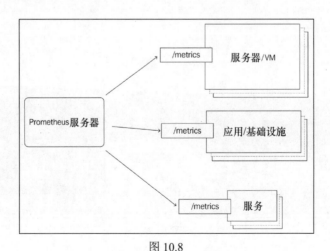

图 10.8

使用注解创建 Prometheus 警报规则的语法如下：

```
alert: Lots_Of_product_page_Jobs_In_Queue
expr: sum(jobs_in_queue{service="productpage"}) > 100
for: 15m
labels:
   severity: minor
annotations:
   summary: Product page queue appears to be building up (consistently more than 100
jobs waiting)
   dashboard:
https://grafana.monitoring.intra/dashboard/db/productpage-overview
   impact: Product page is experiencing delays,causing orders to be marked as pending
   runbook: https://wiki-internal/runbooks/productpage-queues.html
```

10.2　Grafana

Grafana 是一个广泛使用的开源工具，它通过将时间序列数据进行可视化处理，来监控服务和应用程序。它可以通过显示生产业务指标来告诉我们与服务或服务器相关的情况。它可以同时进行基础设施监控和应用程序监控。Grafana 的官方定义如下：

"它是所有指标的分析平台。Grafana 允许查询、可视化、提醒和理解指标，无论它们存储在哪里。与所在团队一起创建、浏览和共享仪表盘，并促进数据驱动的文化。"

我们使用 Grafana 而不是 Prometheus 的主要原因之一是为了获得完美的可视化和仪表盘编辑。使用 Grafana，可以很容易地创建一个仪表盘并对其进行定制。而如果使用 Prometheus，则需要利用控制台模板来做到这一点，这使得它有点难以使用。Grafana 的其他特性如下所示：

- 高级绘图；

- 强大的查询编辑器；

- 可视化的仪表盘；

- 动态查询和仪表盘；

- 多租户用户和组织支持；

- 面板的客户端和服务器端渲染；

- 支持许多不同的数据源。

10.2.1　配置 Grafana

在介绍如何安装 Grafana 之前，先来看一些先决条件。我们需要同时运行 Kubernetes 和 Istio 0.7，还需要部署一个用于监控的应用程序。同时，还需要在同一台主机上运行 Prometheus 服务器，以便发现服务。这里的示例架构如图 10.9 所示。

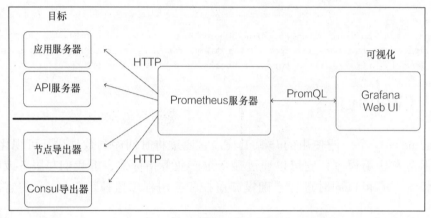

图 10.9

目标节点可以是来自应用程序服务器、API 服务器或数据库的任何节点。如前所述，Prometheus 将帮助我们发现这些指标并拉取数据。这里将使用 Grafana Web UI 来可视化仪表盘和图形。

1. 在 Istio 基本目录中，使用以下命令安装 Grafana。示例中已经安装了 Grafana。

```
kubectl create -f install/kubernetes/addons/grafana.yaml
```

输出如图 10.10 所示。

```
master@Kubemaster:/opt/Istio_prom_grafana/istio-0.7.1$ kubectl create -f install/kubernetes/addons/grafana.yaml
Error from server (AlreadyExists): error when creating "install/kubernetes/addons/grafana.yaml": services "grafana" already exists
Error from server (AlreadyExists): error when creating "install/kubernetes/addons/grafana.yaml": deployments.extensions "grafana" already exists
Error from server (AlreadyExists): error when creating "install/kubernetes/addons/grafana.yaml": serviceaccounts "grafana" already exists
master@Kubemaster:/opt/Istio_prom_grafana/istio-0.7.1$
```

图 10.10

2. Grafana UI 将在 3000 端口上运行。端口应该从网络侧打开，需要执行以下命令来进行端口转发。

```
kubectl -n istio-system port-forward $(kubectl -n istio-system get
pod -l app=grafana -o jsonpath='{.items[0]. metadata.name}') 3000:3000 &
```

输出如图 10.11 所示。

```
[1] 90165
master@Kubemaster:/opt/Istio_prom_grafana/istio-0.7.1$ Forwarding from 127.0.0.1:3000 -> 3000
Forwarding from [::1]:3000 -> 3000
```

图 10.11

3．如果使用 Linux VM，请使用以下命令在命令提示符下执行端口映射。

Ssh -L 3000:127.0.0.1:3000 master@40.76.212.128

输出如图 10.12 所示。

```
C:\Users\     ssh -L 9090:127.0.0.1:9090 master@40.76.212.128
master@40.76.212.128's password:-
Welcome to Ubuntu 17.10 (GNU/Linux 4.13.0-46-generic x86_64)

 * Documentation:  https://help.ubuntu.com
 * Management:     https://landscape.canonical.com
 * Support:        https://ubuntu.com/advantage

 Get cloud support with Ubuntu Advantage Cloud Guest:
    http://www.ubuntu.com/business/services/cloud

0 packages can be updated.
0 updates are security updates.

Your Ubuntu release is not supported anymore.
For upgrade information, please visit:
http://www.ubuntu.com/releaseendoflife

New release '18.04.1 LTS' available.
Run 'do-release-upgrade' to upgrade to it.

Last login: Mon Oct 22 06:39:44 2018 from 167.220.238.138
master@Kubemaster: $
```

图 10.12

4．访问 `http://localhost:3000`，打开访问 Grafana UI，如图 10.13 所示。

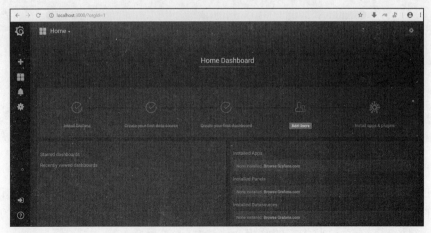

图 10.13

5．安装 Istio 和示例应用程序后，Grafana 将创建一些仪表盘。单击 Dashboard，查看的默认仪表盘，如图 10.14 所示。

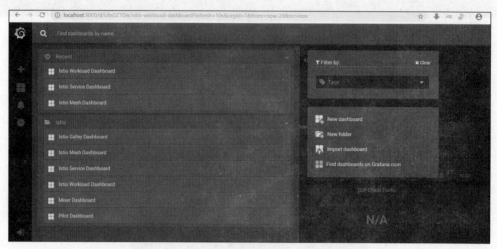

图 10.14

6．可以单击 Istio Mesh Dashboard 来查看全局请求量，并查看请求的成功率和失败率。它还将显示 **4xx** 和 **5xx** 错误代码。要了解更多信息，可以单击图 10.15 中的任何服务。

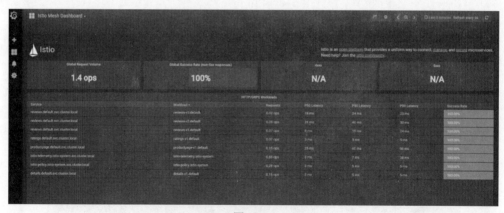

图 10.15

7．Istio Service Dashboard 看起来如图 10.16 所示。它可以用于监控客户端的请求量、服务器的请求量、客户端与服务器的请求持续时间对比，以及客户端与服务器的请求量的对比。轻松设置有关这些指标的警报。

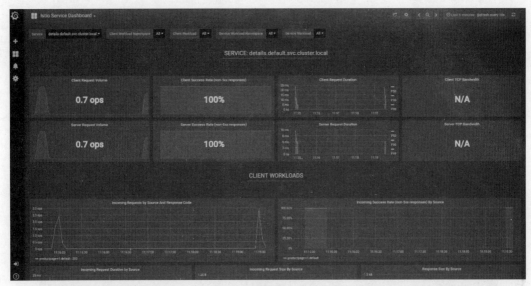

图 10.16

图 10.17 所示的仪表盘通过提供诸如接收的请求量和请求持续时间之类的通用指标，展示了服务或基础设施上的工作负载。我们还可以了解网络的运行状况，包括入站工作负载和出站工作负载。可以使用以下指标来创建新的仪表盘。

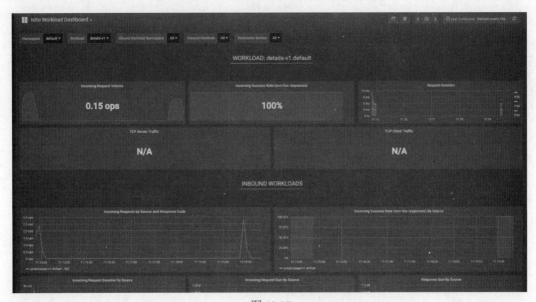

图 10.17

10.2.2　在 Grafana 中配置警报

可以在 Grafana 的仪表盘上配置警报。Grafana 提供了基于查询的警报系统。

1．使用 `http://localhost:3000/?orgId = 1` 在浏览器中运行 Grafana，以访问 Grafana UI。

2．单击 Alerting，然后单击 Notification channels，最后单击 New Channel，如图 10.18 所示。

3．添加新通道的数据。可以从 Grafana 的各种通知中进行选择，包括电子邮件、Slack、Microsoft 团队、Webhook 或 PagerDuty，如图 10.19 所示。

图 10.18

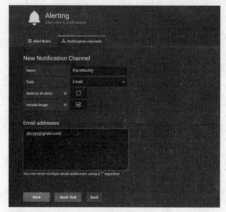

图 10.19

New Notification Channel 表单将包含以下标签。

● **Name**：这是通知通道的名称。这个值必须是唯一的。

- **Description**：出于文档编制目的，在这里添加了一些可能需要包含的其他信息。

- **Type**：选择 Email，然后输入收件人的电子邮件地址。可以输入多个电子邮件地址，相互之间以逗号分隔。

4．在创建通知通道后，接下来定义指标。为此，请单击 Dashboard，转到 New dashboard，然后单击 Graph。在 Panel Title 下单击 Edit，如图 10.20 所示。

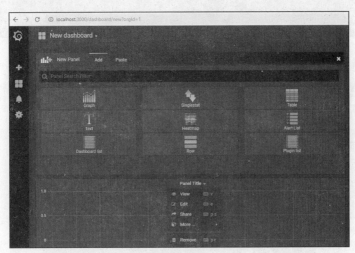

图 10.20

5．然后，定义指标。可以使用 Grafana 支持的任何数据源。在这里的示例中，由于已经配置了 Prometheus，因此将使用它作为数据源。单击 Edit 后，Grafana 会要求选择一个 Data Source 和 Metrics。这里选择了 `storage_operation_duration_seconds_sum` 作为指标。它创建了一个时序图，如图 10.21 所示。

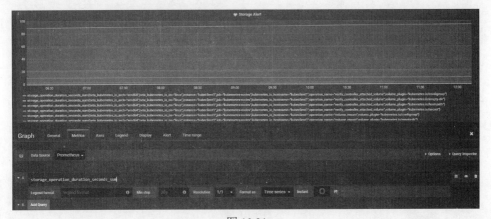

图 10.21

6．单击 General 选项卡，定义警报的标题和描述，如图 10.22 所示。

图 10.22

7．单击 Alert 选项卡以设置警报的定义。可以设置条件和阈值，还需要定义警报的频率，如图 10.23 所示。

图 10.23

8．完成警报的定义后，保存警报并执行 Test Rule，以验证它是否正常工作。对于电子邮件警报，需要配置 SMTP，如图 10.24 所示。

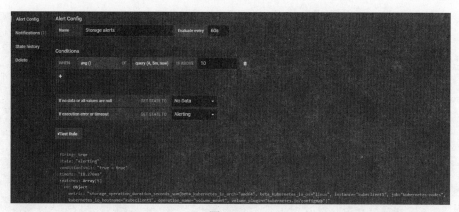

图 10.24

10.3　总结

监控不是一个一次性的任务。应该定期测量 Kubernetes Pod 或微服务的情况。监控在微服务系统中起着至关重要的作用，因为我们需要监控微服务中的所有端点。为了实现更高质量的产品，我们应该能够先于用户发现故障。我们应该启用异常检测，并通知运营团队来排查问题。我们必须在基础设施端和应用程序端都设置必要的监控和警报。本章介绍了如何使用 Prometheus 和 Grafana 指标来创建强大的仪表盘和警报。

下一章将讨论用于确保和增强 IT 可靠性的后期活动与最佳做法。

第 11 章
确保和增强 IT 可靠性的后期活动

通过各种基于微服务的软件应用程序，再结合集成平台和优化的 IT 基础设施，业务的自动化、增强和加速可以轻松完成。简而言之，IT 是全球最佳和最大的业务促成因素。也就是说，企业的产品和输出被许多不同的 IT 技术进步巧妙而果断地实现。不断变化的业务期望通过 IT 领域的一系列令人愉悦的发展，而得以适当地自动化。这些发展使企业能够快速提供更新和更优质的业务产品。凭借直观、信息丰富的和鼓舞人心的界面，软件应用程序正在以一种简单且无错误的方式呈现给用户。此外，IT 领域的这种持续赋能反过来有助于实现事半功倍的效果，使市场渗透更深，并能获得新的用户，同时也可以保持现有用户的忠诚度。通过巧妙地利用 IT 领域中的前沿技术、工具和技巧，企业的产出正呈现出稳固和可持续的增长。准确地说，在强调和加速业务适应性、灵活性和经济型等方面，IT 的作用和责任正在不断攀升。

现在，这里有一个转折。企业正在坚持可靠的业务运营。在这里，IT 对可靠业务的贡献也是非常大的。因此，IT 专家正在努力工作并进一步扩展，以提出可行的方法和机制来实现可靠的 IT。站点可靠性工程（SRE）是一门很有前途的工程学科，它的主要目标包括大幅提高和确保 IT 的可靠性。本章将通过在部署后期开展一些独特的活动，重点介绍可提高可靠性保证的各种方法和手段。监控、测量和管理各种运营与行为数据是实现可靠的 IT 基础设施和应用程序的首要步骤。除了大而快速的数据分析平台，还可以使用机器学习算法来加快和简化提取出可操作见解的过程。在这里，有大量的评估指标可以发挥作用。本章将专门介绍各种日志、运营、性能和安全分析方法。

本章将介绍以下内容：

- 现代 IT 基础设施；

- 监控云、集群和容器；

- 监控云基础设施和应用程序；

- 监控工具功能；

- 预测和规范分析。

11.1　现代 IT 基础设施

今天，软件定义的云中心非常流行，并在业务敏捷性、经济性和生产力方面得到了充分利用。云的理念满足了基础设施的自动化、优化和利用要求。虚拟化运动更快的成熟度和稳定性使硬件编程成为宏伟的现实。因此，基础设施即代码最近成为 IT 行业的热门词汇。随着云计算范式的兴起，IT 基础设施的监控、测量和管理也出现了很多令人满意的进展。各种 IT 基础设施的运作正在通过一系列先进和标准化的工具实现自动化与加速。DevOps 概念的同时兴起，加上强大的云技术和工具的涌现，给 IT 领域带来了大量的战略自动化和优化。IT 自助服务、按使用付费和弹性已经成为 IT 的核心能力。

云服务提供商将它们的人才、时间和财富投入到云中心的一些宏大的自动化任务中，如负载均衡、工作负载整合、持续集成、部署和交付、任务和资源调度、通过集成和编排实现工作流程自动化、信息安全、自动伸缩、复制和虚拟机放置。在成功运行云中心的过程中，几乎没有人类的参与、解释和指导，这些云中心承载着越来越多的 Web、移动、企业、嵌入式、事务、运营和分析应用程序。云的"旅程"无疑走在了正确的轨道上，随着时间的推移，它赢得了更多的关注和市场份额。

在最近，容器化正在快速推广，并极大地参与了云计算 IT 自动化。虚拟化中的一些顽疾正在通过容器化得到克服。容器、容器编排和管理工具（如 Kubernetes）以及以微服务为中心的云应用程序（云原生应用程序以及支持云的应用程序）和多容器应用程序的兴起，导致了容器化云的出现。容器镜像被定位为应用程序打包、分发、运输和以高度可移植的方式运行任何软件应用程序的最佳格式。容器和微服务的融合为下一代 IT 环境奠定了一个良好的基础。

在 IT 领域中持续增加的开创性自动化导致基础设施越来越复杂和智能。容器、容器编排、微服务、云原生架构、容器定义的存储和容器定义的网络的兴起，引领我们进入了基础设施的下一个阶段。今天，得益于云技术，我们才拥有了数据中心和服务器群。此外，我们还有容器化和虚拟化的云环境，以满足不同的业务需求。我们有公有云、私有云和混合云，它们都利用了成熟的虚拟化和潜在的容器化范式。

从裸机服务器、虚拟机和容器开始的云计算之旅，现在开始朝着功能发展。也就是说，功能作为新的部署和交付单元出现了。蓬勃发展的无服务器计算模型可将各种后端服务自动化，以便舒适地运行功能。也就是说，功能即服务（FaaS）这种新的业务模型即将成为现实。开发人员只需专注于创建功能并将其功能上传到云端即可。功能的部署、资源的调配和基础设施的弹性都由云服务提供商自动执行。因此，现代基础设施的存在就是为了处理复杂的无服务器计算。

物联网（IoT）技术和工具的力量在各种物理、机械、电气与电子设备之间建立了更深入、极端的连接。因此，在未来的几年里，世界将由数万亿的数字化实体、数十亿的连接设备和数百万的软件服务组成。随着互联设备和嵌入式设备加入主流计算，人们普遍觉得有必要制定和巩固边缘或雾/云环境，以满足实时数据采集、存储、处理和分析、决策启用和执行等要求。因此，现代基础设施必须实现边缘或雾计算的细微差别。

另一个范式的转变与图形处理单元（GPU）的快速普及有关，后者可以作为 CPU 的补充。GPU 中可以容纳许多核（core），因此 GPU 在集群和并行计算模型中更受欢迎。大数据分析和数据科学实验可以通过利用 GPU 集群来完成。由于容器可以很好地为应用程序和微服务提供优化的运行时环境，因此未来将需要受容器化启发的数据分析。前文已经详细介绍了 Kubernetes 在创建和运行多容器应用程序中的作用。

除了容器化云，针对不同业务案例的超融合基础设施（HCI）解决方案也出现了。HCI 通常具有软件支持的横向扩展能力，同时又将计算、存储和网络资源紧密地整合在一个商用硬件产品中。融合基础设施（CI）或设备是另一个相当昂贵但功能强大的"交钥匙"基础设施解决方案，可用于应用程序的托管和交付。因此，出现了精益、动态的、自适应性的 IT 基础设施模块，它们正在快速发展，以优化运行业务工作负载和云应用程序。目前的挑战是如何使现代基础设施更为可靠，以实现可靠业务的长期目标。本章将介绍基础设施日志以及运行数据的诊断与分析如何为实现可靠性目标提供洞察力。

11.1.1　现代数据分析方法

诚然，性能出色的软件解决方案可以推动业务创新，并最终实现转型。而且，软件工程师的数量持续增长，IT 自动化也得到了重视。也就是说，一旦应用程序部署结束，就必须对应用程序进行持续的监控、测量和管理，以确保应用程序/工作负载能够满足所表达的需求（功能性需求和非功能性需求）。

应该仔细监控性能、可扩展性、可用性、安全性和弹性参数，如果有任何偏差或不足，则必须及时、清晰地考虑必要的对策。不仅是应用程序，底层的运行时/执行环境、相关的中间件解决方案和数据库，以及各种 IT 基础结构模块都必须受到持续监视，以更好地掌握其状态和行为。应用程序的交付取决于软件和硬件模块的集合。每个软件和硬件模块都不断发出大量的运行数据、日志数据、性能数据、安全性数据和其他有用的数据，因此，仔细地捕获、清理和处理它们以及时地提取有用的见解变得很重要。

数据科学是 IT 市场上的新流行语。数据收集、预处理、摄取、过滤、整理、处理、知识发现和传播、决策和执行是端到端数据科学生命周期中的突出步骤。由各种软件和硬件系统产生的运行数据和日志数据在某种程度上是大规模和多结构的。随着大数据和时间序列数据实时分析的一系列进展，软件和硬件系统数据的各种分析能力将有助于设计、开发和部署智能、复杂的系统。

也就是说，需要考虑两件事。首先，生成和捕获的多结构数据的量呈指数增长。其次，业务主管和 IT 专业人员意识到，数据隐藏并携带大量有用和可用的信息与洞察力。而且，用于捕获、存储和挖掘多结构数据的技术和工具正在日趋成熟与稳定。也就是说，借助开拓性平台、布局合理的流程、启用模式以及琳琅满目的工具、适配器、驱动程序、引擎和连接器，将数据快速转换为信息与知识的过程正在加速。

本章将重点讨论如何将各种类型的数据暴露在各种特定目的的调查中，以便及时提取重要的洞察力。本章还将讨论提取的洞察力如何在工程设计和建立最先进的软件以及硬件系统中派上用场。具体来说，对于 IT 环境，有一些具体的数据分析程序、过程和平台，这些将在下文中解释。

11.2　监控云、集群和容器

云中心正在越来越多地被容器化，并通过容器进行管理。也就是说，很快就会出现牢固的容器化云。通过大量的容器编排和管理工具，容器化云的形成和管理将得以简化。当前存在开源和商业级的容器监视工具。Kubernetes 正在成为领先的容器编排和管理平台。因此，通过利用上述工具集，建立和维护容器化云的过程将加速，这样做不但没有风险，还会带来回报。

通过工具对生产环境中云资源（包括粗粒度和细粒度）和应用程序进行监控，对于扩展应用程序和提供弹性服务至关重要。在 Kubernetes 集群中，可以在许多不同的层面上对应用程序的性能进行检查：容器、Pod、服务和集群。通过一个窗格，运营团队可以向用户提供正在运行的应用程序及其资源利用率的细节。这些将为用户提供正确的洞察力，以了解应用程序的性能，发现应用程序的瓶颈（如果存在的话），以及克服应用程序的任何偏差和缺陷。简而言之，应用程序的性能、安全性、可扩展性限制和其他相关信息可以被捕获并采取相应的行动。

11.2.1　Kubernetes 的出现

人们已经为 Kubernetes 集群准备好各种应用程序或微服务的 Docker 镜像。在

Kubernetes 集群运行后，要考虑和执行的下一个重要步骤是纳入一个适当的监控与警报系统，以深入了解各种限制和任何组件的问题，如工人节点、Pod 和服务。让我们从 Kubernetes 的基本知识开始。

Kubernetes 是一个流行的平台，可充当任何分布式容器部署的大脑。它旨在组成多容器应用程序，并使用容器管理以微服务为中心的应用程序，这些容器通常分布在容器主机的多个群集中。Kubernetes 提出了用于应用程序部署、服务发现、调度和扩展的可行机制。当前存在监控 Kubernetes 环境的自动化工具。容器编排和管理平台的相关性随着多容器应用程序的快速普及而增加，这些应用程序通常是复合的、业务感知的和以流程为中心的。

作为一个最佳做法，每个容器托管一个微服务，而且任何微服务都可以有多个实例。也就是说，微服务和它们的实例被托管在不同的容器中，以保证服务的可用性。托管和运行多容器应用程序的其他要求包括管理应用程序的性能、增强服务的可见性、通知和故障排除。其他值得注意的方面包括动态和适当的基础设施资源调配，以及使用配置管理工具对应用程序进行自动配置。除了管理容器和集群之外，通过容器编排的服务组合是 Kubernetes 平台最关键的方面。当云被容器化时，Kubernetes 对下一代云环境的作用将大大升级。

Kubernetes 集群通常在主节点的监督下由一组节点组成。主节点的任务包括编排跨节点分布的容器并跟踪其状态。集群是通过 REST API 和用户界面启用与公开的，API 是一种集群控件。图 11.1 所示为 Kubernetes 部署的重要组成部分。

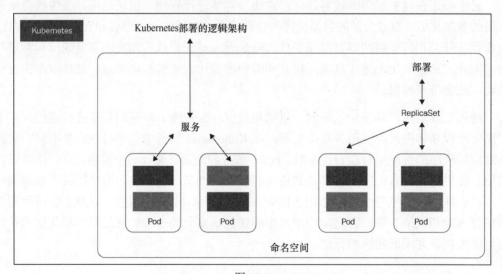

图 11.1

Pod 包括一个或多个容器。所有容器必须在 Pod 内运行。容器始终位于同一地点并一起调度。它们在具有共享存储的共享上下文中运行。

- Pod 通常位于服务后面。服务负责均衡流量，并将 Pod 集合公开为单个可公开发现的 IP 地址/端口。
- 服务可以通过 ReplicaSet 进行水平缩放，ReplicaSet 可以根据需要为每个服务创建/销毁 Pod。
- ReplicaSet 是下一代复制控制器。ReplicaSet 用于确保始终运行指定数量的 Pod 副本。
- 部署（一个较高级别的概念）用来管理 ReplicaSet，并提供 Pod 的声明性更新。
- 命名空间是组成一项或多项服务的虚拟集群。
- 元数据允许根据容器的部署特征，使用标签和标记来标记容器。

多个服务甚至多个命名空间都可以在物理机中传播。如前所述，这些服务中的每一个都是由 Pod 组成的。由于存在多个组件，即使 Kubernetes 的部署是适度的，监控的复杂性也很高。Kubernetes 探针是另一个关键模块，其核心功能是定期监控容器的运行状况，如果有任何不健康的容器，则会采取措施。

综上所述，Kubernetes 简化了分布式计算工作负载的运行。工作负载通常在多个服务器实例上运行，大多数现实世界中的部署涉及在 Kubernetes 集群上同时托管和运行多个工作负载。这都是分布式部署和集中式管理。因此，可视化和感知容器化环境对于以微服务为中心的应用程序和容器化环境的成功至关重要。下一章将介绍与监控容器化环境，以及将容器数据服务于容器智能和卓越运营的相关内容。

11.3 监控云基础架构和应用程序

云概念已经颠覆、创新并改变了 IT 世界。然而，各种云基础设施、资源和应用程序应该通过自动化工具进行细致的监测和测量。在云时代，自动化的发展势头很好，借助于先进的算法和强大的技术工具，每一项活动都实现了自动化。云自动化工具在定制、配置和组合等方面也带来了一系列的灵活性。通过 IT 领域的一系列进步，大量的手动和半自动任务正在实现完全自动化。本节将讨论面向基础设施优化和自动化的基础设施监控。有一些流程、平台、程序和产品可以实现云监控。

企业级应用程序和关键任务型应用程序正在通过云技术部署到各种云环境（私有云、公有云、社区云和混合云）中。此外，人们正在精心开发应用程序，并使用微服务架构将其直接部署在云平台上。因此，除了云基础设施之外，还有基于云的 IT 平台和中间件、业务应用程序以及数据库管理系统。因此，整个 IT 都进行了现代化升级，以支持云。精确、完美地监控和衡量云环境中每个资产与各个方面非常重要。有越来越多的方法可以简化和加速基础设施的监控。各种基础设施模块和应用程序的运行与日志数据对它们的性能、运行状况、吞吐量、可伸缩性和安全性，都可以提供很多洞察力。下文将介绍各种技术学科的知识，这些学科可以实现监控方面的功能，而监控在基础设施自动化中占据着至关重要的位置。

对于任何企业来说，拥抱令人着迷的云理念是一个战略上合理的决定。通过这个云支持过程，可以轻松获得许多业务、技术和用户优势。在使用服务器、存储和网络解决方案的可用容量方面，云也带来了亟需的灵活性。云资源是按需提供的，这种独特的属性最终可以确保以最佳的方式来利用 IT 资源。

企业需要具备精确的监控能力，以了解云资源的使用情况。如果有任何偏差，监控功能就会触发警报，让相关人员考虑下一步的行动。监控能力包含了许多工具，可用于监控每个计算资源的 CPU 使用情况，监控系统活动和用户活动之间的不同比例，以及监控特定工作任务的 CPU 使用情况。此外，企业必须有内在的预测分析能力，从而能够捕获内存利用率和文件系统增长趋势的数据。这些细节有助于运营团队在遇到服务可用性问题之前，主动规划对计算/存储/网络资源所需的更改。及时的行动对于确保业务的连续性至关重要。

不仅要密切监控基础设施，还要密切监控应用程序的性能水平，以便对应用程序的代码以及基础设施架构进行微调。通常情况下，企业会发现，相较于监控利用了多个服务器资源的组合应用程序的性能，监控托管在单个服务器上的应用程序的性能要更容易。当底层计算资源分布在多个地方时，这将变得更加繁琐和艰难。这里的主要担忧是，团队失去了对第三方数据中心资源的可见性和可控性。企业出于不同的合理原因，倾向于采用多云战略来托管其应用程序和数据。当前有多种 IT 基础设施管理工具、实践和原则。这些传统的工具集对于云时代来说已经过时了。这里有一些明显的特征是与软件定义的云环境相关的。人们希望任何云应用都必须天生满足非功能性需求（NFR），如可扩展性、可用性、性能、灵活性和可靠性。

研究报告称，全球各地的企业通过将它们的应用程序现代化并转移到云环境中，成本显著降低，管理灵活性也大大增强。当前，在各种云服务和部署模式方面有很多选择，有公有云、私有云和混合云环境。企业越来越倾向于成熟的多云战略。不管最终选择什么云，云环境的管理和运维的复杂性正在稳步增长。云监控和测量成为一件困难的事情。绝大多数用于传统 IT 基础设施的工具集对现代 IT 基础设施来说是不够的。必须通过策略意识实现云资源和应用程序的自动化可操作性，因此必须对 IT 服务管理工具进行同等授权，以轻松解决新纳入的 IT 需求。

11.4　监控工具功能

云模式带来了亟需的灵活性，即分配所需资源以支持云用户的需求。建立、执行适当的策略和规则对于为业务应用程序和 IT 服务分配云资源非常重要。然而，策略管理的有效性取决于企业对其云资源的可见性。企业需要具备创建、修改、监控和更新策略的能力。简而言之，云监控工具需要具备前面提到的针对云的特性、功能和设施，以实现所有由云提供的好处。

如前所述，部署云计算服务的企业信任第三方提供商来实现服务质量（QoS）的属性和性能。监控工具不仅必须监控业务用户所体验到的实际性能水平，还必须能够帮助用户针对所有这些性能下降问题进行根本原因分析（RCA）。监控工具必须能够监控应用程序的响应时间、服务可用性和页面加载时间，还需要能监控高峰时段的流量。此外，监控工具需要能够处理包括传统 IT 基础设施在内的混合云和多云环境。

总之，部署监视和管理工具以有效、高效地运行云环境是至关重要的，在云环境中，运行着数千个计算、存储和网络解决方案。通过 360° 视图显示的日志、操作、可扩展性、性能、可用性、稳定性和可靠性数据，可让管理员立即采取应对措施，以确保业务连续性。管理引擎应用程序管理器允许企业监控云服务的 SLA。该工具还提供跨云环境（私有云、公有云和混合云）的故障排除功能。

图 11.2 生动地说明了该工具的关键特性。

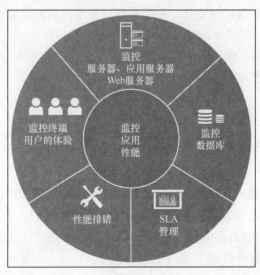

图 11.2

下面是可用于正确监控基于云的应用程序和基础设施的一些关键功能。

- 首先，除了数据聚合之外，捕捉、查询事件的能力与跟踪的能力至关重要。当客户在网上购买东西时，购买过程中会产生大量的 HTTP 请求。为了进行适当的端到端云监控，我们需要看到客户在完成购买时发出的确切的 HTTP 请求集：每个单独的产品细节页面、添加到购物车的 POST 请求、购物车查看页面、账单和运输 POST 请求，以及最后的提交订单页面。捕获原始交易数据的能力在云部署中非常重要，在云部署中，每个请求往往要经过许多动态组件，从 Web 或移动浏览器到 CDN，然后是负载均衡器，最后才到达应用程序和微服务。

  在完成交易的过程中，会涉及消息代理/队列。因此，任何监控系统都必须具备快速识别瓶颈的能力，并了解不同组件之间的关系。该解决方案必须给出每个组件对每个事务的准确响应时间。关键的元数据，如错误跟踪和自定义属性，应该用来增强跟踪和事件数据。通过用户和特定于业务的属性对数据进行分割，就有可能对改进和冲刺（sprint）计划进行优先级排序，以便为这些客户进行优化。

- 其次，监控系统必须能够监控各种云环境（私有云、公有云和混合云）。当前有许多公有云服务提供商（AWS、Azure、IBM、Google 等）。该解决方案必须将所有集成代理/插件都放在一个地方，以简化和加速云连接与集成。大多数领先的服务都需要使用该插件，例如弹性负载均衡器、EC2、Lambda、DynamoDB、RDS 和 CloudFront。

- 最后，监控解决方案必须可以在任何紧急情况下进行扩展。云环境是极其动态的，用户和数据负载会迅速变化。在特殊场合使用的基础设施组件的数量呈指数级增长，因此，必须同样保证监控系统的可用性、稳定性和可扩展性。监控解决方案正越来越多地作为多租户软件进行提供。SaaS 模式很容简单，因为它是由供应商更新、修补、监控和管理的。

11.4.1　好处

如果企业为了监控云中的 IT 基础设施和业务应用程序，而组合使用了多种技术解决方案，将获得以下好处。

- **性能工程和增强**：通过自动监控基础设施模块和应用程序，可以在所有级别和层次上准确定位任何性能问题，以及预测和制定性能解决方案、性能增强机制等。主动地预测和消除问题是云服务提供商应该做的工作。以适当的方式进行资源识别和分配对于解决性能下降问题大有帮助。

● **按需计算**：业务需求、情绪和策略变化非常频繁。IT部门必须能够对业务领域中发生的各种变化进行回应。因此，必须全面了解云资源和应用程序的各个方面。IT的灵活性可以通过强大的监控解决方案实现。可视化程度越深，可控性也就越强。然后，不同的业务范围和任何形式的紧急情况都可以得到相应的处理，从而提高业务性能和连续性。

● **经济性**：通过云化实现成本效益是关键决定因素之一。通过更大规模地提高基础设施的利用率、自动化程度、共享和运行；云提供商可以以较低的成本为其用户提供各种IT服务。该监视功能可及时提供所有数据和详细信息，以监视云应用程序的性能，实时了解资源利用率以及任何基础架构组件的棘手问题。

随着容器和无服务器功能的出现，监控解决方案的作用和责任在未来的日子里必然会升级。将业务应用程序和服务迁移到云端带来了许多好处和机会，可以为不断增长的数据库分配工作负载、交付应用程序和扩展资源。尽管可以轻松地手动或通过自动化建立云实例，但在庞大的环境中，云基础设施可能很难与丢失的资源或隐藏的实例进行映射。用于监控业务应用程序和IT服务的先进工具的知识发现与传播能力，有助于相关人员在出现任何问题时立即启动适当的活动。通过监控解决方案的仪表盘组件，决策任务得到简化和精简。此外，所有被收集、清理的数据都被仔细地储存在一个或多个存储环境中。最后一个关键步骤是进行数据分析。下文将介绍关于下一代数据分析的每一点，以进行诊断和认知分析。

11.5 预测和规范分析

任何运营环境都需要数据分析和机器学习功能，以便在日常行动和反应中实现智能化。影响深远的环境包括IT环境（传统数据中心或最近的云数据中心[CeDC]）、制造和装配车间、工厂运营环境、维护/维修和大修（MRO）环境。越来越多的重要环境中充斥着大量的网络化、嵌入式和资源受限的设备，以及密集型设备、工具集和微控制器。医院拥有越来越多的医疗仪器，家庭拥有大量的商品和器皿，例如联网的咖啡机、洗碗机、微波炉和消费类电子产品。制造车间拥有强大的设备、机械和机器人。车间、机械车间和飞行维修车库随着连接设备与仪器的填充而变得越来越复杂和智能。

网络物理系统（CPS）的概念指的是将物理与虚拟/网络世界无缝和安全地联系起来。物理资产以及机械和电气系统正在与支持云的本地应用程序和数据源相集成，以表现出独特和灵活的行为。通过这种集成和编排，自我感知、环境感知和情况感知的能力正在实现。这些数字化的实体和元素通过它们的互动、协作、关联和佐证产生了大量的数据。

因此，数据科学这一学科获得了巨大的普及，因为所产生的数据可以带来令人羡慕的洞察力。

随着数据中心和服务器群的发展与新技术的采用（虚拟化和容器化），确定这些变化对服务器、存储和网络性能有什么影响变得更加困难。通过使用适当的分析，系统管理员和 IT 经理可以在潜在的瓶颈和错误产生问题之前轻松地识别甚至预测它们。

各种商业机构和公司正在有条不紊地使用大数据分析技术来挖掘数据中心的运营数据，以发现各种 IT 系统之间迄今未见的关联性。此外，也可以了解新的工作负载对其基础资源产生了什么样的影响。随着流媒体和实时分析平台的出现，人们可以及时提取出行为和性能的洞察力，制定和推出适当的应对措施，以维持业务的连续性。也就是说，通过数据分析能力，现在可对系统性能水平有一个更深入和决定性的了解。如果存在任何性能下降的可能性，管理员和运营团队可以迅速考虑各种方案，提前克服任何潜在的性能相关问题。

在任何云中心中，都有许多服务器系统，例如裸机（BM）服务器、虚拟机（VM）和容器。此外，还有许多类型的网络元素，例如路由器、交换机、防火墙、负载均衡器、入侵检测和防御系统，以及应用程序交付控制器。除此之外，还有几种存储设备和阵列。云环境中的每种设备都将在不同时刻发出大量日志数据。所有这些日志数据都应通过自动化工具集进行仔细收集、清理和整理，以便及时提取可行的见解。当前有多个性能评估指标，并且每个大型企业中包含的适当的数据分析功能，可以确保对每个参与的设备进行预防性和预测性维护。在线基础设施、非本地/本地基础设施以及按需云基础设施的出现有助于加速 IT 数据分析过程。通过利用基础设施（软件和硬件）日志数据，可简化基础架构的自动化、监控、治理、管理和利用。

虚拟机监控器（VMM）和容器平台提供的数据对于全面分析虚拟数据中心是非常宝贵的。例如，Hypervisor 有很多信息，因为它的设计方式是使用大量上下文敏感的数据来准确分配虚拟资源。同样，在容器化的云环境中，容器监控工具也拥有大量的运维数据。提取 Hypervisor 和容器数据，并使用分析引擎将其提交给用于特定用途的分析，有助于确定与系统运行和性能相关的大量有用信息，由此生成的洞察力可以使管理员优化工作负载，并确定新的系统来承载工作负载的副本或承载更新的工作负载。不仅可以提取工作负载和虚拟机的情况，而且还可以提取物理机及其集群的状况，以供分析改进使用。

IT 团队需要对它们的 IT 基础设施和在其上运行的业务工作负载拥有完全的可见性。增强的可见性使得从底层基础设施到应用程序的整个堆栈的控制更为严格。为了确保高可见性、可控性和安全性，IT 团队需要智能软件解决方案来监控硬件和软件堆栈，管理大规模的计算集群，并自动处理常规但耗时的复杂操作，如故障处理、给操作系统打补丁、安全更新以及软件升级。

如今，机器学习（ML）算法非常流行。通过各种自我学习算法和模型使机器更智能，这是各种机器学习算法取得巨大成功的核心概念。由于数据大小、结构、速度和范围相差很大，因此有必要使机器本身无须任何人工干预、解释和指示即可捕获、存储和理解各种传入的数据。人为处理大数据是一项耗时且艰巨的任务。随着个人设备以及专业设备拥有大量的内存、存储容量和处理能力，未来必将属于认知系统和机器。

11.5.1 用于基础设施自动化的机器学习算法

随着云技术和工具的采用，IT 基础设施管理的自动化水平正在不断攀升。通过纳入和使用成熟的机器与深度学习算法，机器智能的获取和操作过程得以精心简化。也就是说，IT 机器正在被赋予智能的行动和反应，以实现基础设施优化的不同目标。IT 系统必须具有如下功能：自我学习并了解其运行状态和模式；自我防御任何恶意攻击（内部和外部）；通过数据关联和佐证来预测问题；预测不同的系统容量和能力需求并立即采取行动；对任何类型的异常情况及时发出警报；在任何性能下降、故障和失败的情况下进行自我诊断和自我修复；了解业务和运营策略；在不宕机的情况下自动升级硬件和软件系统。基础设施自动化的这一愿景正被机器和深度学习领域的大量进展所推动，这些进展是人工智能（AI）的关键部分。对人工智能感兴趣的其他研究领域包括计算机视觉、神经网络和自然语言处理等。

高度关注自动化有助于减少云中心的 IT 管理员数量。不仅是基本的云计算操作，还有一些复杂的操作，如资源使用监控和管理、需求预测、工作负载整合、资源（虚拟机和容器）放置和容量规划等，也都在实现自动化。当前有强大的 ML 算法可用于预测问题。有一些开创性的工具也被纳入云环境中，以巧妙和干净地执行不同的操作。

机器学习算法可方便地将有用的异常、模式、偏差、缺陷、关联和其他知识归零。机器可以自动学习并利用这些洞察力，从而在任何攻击（内部和外部）和负载高峰期间持续发挥作用。因此，大数据的实时分析是企业在向合作伙伴和用户提供优质服务方面领先于竞争对手的能力之一。

11.6 日志分析

每个软件和硬件系统都会产生大量的日志数据（大数据），为了快速了解是否有任何偏差或不足，有必要进行实时日志分析。这种提取的知识有助于管理员及时考虑对策。

如果系统地进行日志分析，则有助于与实现预测性和规范性维护。工作负载、IT 平台、中间件、数据库和硬件解决方案在共同完成业务功能时都会产生大量的日志数据。市场上有多种日志分析工具。

大家都知道，日志在 IT 行业发挥着重要作用。日志被用于各种目的，如 IT 运维、系统和应用程序的监控、安全和合规等。拥有一个标准化的集中式日志系统可以让软件开发人员的生活变得更简单。他们经常需要对应用程序进行故障排除、问题检测、加强应用程序的安全性、审查应用程序性能等工作。因此，应用程序的日志对于软件包的成功与否至关重要。集中式日志系统是一种共享服务，因其维护成本低、日志搜索简单和图形界面而闻名。因此，日志的收集、保留、摄取、处理在管理和加强任务关键型应用程序、大规模应用程序方面有很大的作用。

11.6.1　开源日志分析平台

如果需要在一个地方处理所有日志数据，那么可以选择被誉为同类最佳的开源日志分析解决方案 ELK。日志通常涉及错误、警告和异常。ELK 是 3 种不同产品的组合，即 Elasticsearch、Logstash 和 Kibana（ELK）。宏级别的 ELK 架构如图 11.3 所示。

图 11.3

- Elasticsearch 是一种搜索机制，它基于 Lucene 搜索来存储和检索其数据。在某种程度上，Elasticsearch 是一个 NoSQL 数据库。也就是说，它存储多结构的数据，不支持将 SQL 作为查询语言。Elasticsearch 有一个 REST API，它使用 PUT 或 POST 方法来获取数据。准确地说，Elasticsearch 是一个分布式的 RESTful 搜索和分析引擎，针对这个优秀而优雅的搜索工具，出现了许多用例。它可以发现预期和非预期的东西。Elasticsearch 可用于执行并组合多种类型的搜索（结构化、非结构化、地理和度量）。Elasticsearch 的速度非常快，可以在笔记本电脑上运行，也可以在数百台服务器上运行，以搜索 PB 级的数据。Elasticsearch 使用标准的 RESTful API 和 JSON。客户端可以使用许多编程语言进行编码，包括 Java、Python、.NET 和 Groovy。众所周知，Hadoop 是大数据分析中最明显和可行的机制，但 Hadoop 只能进行批处理。如果想对大数据进行实时处理，就可以考虑使用 Elasticsearch。这里说的都是利用 Elasticsearch 的实时搜索和分析功能，通过使用 Elasticsearch-Hadoop（ES-Hadoop）连接器来处理大数据。Elasticsearch 已经为实时且价格合理的日志分析做好了准备。

- Logstash 是一个开源的服务器端数据处理管道，可同时从多种数据源中提取数据，并在转换后将其发送到首选数据库。Logstash 还可以轻松处理非结构化数据。Logstash 内置了 200 多个插件，我们也可以自行开发插件。由于 Logstash 与 Elasticsearch 紧密集成，因此 Logstash 是将数据从众多数据源（系统和应用程序日志、Web 和应用程序服务器日志）加载到 Elasticsearch 数据库中的常见选择。Logstash 提供了许多预构建的过滤器，可以方便地重新转换成常见的数据类型，并在 Elasticsearch 中对其进行索引。

  Logstash 提供了相应的插件，可将 IT 服务器、业务应用程序和移动设备产生的非结构化和半结构化日志摄入 Elasticsearch 集群。Elasticsearch 对数据进行索引，并为实时分析做好准备。突出的用例包括应用程序监控和异常及欺诈检测。根据需要，有许多替代解决方案可以快速地将数据摄入 Elasticsearch 数据库。例如，Amazon Elasticsearch 服务提供了与它的一些其他服务的内置集成，如 Amazon Kinesis Firehose、Amazon CloudWatch Logs 和 AWS IoT，以无缝获取数据并进行分析。我们还可以使用一些开源的解决方案，如 Apache Kaka 和 Apache FluentD，来构建自己的数据管道。

- Kibana 是著名的 ELK 工具集中的最后一个模块，它是一种开源的数据可视化和探索工具，主要用于执行日志与时间序列分析、应用程序监视和 IT 运营分析（ITOA）。由于 Kibana 可以用来轻松制作直方图、折线图、饼图和热图，因此赢得了大量的市场份额。可以使用 Kibana 搜索、查看 Elasticsearch 索引中存储的数据，还可以进行交互。此外，通过这个独特的工具可以轻松完成包括图表、地图、图形和表格在内的高级数据分析和可视化。

- Logz.io 是 ELK 平台的商业化版本，是全球广受欢迎的开源日志分析平台。这是在云中以企业级服务的形式提供的。它的高可用性、牢不可破的安全性和可扩展性是与生俱来的。Logz.io 在本质上应用了高级的机器学习能力，可实时解决关键和未被注意的错误与异常。此外，它还抛出了可操作的上下文数据，以更快地解决隐藏的问题。Logz.io 带有一套分析和优化工具，随着数据规模的增长，它可以帮助企业大幅降低日志相关的整体费用。Logz.io 使用户能够在 5 分钟内启动 ELK，并轻松地执行和扩展。升级和容量管理则由服务提供商负责。Logz.io 平台的企业版在数据安全和隐私方面提供了企业级的安全。Logz.io 超越了 ELK 所取得的成就，创造了一个全面的日志分析平台，具有许多强大的功能，如集成警报、多个子账户和第三方集成等。Logz.io 内在地将预先建立的和特定用例的机器学习应用于整个数据，以及用户行为和社区知识，以精确识别异常情况。简而言之，它有助于实现数据驱动的洞察力，并做出由洞察力驱动的决策/行动。

11.6.2　基于云的日志分析平台

日志分析能力是由各种云服务提供商（CSP）提供的基于云的增值服务。微软 Azure 云为其用户/订阅者提供日志分析服务，它通过不断监测云和现场部署环境来做出正确的决策，最终确保其可用性和性能。这项独特的服务收集了由用户的云服务器、工作负载和数据库产生的各种日志数据。同样，它对用户的内部环境中的各种资源也执行相同的操作。当前有多种监控工具可部署在各种用户环境中，以便于进行战术和战略上的合理分析。Azure 云通过其 Azure 监控器拥有了自己的监控机制，它收集并仔细分析各种 Azure 资源所发出的日志数据。Azure 云的日志分析功能考虑了监测数据，并与其他相关数据相关联，以提供额外的洞察力。

同样的功能也可用于私有云环境。它可以通过多种工具从多个来源收集所有类型的日志数据，并将它们整合到一个集中的存储库中。然后，日志分析中的分析工具套件（例如日志搜索和用于查看彼此之间协作的视图）可为用户提供整个环境的集中了解。宏级别的体系结构如图 11.4 所示。

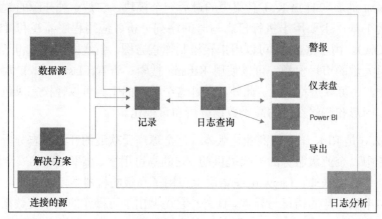

图 11.4

其他云服务提供商也可以提供该服务，AWS 是著名的提供商之一。Oracle 日志分析功能可以监控、汇总、索引和分析来自应用程序与基础设施的所有日志。这可使用户搜索、浏览和关联日志，从而更快地对问题进行故障排除，获得运营见解并及时做出更好的决策。IBM 通过汇总应用程序和环境日志并推断出正确的见解来增强 DevOps 团队的能力。IBM 日志分析可以将日志数据保留更长的时间,这有助于快速检测持久性问题并对其进行故障排除。日志分析工具的最重要贡献如下所示。

- **基础设施监控**:日志分析平台可轻松、快速地分析来自裸机(BM)服务器和网络解决方案的日志,例如防火墙、负载均衡器、应用程序交付控制器、CDN 设备、存储系统、虚拟机和容器。

- **应用程序性能监控**:分析平台捕获实时流式传输的应用程序日志,并采用分配的性能指标以进行实时分析和调试。

- **安全性和合规性**:该服务提供了不可变的日志存储、集中化和报告功能,以满足合规性要求。它具有更深入的监控和决定性的合作,以提取有用的洞察力。

11.6.3 支持 AI 的日志分析平台

还有很多常见的领域,如 IT 运营和 DevOps,都受了到了人工智能的决定性的影响。DevOps 的核心内容之一是监控和记录日志。对于 IT 管理员和运营经理来说,在一个集中的地方收集和汇总日志是很有好处的。通常情况下,这些日志可用于审计跟踪、根本原因分析和补救等目的。这个过程一直是手动的。也就是说,应用程序开发人员和网络专家不亚于疯狂地在一堆干草中寻找一根针,以检测在收集和储存的系统日志中是否存在异常或有趣的模式。今天,一切都以被动的方式发生。也就是说,如果有任何停机、中断和偏差,系统日志就会被收集起来,并接受各种调查,以获悉导致速度减慢和故障的原因。将 ML 引入日志分析后,系统通过变得主动和先发制人而变得智能起来。可将 ML 算法应用于日志,以自动检测异常模式,使系统具有自适应性。

根据 Gartner 的报告,AIOps 平台可解决数据收集、存储、分析引擎和可视化需求。它们可通过应用程序编程接口(API)与其他应用程序集成,以实现平稳的数据提取。在以下用例中,AIOps 平台被认为是最有效的。

对来自监控工具的事件流进行后期处理:

- 与 IT 服务管理工具进行双向交互;

- 可能与自动化工具集集成,以实现平台提供的规范性信息。

算法形式的 IT 运营(AIOps)利用成熟和潜在的人工智能算法,帮助企业顺利实现数字化转型的目标。智能数字技术和工具的采用带来了数字化的创新、颠覆和转型。IT 对数字化转型的作用和责任必将增长、焕发。AIOps 被当作大幅降低 IT 运营成本的前进方向,它将分析 IT 基础设施和业务工作负载的过程自动化,向管理员提供有关其运行和性能水平的正确细节。AIOps 对每一个参与的资源和应用程序进行细微的监控,然后智能地制定各种步骤来考虑它们的持续健康发展。AIOps 有助于实现 IT 和业务系统的预防性、预测性维护的目标，并为解决问题提供清晰的规范性细节。此外，AIOps 让 IT 团队通过识别和关联问题进行根本原因分析。随着日志数据量的指数级增长，人工智能算法所做决定的准确性往往非常高，随后的操作也将变得完美和精确。人工智能算法能够根据当前和历史数据提出适当的建议。

11.6.4　Loom

Loom 是一家领先的 AIOps 解决方案提供商。Loom 的 AIOps 平台始终如一地利用出色的机器学习算法来轻松快速地自动化日志分析过程。ML 算法的实时分析功能使企业能够找到问题的正确解决方案，并加速完成解决方案的任务。Loom 提供了一个由 AI 驱动的日志分析平台，可以预测各种迫在眉睫的问题并制定解决步骤。人们可以快速发现覆盖或异常检测，并在这个 AI 为中心的日志分析平台的帮助下，制定具有战略意义的解决方案。

日志通常是由 IT 基础设施、业务工作负载和数据库不断生成的，所有这些组件都大量存在于企业和云 IT 环境中。随着计算集群和存储阵列的广泛使用，日志被越来越多地收集和整理，以产生用于排除应用故障的技巧和技术，并实现业务目标。

11.6.5　企业级别的日志分析平台

为了提高业务效率和客户满意度，企业正在进行多方面的工作。基础设施的自动化是任何企业不断创新、转型的最不可缺少的活动之一。业务流程被不断完善和合理化，以达到精简的目的。随着出色的架构风格和模式被吸收，以及开创性技术和工具的识别与利用，IT 和业务具有了许多可感知的变化。随着世界各地企业的快速增长，IT 部门的业务也必须同样增长，以适应业务的发展和变革。日志分析在塑造企业和它们的"转型之旅"中起到了坚实和可持续的作用。这里的重点是，我们需要企业规模的日志分析流程和平台。准确地说，任何一个企业，如果有内在的能力来实时捕捉和压缩日志数据，就可以系统地和明智地得以发展。

Splunk 是一个企业平台，可分析和监视各种数据，例如应用程序日志、服务器日志、点击流、消息代理、队列和 OS 系统指标。Splunk 具有易于使用且功能多样的用户界面，可加快日志分析过程。Splunk 同样擅长分析机器数据。我们都知道，随着日常的设备和机器相互集成，通过它们有目的的交互所产生的结果是大量的多结构数据。当使用自学习算法对获取的机器数据进行有条理的处理和挖掘时，可以立即发现知识，并且当提取的知识被传播到制动机器时，就会出现一堆更为智能的机器。

了解了日志数据的重要性之后，公司对购买日志分析工具会表现出极大的兴趣，这些工具可以优化 IT 系统、业务应用程序和连接的机器，并延长其使用寿命。此外，通过日志分析还可以够优化业务流程。

11.6.6 日志分析平台的关键功能

硬件和软件基础设施产生了大量的异质性日志。日志主要提供丰富的上下文细节，以及系统的描述。日志有助于正确预测和诊断系统的情况。然而，这里的挑战在于，手动准备和解释多结构、大规模的日志确实是一件困难的事情。人工智能（机器学习和深度学习）算法的快速成熟和稳定、通过云数据中心（CeDC）实现的 IT 基础设施集群的更大可承受性，以及分析平台的日益多样化，对于海量日志数据的实时分析来说确实是一个好消息。

最近的日志分析解决方案是由人工智能驱动的，可以发现模式并预测即将发生的问题。同时，日志分析软件解决方案越来越有能力为缓解预测到的问题提供方法和手段。简而言之，日志数据被转化为信息并被调整为知识。它们可以解开迄今为止的未知模式，从而告知决策者和运营团队相关的隐藏问题与限制。此外，通过日志分析还可以提出战术和战略上合理的解决方案，以克服明确和突出的问题。一个典型的日志分析平台的关键能力包括以下内容。

- **自动化日志解析**：该平台可流式传输来自任何应用程序的所有日志，并自动进行实时分析，以产生有用的见解。

- **问题预测和关联**：它可以预测 IT 环境中的问题，检测隐藏的问题，并在所有应用程序之间关联事件。

- **端到端根本原因分析**：它利用 AI 领域的惊人发展实时地了解问题的根本原因。

- **建议的解决方案**：该平台利用所有上下文信息丰富了检测到的问题。然后，利用不断增长的知识库，实时提出建议的解决方案和行动项目。

11.6.7 集中式日志管理工具

对全球的企业和云计算 IT 团队来说，集中式日志管理工具都是一个极其重要的工具。这种解决方案通常从一个单一的仪表盘上连接和管理所有的硬件与软件，从而提供所需的 360°视图。这种设置通过主动识别隐藏的问题，甚至及时纠正这些问题，实现了系统监控和维护。所有这些都是通过对应用程序和基础设施日志的监控来实现的。专家将日志定义为事件发生时的正式记录。因此，日志管理工具可收集、储存和处理日志数据，以快速识别任何异常或异常值，并及时采取纠正措施，以延长系统的寿命。未来的日志管理工具不仅要收集日志，而且还要进行更深入的日志分析，以得出可操作的、对环境有敏感认识的洞察力，从而解决与日志来源和日志记录格式无关的问题。日志管理解决方案的主要好处可以归纳为以下几点。

- **任何日志和任何格式**：日志可以源自任何来源，并且日志数据的格式可以尽可能多样化。由于 IT 系统、软件服务和机器的快速增长，日志数据通常会很大。尽管如此，该系统仍必须拥有足够的能力来处理和理解它。

- **适应性强**：日志管理系统可以在本地或远程部署。它可以是集中式或分散式的。根据企业不断变化的需求，该系统必须进行相应的调整，以敏锐的方式聚集和发布见解。

- **实时数据分析**：如今，速度至关重要。随着大数据实时处理技术和工具的可用性，未来的日志管理软件将能够进行实时决策和交付。

- **更长的原始数据保留时间**：日志必须保留更长的时间，以便将当前数据与历史数据合并以得出准确的结果。

其他的合规性要求也越来越多地被日志管理解决方案所满足。因此，对 IT 系统和业务工作负载的故障排除来说，与日志分析算法和平台相关的日志分析是一个重要的功能。性能指标和数据经过分析后，可以为性能专家和软件开发人员提供正确的线索，以设计高性能的系统。

11.7 IT 运营分析

上一节讨论了日志数据及其分析。当前有许多日志管理工具和日志分析平台可获取与各种软件与硬件系统相关的实时信息。通过积极关注系统问题，所得出的见解对于稳定和增强各种系统大有帮助。还有各种系统的运行数据。来自 IT 系统的数据包含对系统使用、用户体验和行为模式的宝贵见解。还有运营分析平台和引擎（例如 Splunk 软件）可用于监控、搜索、分析、可视化和处理来自任何来源、位置或具有任何格式的大量实时和历史机器数据流。这里列出了运营分析的主要优势：

- 具有丰富的运营见解；

- 降低 IT 成本和复杂性；

- 提高员工生产力；

- 识别并修复服务问题以增强用户体验；

- 获得对业务运营、产品和输出至关重要的见解。

为了促进运营分析，还存在一些集成平台，其作用如下：

- 对应用程序进行故障排除，调查安全事件并在几分钟（而不是几小时或几天）内满足合规性要求：

- 分析各种性能指标以增强系统性能；

- 使用报告生成功能以首选格式（地图、图表和图形）指示各种趋势；

- 了解使用模式和地理趋势，以及了解用户与数据负载；

- 通过使用实时通知主动解决问题，从而降低平均故障间隔时间（MTBF）；

- 获得资产清单、容量分配和资源消耗的端到端可见性。

因此，运营分析功能可方便地捕获运营数据（实时和批处理），并对其进行处理以产生可操作的见解，从而实现自主系统。此外，运营团队成员、IT 专家和业务决策者也可以在必要时获得有关制定正确对策的有用信息。所获得的运营见解也传达了需要采取哪些措施来增强被调查系统的能力，以实现系统的最佳性能。

11.8 IT 性能和可扩展性分析

理论和实际性能极限之间通常存在很大差距。挑战在于如何使系统在任何情况下都能达到其理论性能水平。由于各种原因，所需的性能水平会受到影响，这包括不良的系统设计、软件中的 bug、网络带宽不足、第三方的依赖性和 I/O 访问。中间件解决方案，如适配器、连接器和驱动程序，也会造成系统性能的下降。系统的性能必须在任何负载（用户、消息和数据）下得以保持。与系统性能相关的指标有每秒请求数（RPS）、每秒交易量（TPS）等。性能测试是识别性能瓶颈和充分解决它们的一种方法。测试是在投入生产之前进行的。

现在，软件正在生产服务器中运行，这里要做的是有意识地持续收集各种运营数据、使用数据和行为数据，以了解性能挑战并思考提高和维持性能的方法与手段。此外，应用程序的使用数据有助于激活自动扩展引擎，以提供更多的服务器，为用户持续提供指定的服务。

除了系统性能之外，应用程序的可扩展性和基础设施的弹性是其他突出要求。有两个可扩展性选项，如下所示：

- 纵向扩展以充分利用 SMP 硬件；

- 横向扩展以充分利用分布式处理器。

也可以同时具有这两个选项。也就是说，纵向和横向扩展是将两个可扩展性选择结合在一起。在日益分散的计算时代，随着虚拟机和容器的快速增长，水平可扩展性（横向扩展）变得越来越重要并占主导地位。通常需要花费几分钟的时间来调配虚拟机，并且可以同时创建许多 VM。而容器的生产需要花费几秒钟的时间，因此通过使用轻量级容器可以轻松实现近乎实时的可扩展性。

　　每个公司都充斥着大量的内部和外部数据。公司正在利用 IT 能力来收集和处理产生的数据，以便从数据中获得可行的洞察力。由于数据的大量增长，实时处理数据对数据分析团队来说是一个挑战。实现 IT 产业化的云化和其他举措，如分区（虚拟化和容器化）和消费化概念，正在通过一系列先进的自动化工具得到实施。这些进步不仅满足了企业高管、决策者和其他利益相关者的不同期望，而且产生了大量的多结构数据。通过调整或扩展器 IT 基础设施和应用程序以适应数据量突然激增的企业，可以更合理地处理这些数据冲击。使用多个粗粒度的资源（如虚拟机和容器），可以方便地并行执行任务。这里的重点是，底层 IT 基础设施具有内在的弹性，可以保证应用程序的可扩展性。

　　与资源利用相关的数据有助于实时和动态地制定启用自动扩展所需的步骤。如果在内存的使用和处理内核（processing core）方面出现阈值中断，则可以激活自动扩展模块。因此，可扩展性分析是后期阶段的一个重要组成部分，用于维持和增强 IT 系统与业务应用程序。可扩展性分析准确回答了什么时候、有多少额外资源（裸机服务器、虚拟机和容器）以及哪些配置和其他问题，以便资源的弹性可以在没有很多麻烦和障碍的情况下实现资源弹性。当应用程序具有内在的可扩展性和弹性资源时，就有可能使用弹性环境来处理计划外的数据和用户负载。

11.9　IT 安全分析

　　IT 基础设施安全、应用安全和数据（静止的数据、动态的数据和使用的数据）安全是三大安全挑战，有一些安全解决方案可在不同的层面上处理这些问题。访问控制机制、密码学、散列、摘要、数字签名、水印和隐写术是众所周知和广泛使用的一些方案，可以确保不可穿透和不可破解的安全。还有一些安全测试和道德黑客可帮助识别任何安全风险因素，并在萌芽阶段就将其消除。在部署无缺陷、安全关键型的软件应用程序时，需要仔细挖掘各种安全漏洞和威胁。在后期阶段，要从软件和硬件产品中提取与安全有关的数据，从而精确细致地提出安全见解，进而大大增强安全专家和架构师的能力，以提出可行的解决方案，确保 IT 基础设施和软件应用的最大安全保障。

11.10　根本原因分析的重要性

　　服务停机时间的成本正在增长。有可靠的报告指出，停机时间的成本在每分钟72,000～100,000 美元。识别根本原因（平均识别时间，MTTI）通常要花费数小时。对于复杂的情况，该过程可能需要花费数天的时间。由于各种原因会导致 MTTI 太长，能加速 MTTI 的工具也不多见。我们需要能胜任的工具，通过将来自不同 IT 工具（如 APM、ITSM、SIEM 和 ITOM）中的数据与开放式 API 连接器相关联，可以丰富价值。因为微服务及其实例在容器上运行，因此 IT 团队需要管理数百万个数据点，这就需要使用高度先进和自动化的工具。开创性的 AI 算法通常用于自动精确地查找根本原因。

根本原因分析被当作一项重要的在部署后期应该采取的活动，可以准确地指出任何软件应用程序中的错误及其根源。如前所述，任何标准化的 APM 解决方案都会显示出应用程序抛出的每个错误和异常的堆栈跟踪。在每个异常的顶部，APM 软件显示错误的来源是哪个类和方法。但是，根本原因分析的本质是要进一步深入到根源，了解原因。有一些软件解决方案可以简化根本原因分析的工作。

通过显著缩短测试和发布周期（从几周缩短到几天），持续交付的采用正在以指数方式增加将错误引入生产的可能性。

OverOps 在过渡性部署和生产阶段分析代码，以自动检测并提供所有错误的根本原因，而无须依赖日志记录。OverOps 可显示每个错误和异常的堆栈跟踪，它还显示了引发该错误或异常的完整源代码、对象、变量和值，这有助于确定代码中断的根本原因。OverOps 将超链接注入异常的链接中，从而能够直接进入导致异常的源代码和实际变量状态。OverOps 可以与所有主要的 APM 代理和分析器共存于生产环境中。通过一起使用 OverOps 与 APM，可以监视服务器的响应迟缓和错误，并能够深入探究每个问题的根本原因。

11.10.1 OverOps 增强了日志管理

日志最强大的用例是进行故障排除，即日志文件中包含记录的错误、警告、捕获的和未捕获的异常。在大多数情况下，必须分解信息以了解在生产环境中执行代码时出了什么问题。

就管理日志记录而言，主要的挑战是它们往往包含难以管理的条目数量，需要手动在干草堆中找到针。OverOps 通过在现有的日志文件中插入超链接来帮助进行调试，这样运维人员和开发人员就可以立即看到每个事件背后的堆栈、来源和状态。OverOps 还可以对日志文件的内容进行去重，以减少运维噪声以及用于分析它们的时间。可以在 JVM 级别实时检测异常和记录错误，而不需要依赖于日志解析。

应用程序流分析：该功能采用控制和数据流细节来查找应用程序和事务错误。通过分析特定的应用程序，可以测量单个事务的性能。应用程序映射工具可以在单个应用程序流中可视化业务应用程序中的故障、警报和故障单。

- 它会自动发现基础设施拓扑以及代表整个业务应用程序的流。

- 如果选择特定的流，则可以可视化在整个基础设施上采用的路径。

- 通过应用故障或警报覆盖，可以可视化受其影响的特定流。

业务事务分析：与深入分析事务及其性能有关。事务明细提供了许多可供使用的有用信息。

- 通过分析业务事务的性能来加深了解。

- 可以查看成功和失败事务的数量、它们随时间的响应时间，以及应用程序服务层中每个跃点的延迟。

- 通过单击失败的事务，可以识别 JVM 中发生故障的特定 Java 代码。

- 该信息可以传递给 Java 开发人员，供其修复使用。

当前有几种方法和解决方案正在推出，可以为开发可靠、有价值的软件应用程序和 IT 基础设施提供帮助。这些完善、进步和增强在 IT 的各个层面得到了体现。研究人员正在深入研究，以确定迄今为止未知的局限性和各种问题的根源，从而揭示一个实施和确保 IT 可靠性的工具的生态系统。

11.11 总结

业界正在战略性地规划和执行有一些活动，以增强企业、边缘和嵌入式 IT 的弹性、健壮性和多功能性。人们普遍认为，数据分析和机器学习领域将成为企业满足其客户、消费者不同期望的关键优势。本章介绍了各种数据分析，旨在让你对应用程序、中间件解决方案、数据库和 IT 基础设施有更深入的了解，从而有效地管理它们。机器学习算法能够形成自我学习模型来预测问题，并规定可行的解决方案来克服这些问题。因此，数据分析方法和 ML 算法在实现有弹性的 IT 时很有帮助。其他重要的方面还包括通过静态和动态代码分析来主动识别软件代码中的错误，提高应用程序的可靠性。

下一章将介绍是什么让多云方法正在获得前所未有的市场份额并赢得大众的认可，以及背后的原因。

第 12 章
服务网格和容器编排平台

未来要求企业利用多云资源来成功实现业务运营的自动化。迄今为止，云的"旅程"就像坐过山车一样。云通常具有在线的、按需的和非本地的特性。当前有公有云、私有云和混合云，可以满足不同地区和不同需求。许多以用途为中心的云和不可知的（agnostic）云（本地和远程）由越来越多的计算资源组成，如裸机服务器、虚拟机和容器。其他重要的云资源包括存储、网络和安全解决方案。还有一个值得注意的发展是，由于边缘/雾计算范式的有意识采用，边缘/雾设备云正在迅速出现和发展。我们日常环境中的很多设备（个人设备和专业设备）正通过中间件解决方案精心组合在一起，形成开创性的雾/设备云。边缘设备云是为了满足实时数据采集、清理和处理的需要，这产生了实时和可操作的洞察力，这反过来又循环到各种执行设备和应用程序，以熟练地完成以人为中心、特定于环境和时间敏感型的任务。因此，毋庸置疑，云计算之旅已经走上了正轨。可以毫不夸张地说，云计算范式被定位为所有类型的业务发展和革命的一站式 IT 解决方案。

最近，全球的企业都对采用多云战略产生了浓厚的兴趣，这被称为商业机构最安全、最明智的举措。随着用于构建混合云的技术和工具得以巩固，采用多个云来托管和运行各种业务工作负载的趋势正在引起更微妙和坚实的关注。因此，本章将专门介绍为什么多云方法正在获得前所未有的市场份额并赢得大众的认可。此外，为了确保服务的弹性，还需要用到几个基础设施。

本章将介绍以下内容：

● 数字化转型；

● 数字化时代的云原生应用程序和支持云的应用程序；

● 服务网格解决方案；

- 微服务 API 网关；

- 通往容器化云环境的"旅程"；

- 用于容器化云的 Kubernetes 平台日益坚固。

12.1　关于数字化转型

数字化技术和工具正在变得越来越普及和有说服力。全球各国/地区在观察和吸收数字化过程、平台、模式与实践方面相互竞争，以构建具有内在敏感性、感知性、决策性、响应性和主动性的下一代智能系统。各种各样的商业机构都在急切地制定战略，以便在其运营、产品和产出方面实现优雅的数字化。社会正在意识到数字化（边缘）和数字化技术的重大影响。IT 组织同样热衷于推出一系列数字化支持解决方案和服务。机构、创新者和个人都对数字化颠覆和创新的策略与战略意义深信不疑。随着人们对数据化技术的业务利益、技术利益和用户利益的理解不断加深，数字转型的清晰度和重要性也在不断提升。相关的数字化技术有数据分析（大数据、实时数据和流式数据）、企业移动性、IoT、AI、微服务架构、容器化云环境等。

不仅是我们的电脑，而且我们的日常设备、手持设备、可穿戴设备、医疗器械、无人机、工业机器人、消费电子产品、国防设备、制造机器、家用电器和各种用具，都在系统地相互连接，并与远程软件应用程序、服务和数据库相连。当前有大量的连接器、驱动程序、适配器和其他中间件解决方案，以实现数字化人工制品、连接设备和基于云的应用程序之间的智能连接。物理世界和网络世界之间存在着密切的联系，这种更深入和决定性的连接产生了高度集成和有洞察力的系统、网络、应用程序和环境。所有参与者和组成人员之间的所有预期、非预期的交互都会产生大量的多结构化数据。也就是说，不同的数据速度、结构、模式、范围和大小，为更大、更光明的可能性和机会奠定了基础。连接性和认知技术很好地结合在一起，加速了数字化转型。微服务的渗透与参与、容器化运动、容器编排平台的出现、服务网格解决方案和 API 网关更是加速了数字化转型和 IT 可靠性的实现。

12.2　数字化时代的云原生应用程序和支持云的应用程序

因此，设想中的数字化时代涉及并应用了许多尖端技术。吸收适当的技术是构建数字化应用程序的重要因素。除了不断增长的技术之外，还需要更加完善、精细的流程，需要对传统流程进行各种增强、合理化和优化。我们还需要适合构建模块化应用程序和简化数据管理的架构。微服务架构（MSA）被认为是以敏捷方式设计模块化应用程序的下一代架构风格。大规模的单体应用程序正在被有条不紊地分割为可互操作、可公开发现、可通过网络访问、可移植和可组合的微服务的动态池。通过成熟的 MSA 模式设计的智能应用程序，可以轻松实现分布式和分散式的应用程序。此外，还有许多成熟和稳定的设计模式可用于开发和部署以微服务为中心的应用程序。

最后，这些都与数字化应用程序、平台和基础设施有关。我们需要用于设计、开发、集成、交付和部署平台的集成平台。就用于部署平台和应用程序的 IT 基础设施而言，多云战略因其各种策略和战略优势而广受青睐。也就是说，利用多个云资源来托管和运行以微服务为中心的应用程序，被认为是一项具有战略意义的举措。当前有很多先进的平台解决方案可用于支持云编排、管理、治理、安全、代理等。对于容器化的微服务时代，有许多自动化的解决方案，如容器集群、编排和管理平台、API 网关和管理套件、服务组合（协调和编排）工具、面向弹性微服务的服务网格解决方案等。因此，不仅大规模的单体应用被精心地现代化为交互式微服务的集合，以便在多个云环境中迁移和运行，而且以微服务为中心的应用也在被设计、开发和部署在云环境中，以获得云理念最初表达的所有好处。

多云资源正在被用来托管和运行数字化应用程序，如前所述，MSA 是对传统应用程序进行现代化改造的首选架构范式。新的应用程序正在使用 MSA 模式、流程和平台从头开始开发。此外，在平台方面，我们有各种开发、部署、交付、自动化、集成、编排、治理和管理平台，以加快在裸机（BM）服务器、虚拟机（VM）和容器上实现与运行大量微服务的过程。数字化基础设施通常包括商用服务器、高端企业级服务器、超融合基础设施、硬件设备和混合云。数字化 IT 领域的进步和成就带来了许多令人愉悦的转变。随着越来越多的企业利用开拓性的数字技术进行创新，数字化转型正在加速。

12.3　服务网格解决方案

从技术上讲，服务网格是一个额外的软件层，专门用于以可靠的方式处理各种服务与服务之间的通信。支持云的应用程序和云原生的应用程序正在由微服务组成。对于可靠的云应用程序，服务交互的弹性必须通过技术上先进的解决方案得以保持。

服务网格解决方案旨在承担每个微服务的服务通信责任。服务网格充当代理，解释并实现微服务之间的网络通信。有几种支持弹性的设计模式，如重试、超时、断路器、负载均衡、容错、分布式追踪、可观察性指标集合等，所有这些都以最佳方式实现并插入到任何服务网格解决方案中。服务网格是大使模式的一个典型例子，大使模式是一个代表应用程序发送网络请求的助手服务。服务网格解决方案的主要特点如下所示。

- 确保根据各种参数（例如观察到的延迟或未完成的请求数）在会话级别提供负载均衡。与传统的第 4 层负载均衡相比，这可以大大提高服务性能。

- 可基于 URL 路径、主机报头、API 版本或其他应用程序级规则执行第 7 层路由。

- 理解所有 HTTP 错误代码，并可以自动重试失败的请求。可以配置最大重试次数以及超时时间。

- 提供了断路器功能。如果一个服务实例始终不响应客户的请求，那么服务网格中的断路器将暂时把该服务实例标记为不可用。一段时间后，断路器将再次尝试该实例。

- 利用服务指标。服务网格精确捕获有关服务间调用的所有正确和相关的指标，例如请求量、延迟、错误、成功率以及响应大小。

- 通过为请求中的每个跃点添加相关信息来启用分布式追踪。

- 对服务到服务的调用执行相互的 TLS 身份验证。

- 带有服务注册表和发现功能。

图 12.1 所示为宏级别的服务通信弹性。

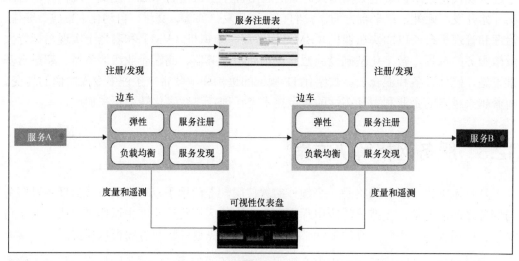

图 12.1

服务网格规范有一些有趣的实现，其中最突出的是 Linkerd、Istio 和 Conduit。Aspen Mesh 一个是商业版本。

12.3.1　Linkerd

Linkerd 是一个基于 Finagle 和 Netty 构建的开源服务网格，它可以运行在 Kubernetes、DC/OS 上，也可以运行在一组简单的机器上。这是一个用于 Kubernetes 的超级轻量级和独立的服务网格。它是云原生的，可以快速诊断运行时问题，并获得可操作的服务指标。它可以在几秒钟内完成安装，其设计是增量的和可组合的。Linkerd 为任何 Kubernetes 服务提供即时的 Grafana 仪表盘和 CLI 调试工具，无须在集群范围内安装。它提供了以下服务网格功能：

- 负载均衡；
- 断路器；
- 重试和截止日期；
- 请求路由。

它可以捕获顶级的服务指标，如请求量、成功率和延迟分布。凭借其动态请求路由，它可以使用一种称为委托表（dtabs）的强大语言（见图 12.2），以最少的配置实现暂存服务、金丝雀部署和蓝绿部署。

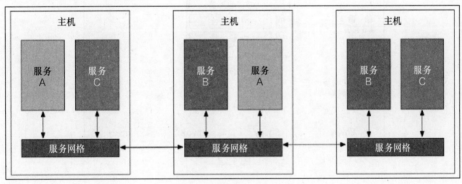

图 12.2

12.3.2　Istio

Istio 是一个开源平台，提供了一种独特的方式来连接、保护、管理和监控微服务。它支持微服务之间的流量整形，同时提供丰富的遥测功能。它通过路由规则、重试、故障转移和故障注入来确保对流量的细粒度控制。Istio 支持访问控制、速率限制（节流）和配额设置，如图 12.3 所示。

Istio 建立在久经测试的 Envoy 上。Envoy 是使用 C++语言编码的，如图 12.4 所示。

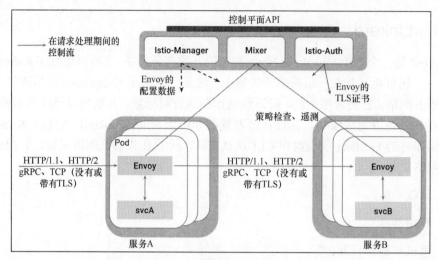

图 12.3

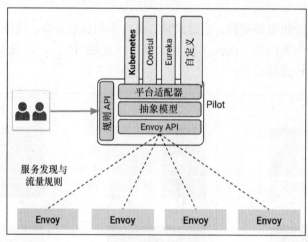

图 12.4

Pilot、Mixer 和 CA 是控制平面中的关键模块。它们简化了所有的配置要求、策略建立/实施以及控制流程。数据平面由 Envoy 代理来控制。数据平面协调所有的服务请求和数据通信。Envoy 代理收集各种度量标准的详细信息并将其发布到 Mixer。当前有几个流行的监视工具，其中一个是 Prometheus。图 12.5 可以帮助我们更好地理解。

Envoy 是第 4 层和第 7 层反向代理。它可以基于规则进行复杂的流量管理。这使得运营团队的基础架构非常灵活。例如，图 12.6 显示了如何将 1% 的流量路由到备用路由以进行 A/B 测试。

可以通过将策略变更推送给 Envoy 来实现这一目标。Envoy 还可以基于 HTTP 报头执行用于流量控制的第 7 层路由，如图 12.7 所示。

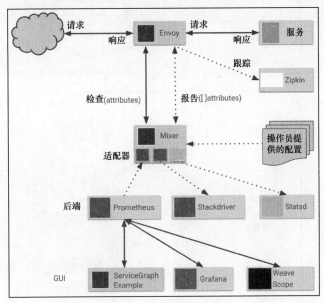

图 12.5

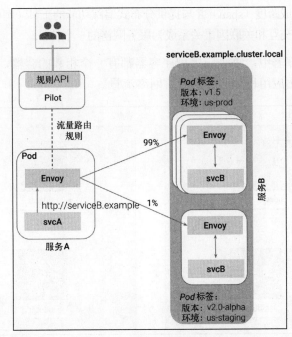

图 12.6

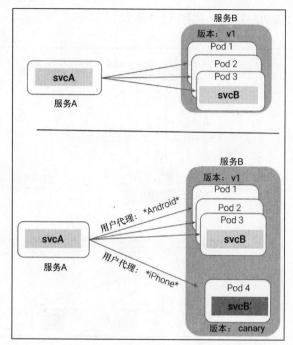

图 12.7

Envoy 还负责生成跨度（span）并与提供分布式追踪功能的工具（例如 Zipkin）集成，这使观察复杂的分布式交互和关联因果关系成为服务网格的一个特征。

在这些类型的部署中，每个应用程序容器都有一个相邻的容器，如图 12.8 所示。sidecar 容器处理进出应用程序容器的所有网络流量。

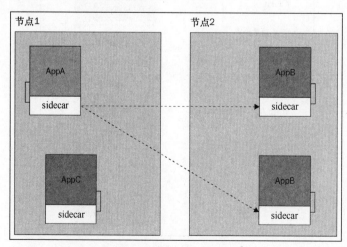

图 12.8

sidecar 是一种为应用程序提供服务的新颖方式。它特别适合于容器和 Kubernetes。sidecar 部署模型绑定到与单个服务相同的信任域,这大大降低了攻击面。这种类型允许服务围绕使用可加密验证身份的服务间通信实施细粒度策略。例如,服务 A 可以被配置为只允许调用服务 B,而这种交互将由代理通过使用 Istio CA 的 mTLS 证书进行管理和授权(见图 12.9)。

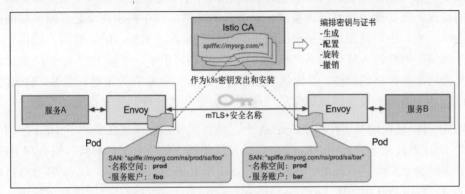

图 12.9

表 12.1 所示为入口和出口之间的区别。

表 12.1

入口功能	出口功能
认证	服务认证
授权	负载均衡
速率限制	重试和断路器
分级卸载	细粒度路由
遥测	遥测
请求追踪	请求追踪
故障注入	故障注入

除了这些功能之外,出口还提供了注解,可用于将流量重定向到 Kubernetes 上的服务。

Istio 解决方案是为了解决开发者和运营商在从单体应用程序向以微服务为中心的应用程序转变时所面临的问题。随着全球企业广泛采用多云战略,服务发现、负载均衡和故障恢复也变得更加复杂。Istio 也正部署在多云环境中。

可视化 Istio 服务网格

Kiali 是一个开源项目,可与 Istio 一起使用,以可视化服务网格的拓扑。Kiali 包含一些功能，可以在粒度级别上映射流、虚拟服务、断路器、延迟和请求速率。它提供了对 Istio 服务网格中微服务的行为/模式/动作的洞察。Kiali 还包括 Jaeger 追踪以提供分布式追踪，从而提供了一个统一的界面来监控和管理服务通信。

Istio 间接降低了部署的一些痛苦。Istio 作为一个服务网格，提供了用于保护服务间通信的模式，例如使用断路器、重试、超时等的容错，其中路由决策是在网格层面完成的，这样一来，用户就无须在平台层面来执行这些操作。另外，Istio 给用户提供了一个为服务级别的网络注入依赖关系的机会，而 Kiali 则提供了一个强大的 Web 框架，以可视化复杂的服务网格的架构，并提供功能指标，以轻松收集有关策略、延迟、响应时间，以及已送达的请求和接收请求等信息，这使得制定具体的规则集变得更加容易。

Kiali 可以轻松地部署在 Kubernetes 上，所有组件都应部署在安装了 Istio 控制平面组件的 Istio 系统命名空间中。Kiali 会自动发现集群上的所有工作负载、服务和 Istio 规则，并按照命名空间进行隔离。使用新的 Istio 和 Kubernetes，Istio-proxy 容器将自动注入到 Pod，在该 Pod 中使用 `istio-inject = enabled` 对命名空间进行了标记，从而无须使用显式的 `kubectl` 注入。

12.4　微服务 API 网关

微服务架构（MSA）凭借其强大的功能和独特的能力，在敏捷应用程序设计、开发和部署方面的优势不断加强。随着多家第三方工具和平台供应商的持续贡献，MSA 正在加速发展。全球各地的计算机科学家、IT 专业人士和学术教授正在带来欣喜的进步，这使得 MSA 在 IT 领域具有突破性和普遍性。本书其他章节中已经详细介绍了这种具有战略意义的应用程序架构模式，也讨论了 MSA 的各种贡献，比如渗透性、参与性和开拓性。下文将讨论对 API 网关解决方案和 API 管理套件的需求，以及它们是如何轻松实现 MSA 目标的。

简而言之，API 网关是一个代理，它包含有关主微服务端点的信息。在请求验证、内容过滤、身份验证和授权之后，它会调解、路由和调用相应的端点。图 12.10 所示为 API 网关的功能视图。

通常，企业级的任务关键型应用程序由数百个微服务组成。API 网关有助于为外部使用者提供统一的入口点，而不管内部微服务的数量和构成。典型的 API 网关具有以下能力：

- 内容攻击防护（CAP）；
- 安全策略配置和实施；
- API 注册和发布；

- 路由和服务调解；

- 流量管理和消息节流；

- 监控微服务以确保 QoS 属性满足其目标。

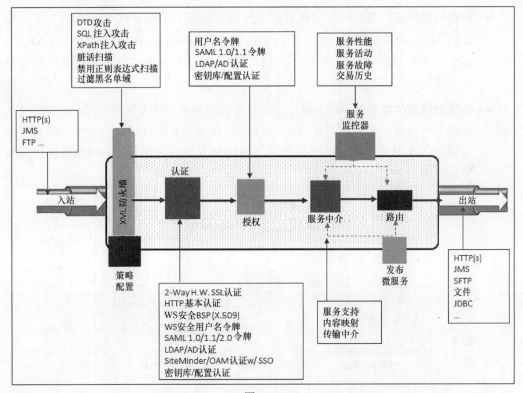

图 12.10

简而言之，API 网关提供了一个跨越一个或多个内部 API 的统一的 API 入口点。用户可能通过不同的设备（Web 浏览器或应用程序、移动浏览器或应用程序等）进入 API 网关。他们可能期待接收到的响应在结构上是不同的。API 网关聚合来自各种客户工具的请求，并将聚合后的请求呈现给目标服务，以便于进行所需的处理。

12.4.1 API 网关对以微服务为中心的应用程序的好处

随着时间的流逝，API 网关对微服务的贡献正在增长。API 网关通常可以提供如下保障。

- **对外部客户端隐藏内部的更改**：API 网关将外部公共 API 与内部微服务 API 分开。这种分离为微服务提供了灵活性和大量的管理功能。可以将微服务进行替换、停用、更新等操作，而不会影响外部客户端。

- **微服务的严格安全性**：API 网关可以将恶意攻击扼杀在萌芽阶段或传播阶段。它充当各种安全攻击（例如 SQL 注入、XML Parser 攻击和 DoS 攻击）的附加安全层。

- **通信协议转换**：面向外部的微服务 API 主要与基于 HTTP 或 REST 的 API 一起提供。但是内部微服务提供了不同的通信协议，例如 MQTT、AMQP、CoAP 等。API 网关能够在不同的协议之间进行同步，以便微服务之间能够轻松地相互查找、绑定和利用。

- **降低微服务的复杂性**：每个参与的微服务都需要进行许多横向活动，这些活动从微服务中提取出来并累积在 API 网关中。微服务只专注于业务功能，所有管道均通过 API 网关完成。图 12.11 所示为 API 网关解决方案如何将微服务连接到服务客户端。

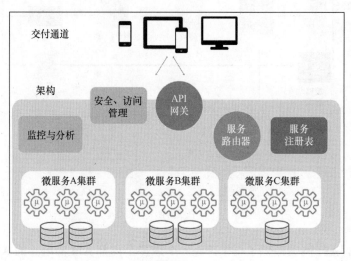

图 12.11

网关还通过记录用于分析和审核、负载均衡和缓存的数据来提供帮助。图 12.12 所示为网关通常如何适应整个微服务架构。

API 网关已经成为最重要的基础设施解决方案，它使微服务不仅可以向外部的微服务提供其独特的功能，而且可以向内部的其他微服务提供这些功能。API 网关解决方案的主要功能是实现安全性和信任、连通性、调解、丰富性、充实、礼宾任务（concierge task）、策略建立和实施、工作流的激活和完成。客户端和微服务之间的一个符号化、顺序化的请求/响应工作流如图 12.13 所示。

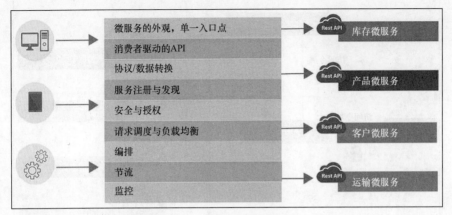

图 12.12

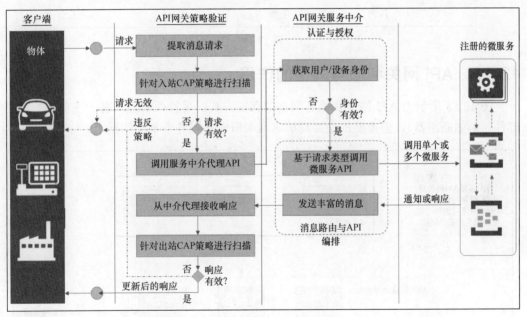

图 12.13

12.4.2 API 网关的安全功能

安全性是微服务的重要要求，它导致了分布式计算。如前所述，API 网关在保护微服务免受意外或蓄意安全攻击中的作用和责任正在上升。我们都很熟悉 CIA 三要素（机密性、完整性和可用性）。API 网关可确保微服务及其数据具有牢不可破的安全性。

图 12.14 所示为如何进行急需的身份验证和授权，以允许客户端评估和访问微服务。

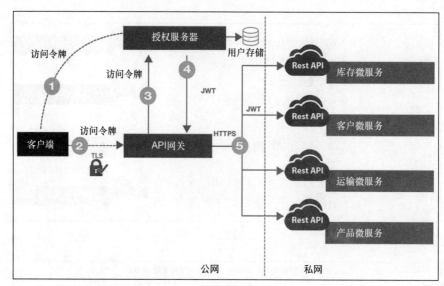

图 12.14

12.4.3　API 网关和服务网格的作用

图 12.15 所示为 API 网关和服务网格的存在方式。尽管两者之间有一些重叠的功能部件（例如断路器），但重要的是要理解这两个概念是服务于不同的需求。

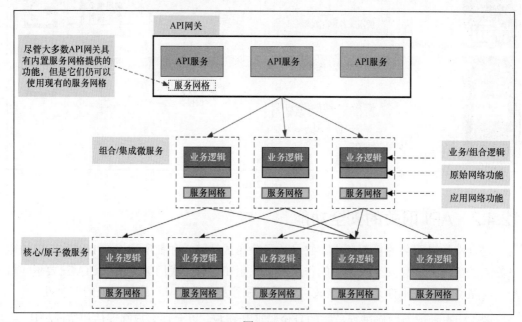

图 12.15

在图 12.15 中可以看到，服务网格与大多数服务实现一起用作 sidecar，它独立于服务的业务功能。API 网关托管所有的 API 服务。API 网关可能具有内置的服务间通信功能，但这并不妨碍 API 网关使用服务网格调用下游服务（API 网关|服务网格|微服务）。

12.4.4　API 管理套件

我们正在走向一个 API 世界，一切都是由 API 驱动和定义的。API 正在改变世界。企业正在使用 API 来实现数字化转型。数字化转型带来了敏捷性、适应性、经济性、生产效率和客户满意度。前文已经讨论了 API 网关解决方案的细枝末节。为了对 API 进行端到端的生命周期管理，我们需要一个全面的管理平台，也就是所谓的 API 管理套件。这套管理模块带来了额外的能力，如分析、货币化和生命周期管理。

图 12.16 清楚地描述了 Azure API 管理解决方案如何为日益互联的微服务世界做出贡献。API 网关正在成为 API 管理解决方案的主要部分。

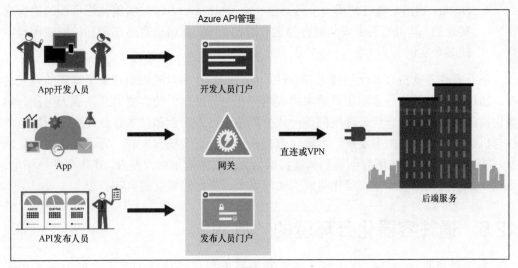

图 12.16

12.5　确保容器化云环境的可靠性

管理许多应用程序和客户之间的依赖关系与二进制文件需要付出巨大的努力。Docker 团队意识到需要一种全面而紧凑的机制来实现系统的可移植性，它们将 Linux cgroup 和命名空间中的一些功能组合到一个简单易用的程序包中，以便应用程序能够在任何 IT 基础设施（裸机服务器和虚拟机）上始终运行，而无须对应用程序代码进行任何调整。生成的软件包是 Docker 镜像，使用这个标准化的镜像可带来很多好处。Docker 平台是一个用于处理 Docker 镜像及其容器实例的生命周期活动的功能集合。

下面借助以下几点来更多地了解 Docker 平台。

● Docker 镜像将应用程序和关联的库打包到一个包中。这有助于将应用程序一致地部署在包括 Raspberry Pi、笔记本电脑、企业 IT 服务器、云服务器等在内的许多环境中。

● Docker 平台提供了各种类似于 Git 的语义，例如 Docker push 和 Docker commit，从而使应用程序开发人员可以轻松快速地生成 Docker 镜像和容器，并将它们合并到现有工作流中。

● Docker 镜像是不可改变的。提交的变化被存储为单独的只读层，这使得可以轻松地重复使用镜像和追踪变化。分层也通过只传输更新而不是整个镜像从而节省了磁盘空间和网络流量。

● Docker 容器是通过使用一个可写层（writable layer）即时实例化不可变的镜像来实现的，其可写层可以临时存储运行时的更改，从而更容易部署和扩展应用程序的多个实例。

虽然有许多支持容器化的技术和方法，但 Docker 平台的成功带来了真正的范式转变。通过各种自动化技术和工具带来的大量简化与标准化，使容器的普及成为可能。容器化被认为是实现新一代云环境的下一代分隔技术，为企业和技术行业带来了新的可能性与机会。一个不争的事实是，容器化范式在未来一定会获得成功。为了实现数字化转型，容器化技术带来的所有创新和颠覆将成为真正的游戏规则改变者。在未来的日子里，通过一系列的技术进步，容器化将成为实现更大、更好的事业的火花。

12.6　通往容器化云环境的"旅程"

为了实现真正的数字化转型，建立和维持容器化云被认为是未来的方向。由于 Docker 容器化平台的出现，容器化运动近年来得到了广泛的关注，云服务器正以应用程序和数据容器集合的形式出现。随着微服务和容器的融合，未来的云环境将被大量容器化。前文已经介绍过 MSA 模式和容器化范式。众所周知，容器工具生态系统正在扩大，以便将与运行容器化的云相关的大多数任务自动化。有许多第三方工具和产品供应商正在构建各种自动化工具，以简化和精简容器化技术的采用，特别是 Kubernetes 的迅速普及和广泛使用（它被公认为是关键的容器编排平台），为容器化云的实现奠定了基础。本书前文详细讨论了 Kubernetes。尽管如此，在全面实现服务弹性的目标方面，需求和供给之间仍有差距。在意识并理解了这一需求之后，业界开发了一些服务网格解决方案来保证服务的弹性。下文将更多地介绍来自开源社区以及商业级供应商的服务网格解决方案。另一个软件基础设施解决方案是微服务 API 网关。

随着容器逐渐成为托管和管理微服务的标准化包装格式与轻量级运行时环境，容器化运动迅速兴起。容器确保了实时的水平可扩展性，因为它们的启动速度更快，而且只需一个命令就能快速创建多个容器。随着功能强大的技术和工具的结合，容器网络和存储也变得稳定、成熟起来。为了创建多容器应用程序，已经出现了一些容器编排平台。此外，大量的第三方工具供应商已经简化并优化了容器在生产环境中的使用。容器的安全性正在通过技术上先进的解决方案、安全标准和算法得到加强。有一些自动化方法可以加速生成 Docker 镜像。容器生命周期任务通过 Docker 平台与第三方工具实现了自动化。Docker 工具生态系统出现了大幅增长，因此，容器在各行业垂直领域的应用正在快速增长。迄今为止，充斥着 BM 服务器和虚拟机的云环境正在被现代化，以容纳数十万个容器。容器很容易出现故障，因此，多个容器实例被用于托管微服务。容器的冗余性质确保了容器的高可用性。

为了建立和维持容器化的云环境，容器编排平台解决方案的贡献是不可或缺的。这些特殊平台负责容器的端到端生命周期管理。在这样的一些平台中，Kubernetes 排名第一。本章介绍了如何安装 Kubernetes，从而以系统的方式创建容器集群。而且，不仅是将容器进行集群化，还要在完整的云环境中对其进行组织和优化，并利用容器编排解决方案来加速这一过程。

12.7　用于容器化云的 Kubernetes 平台日益坚固

Kubernetes 是一个开源的容器管理系统，已越来越多地部署在企业级和生产就绪的云环境中。Kubernetes 被定位为用于容器化环境的"银弹"。Kubernetes 自动执行与容器化运动相关的多项任务。Kubernetes 平台的著名贡献如下所示：

- 熟练地形成容器集群并进行管理；
- 拥有许多用于应用程序部署、扩展、修复和管理的自动化工具；
- 调配和配置容器以进行应用程序的部署；
- 简化多容器应用程序的形成，这些应用程序是业务感知的、以流程为中心的组合应用程序；
- 优化和组织 IT 基础设施以提高资源利用率。

Kubernetes 工具生态系统的空前增长为开发人员和管理人员踏上容器化云之旅带来了一些慰藉。还有一些云服务提供商提供 Kubernetes 即服务（KaaS）。

12.7.1　Kubernetes 架构：工作方式

先来看图 12.17。

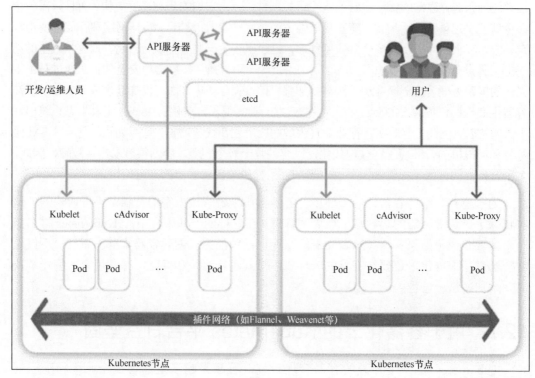

图 12.17

Kubernetes 具有两个关键组件。

● **Kubernetes Master 节点**：这是 Kubernetes 的主要控制单元，用于管理工作负载并确保系统中所有参与组件之间的顺畅通信。它管理整个系统的工作负载和通信。Master 节点中有几个重要的模块，每个模块可以在一个 Master 节点上运行，也可以在多个 Master 节点上运行，以提高其可用性。它的主要模块如下。

　　◇　**存储**：etcd 是一个开源、流行的键值数据存储，它被集中化以使集群中的所有节点都可以访问它。Kubernetes 使用该数据库存储所有集群配置数据，并且该数据共同表示集群在任何时间点的整体状态。

　　◇　**API 服务器**：这是与 RESTful API 相连的最重要的中央管理模块。它可以接收 REST 请求以进行各种修改。它用作前端服务器，以系统的方式控制整个集群及其节点。这是唯一能够与 etcd 数据库和配置数据进行通信的组件。

◇ **调度程序**：这是 Kubernetes Master 节点中的另一个重要模块，它以不断发展的需求和资源利用率为基础，可帮助调度各个节点上的 Pod。该模块还可以决定将哪些服务部署在哪些 Pod 和节点上。

◇ **控制器管理器**：这将运行多个控制器进程，以连续监控和管理集群的共享状态。如果服务中需要任何变更，则控制器立即理解该变更并启动必要的活动以达到新的所需状态。

● **工人节点**：这是执行节点，它获取相关信息以熟练地管理容器协作。该节点还与 Master 节点保持联系。它从 Master 节点接收详细信息，以便按照调度程序将容器资源分配给工作负载。

◇ **Kubelet**：该模块可确保节点中的所有容器均运行正常，没有任何问题。Kubelet 还仔细监控 Pod 是否处于所需状态。如果节点发生故障，则激活副本控制器以观察此故障并启动功能节点中的 Pod。

◇ **Kube 代理**：还可以兼作网络代理和负载均衡器。它的主要工作是将请求转发到集群中各个节点之间的正确 Pod 上。

◇ **cAdvisor**：它负责监视和收集每个节点上的资源使用率与性能指标。

此外，Kubernetes 架构中还包含以下主题。

● **Pod**：它们是应用程序部署的 Kubernetes 单元。Pod 又可以包含一个或多个容器。容器可以在 VM 和 BM 服务器内部运行。在 Kubernetes 中，Pod 是最小的处理单元。Pod 具有自己的 IP 地址，该 IP 地址在其容器之间共享。

● **节点**：它们是物理机（换句话说，即 BM 服务器）。节点为 Kubernetes 平台提供可用的集群资源，以保存数据、运行作业、优化工作负载，并创建网络路由。Kubernetes 平台的另一个重要组成部分是标签（label），它可帮助 Kubernetes 及其终端用户过滤系统中的类似资源。它们是参与资源之间的黏合剂。例如，一个服务想为一个应用程序部署打开端口。出于监控、记录、调试和测试的目的，任何 Kubernetes 资源都必须有相应的标签，这样在打开端口时，Kubernetes 就会根据标签做正确的事情。注解用来以无格式的（freestyle）字符串保存不同对象的元数据。

● **ReplicaSet**：如前所述，保持应用程序正确运行的 Pod 数量以及 Pod 的添加或删除是必不可少的。Kubernetes 使用了 ReplicaSet。副本控制器确保集群正在运行所需数量的等效 Pod。如果 Pod 太多，则副本控制器可以删除那些多余的 Pod。

如果运行的 Pod 较少，则它将添加更多的 Pod 以维持指定的数量。

- **Kubernetes StatefulSet**：它们提供诸如卷、稳定的网络 ID 和 0～N 的序号索引之类的资源来处理有状态容器。卷是运行有状态应用程序的重要功能。支持下面这两种主要类型的卷。

  ◇ **临时存储卷**：该卷由在 Pod 内运行的任意数量的容器组成。数据跨容器进行存储。但是，如果 Pod 被杀死，则该卷会自动删除。

  ◇ **永久性存储**：这是一种永久性的数据存储机制。即使将 Pod 杀死或移动到另一个节点，数据也会存储在远程位置，直到被用户删除为止。

- **DaemonSet**：某些应用程序在每个节点上仅需要一个工作负载实例。日志收集器就是这样一个例子，它从集群中的所有节点收集日志。日志收集器代理（仅一个实例）必须存在于所有节点中。为了创建这样一个已部署的工作负载，Kubernetes 使用了该功能。

- **作业**：由于大多数应用程序需要持续的正常运行时间以同时满足服务器请求，因此需要生成成批的作业并在完成作业后清理。要做到这一点，可以使用这个功能。一个作业创建一个或多个 Pod，并确保在作业结束后终止指定数量的 Pod。一个很好的例子是，一组工人节点从一个待处理和存储的数据队列中读取作业。一旦队列是空的，就不再需要工人，直到下一批作业准备进行处理。

- **ConfigMap 和 secret**：应用程序必须对自己的位置完全不可知。为此，可使用 ConfigMap 功能，它在本质上是一个键值环境变量列表，这些值传递给正在运行的工作负载以确定不同的运行时行为。secret 与之相同，只不过它会进行加密处理，以防止敏感信息（例如密钥、密码、证书等）在传输期间遭到黑客攻击。

- **部署**：在敏捷的世界里，我们希望以小块的方式进行构建、测试和发布，以获得用户的即时反馈。Kubernetes 通过使用部署（Deployment），使得部署新软件或现有软件的更新版本变得更容易。这是一组元数据，描述了某个运行工作负载的新需求。在 Kubernetes 平台的协助下，可以实现应用程序的自动推出和回滚。Kubernetes 也为执行金丝雀部署提供了便利。Kubernetes 支持许多有前途和有潜力的编程语言。

- **安全性**：Kubernetes 提供了多种其他操作功能，如 DNS 管理、资源监控、日志记录和存储编排。据广泛报道，容器的安全性成为人们在生产环境中缓慢采用容器的主要障碍。尽管容器的安全缺陷已被发现并同时得以解决，但是 Kubernetes 平台也将安全问题作为首要问题。

Kubernetes 不仅可以运行 Docker 容器，还可以运行其他厂商的容器。Kubernetes 支持水平基础设施的调配和扩展。新资源的自动扩展通过 Kubernetes 平台得到了促进。Kubernetes 很好地处理了应用程序和基础设施的可用性。Kubernetes 通过持续检查 Pod 和容器的健康状况，确保应用程序不会失败。确保 Kubernetes 集群高可用性的另一个功能是负载均衡。Kubernetes 的负载均衡器将负载分配到多个 Pod 上。

容器化之所以这么令人着迷，是因为它具有加速和自动化软件构建、测试、发布过程的内在优势和智慧。

不断增长的开源社区不断向 Kubernetes 平台添加新的功能，使 Kubernetes 成为一个成就卓著、广受赞誉的容器化云平台。Kubernetes 极大地简化了 DevOps 团队的任务，确保了 IT 的敏捷性和适应性，这反过来又提高了业务的通用性。如果没有 Kubernetes，软件工程团队必须编写自己的软件部署脚本，手动扩展，并更新工作流。对于一个大型企业来说，这些任务是由一个大型团队来处理的。Kubernetes 通过利用容器提供的各种自动化功能，帮助开发和部署支持云的应用程序与云原生的应用程序。准确地说，Kubernetes 在 IT 硬件上带来了一个有益的抽象，以实现可移植性、可操作性、可访问性、可扩展性、可用性等。在很短的时间内，Kubernetes 已经成为灵活运行容器化云和加快应用程序部署的重要技术。图 12.18 所示为一个宏观层面的 Kubernetes 架构。

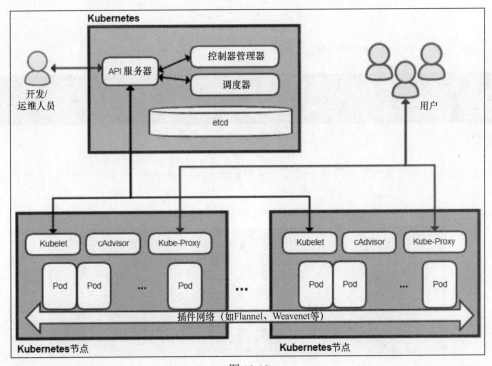

图 12.18

Kubernetes 对应用程序开发人员极具吸引力，因为它消除了对 IT 运维团队的依赖。Kubernetes 也加速了容器化模式的开创性优势的使用。由于 Kubernetes 的强大功能，容器正在渗透到生产环境中。Kubernetes 不仅可以协调无状态容器，还可以处理有状态容器。这意味着企业级的事务应用程序、运营应用程序和分析型应用程序也在被 Kubernetes 部署和管理。今天，Kubernetes 能够席卷整个 IT 世界，有几个原因。首先，它可以在任何基础设施和任何环境中运行。有成千上万的开源开发人员为 Kubernetes 社区做出了贡献，支撑着 Kubernetes 的发展。其次，Kubernetes 具有大量的 API 和完整的模块化组件，所以添加新的组件以及与第三方工具的集成非常简单。

12.7.2 安装 Kubernetes 平台

下面创建一个场景，并在该场景中创建一个三节点的 Kubernetes 集群。在该示例中，将创建一个 Kubernetes Master 节点和两个客户端。这里使用的是通过 Microsoft Azure 创建的 Ubuntu 服务器 17.10 VM。需要在 Master 和两个客户端上都安装 Kubernetes。

要在 Master 上安装 Kubernetes，请执行以下步骤。

1. 使用以下命令升级 APT（CentOS 用户可以使用 `yum update` 命令），如图 12.19 所示。

```
apt update && apt upgrade -y
```

```
root@Kubemaster:~# apt update && sudo apt upgrade -y
Hit:1 http://azure.archive.ubuntu.com/ubuntu artful InRelease
Get:2 http://azure.archive.ubuntu.com/ubuntu artful-updates InRelease [88.7 kB]
Get:3 http://azure.archive.ubuntu.com/ubuntu artful-backports InRelease [74.6 kB]
```

图 12.19

2. 安装一些依赖，分别为 `docker.io` 和 `apt-transport-https`，如图 12.20 所示。

```
sudo apt install docker.io apt-transport-https -qy
```

```
root@Kubemaster:~# sudo apt install docker.io apt-transport-https -qy
Reading package lists...
Building dependency tree...
Reading state information...
The following additional packages will be installed:
  bridge-utils cgroupfs-mount ubuntu-fan
Suggested packages:
  ifupdown aufs-tools debootstrap docker-doc rinse zfs-fuse | zfsutils
The following NEW packages will be installed:
  apt-transport-https bridge-utils cgroupfs-mount docker.io ubuntu-fan
0 upgraded, 5 newly installed, 0 to remove and 0 not upgraded.
Need to get 15.3 MB of archives.
After this operation, 69.3 MB of additional disk space will be used.
Get:1 http://azure.archive.ubuntu.com/ubuntu artful-updates/main amd64 apt-transport-https amd64 1.5.2 [34.8 kB]
Get:2 http://azure.archive.ubuntu.com/ubuntu artful/main amd64 bridge-utils amd64 1.5-9ubuntu2 [29.2 kB]
Get:3 http://azure.archive.ubuntu.com/ubuntu artful/universe amd64 cgroupfs-mount all 1.4 [6320 B]
Get:4 http://azure.archive.ubuntu.com/ubuntu artful/universe amd64 docker.io amd64 1.13.1-0ubuntu6 [15.2 MB]
Get:5 http://azure.archive.ubuntu.com/ubuntu artful-updates/main amd64 ubuntu-fan all 0.12.9-17.10.1 [34.5 kB]
```

图 12.20

3. 使用以下命令安装 Docker 和 Kubernetes。这里正在安装 kubelet，它是一个运行在每个节点上的节点代理，从 Master 接收指令，然后让节点执行该指令。Kube-proxy 是节点上运行的 Pod 的网络负载均衡器。Kubeadm 是用于设置和管理 Kubernetes 集群的管理工具，它在 Kubernetes 主机上运行。Kubectl 是一个与 Kubernetes 集群进行交互的类似命令行的界面（见图 12.21）。

```
apt install docker-ce kubelet kubeadm kubectl kubernetes-cni -y
```

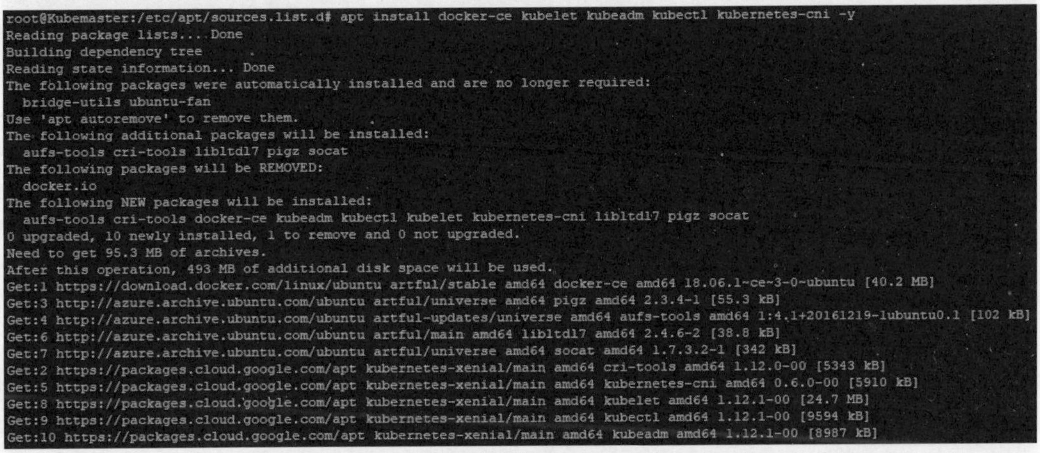

```
root@Kubemaster:/etc/apt/sources.list.d# apt install docker-ce kubelet kubeadm kubectl kubernetes-cni -y
Reading package lists... Done
Building dependency tree
Reading state information... Done
The following packages were automatically installed and are no longer required:
  bridge-utils ubuntu-fan
Use 'apt autoremove' to remove them.
The following additional packages will be installed:
  aufs-tools cri-tools libltdl7 pigz socat
The following packages will be REMOVED:
  docker.io
The following NEW packages will be installed:
  aufs-tools cri-tools docker-ce kubeadm kubectl kubelet kubernetes-cni libltdl7 pigz socat
0 upgraded, 10 newly installed, 1 to remove and 0 not upgraded.
Need to get 95.3 MB of archives.
After this operation, 493 MB of additional disk space will be used.
Get:1 https://download.docker.com/linux/ubuntu artful/stable amd64 docker-ce amd64 18.06.1~ce~3-0~ubuntu [40.2 MB]
Get:3 http://azure.archive.ubuntu.com/ubuntu artful/universe amd64 pigz amd64 2.3.4-1 [55.3 kB]
Get:4 http://azure.archive.ubuntu.com/ubuntu artful-updates/universe amd64 aufs-tools amd64 1:4.1+20161219-1ubuntu0.1 [102 kB]
Get:6 http://azure.archive.ubuntu.com/ubuntu artful/main amd64 libltdl7 amd64 2.4.6-2 [38.8 kB]
Get:7 http://azure.archive.ubuntu.com/ubuntu artful/universe amd64 socat amd64 1.7.3.2-1 [342 kB]
Get:2 https://packages.cloud.google.com/apt kubernetes-xenial/main amd64 cri-tools amd64 1.12.0-00 [5343 kB]
Get:5 https://packages.cloud.google.com/apt kubernetes-xenial/main amd64 kubernetes-cni amd64 0.6.0-00 [5910 kB]
Get:8 https://packages.cloud.google.com/apt kubernetes-xenial/main amd64 kubelet amd64 1.12.1-00 [24.7 MB]
Get:9 https://packages.cloud.google.com/apt kubernetes-xenial/main amd64 kubectl amd64 1.12.1-00 [9594 kB]
Get:10 https://packages.cloud.google.com/apt kubernetes-xenial/main amd64 kubeadm amd64 1.12.1-00 [8987 kB]
```

图 12.21

4. 使用以下命令初始化 Kubernetes Master，如图 12.22 所示。

```
sudo kubeadm init --kubernetes-version stable
```

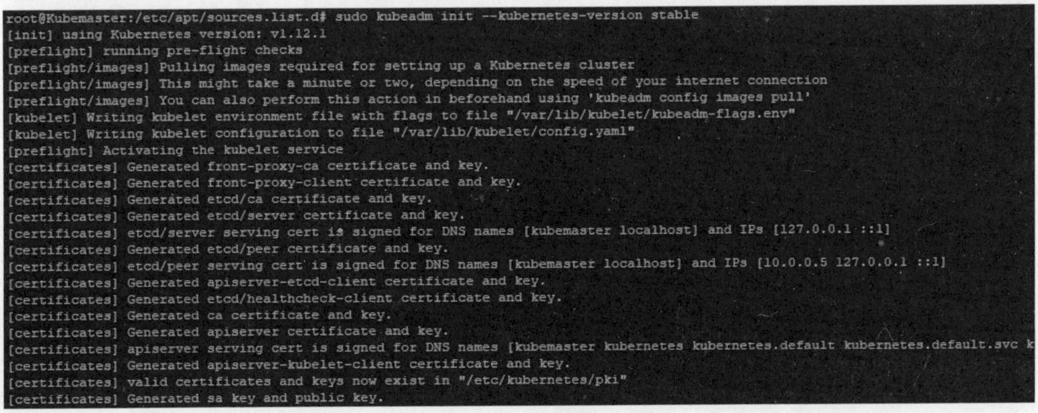

```
root@Kubemaster:/etc/apt/sources.list.d# sudo kubeadm init --kubernetes-version stable
[init] using Kubernetes version: v1.12.1
[preflight] running pre-flight checks
[preflight/images] Pulling images required for setting up a Kubernetes cluster
[preflight/images] This might take a minute or two, depending on the speed of your internet connection
[preflight/images] You can also perform this action in beforehand using 'kubeadm config images pull'
[kubelet] Writing kubelet environment file with flags to file "/var/lib/kubelet/kubeadm-flags.env"
[kubelet] Writing kubelet configuration to file "/var/lib/kubelet/config.yaml"
[preflight] Activating the kubelet service
[certificates] Generated front-proxy-ca certificate and key.
[certificates] Generated front-proxy-client certificate and key.
[certificates] Generated etcd/ca certificate and key.
[certificates] Generated etcd/server certificate and key.
[certificates] etcd/server serving cert is signed for DNS names [kubemaster localhost] and IPs [127.0.0.1 ::1]
[certificates] Generated etcd/peer certificate and key.
[certificates] etcd/peer serving cert is signed for DNS names [kubemaster localhost] and IPs [10.0.0.5 127.0.0.1 ::1]
[certificates] Generated apiserver-etcd-client certificate and key.
[certificates] Generated etcd/healthcheck-client certificate and key.
[certificates] Generated ca certificate and key.
[certificates] Generated apiserver certificate and key.
[certificates] apiserver serving cert is signed for DNS names [kubemaster kubernetes kubernetes.default kubernetes.default.svc k
[certificates] Generated apiserver-kubelet-client certificate and key.
[certificates] valid certificates and keys now exist in "/etc/kubernetes/pki"
[certificates] Generated sa key and public key.
```

图 12.22

　　这里需要重点注意的是，在成功初始化 Kubernetes Master 后，将看到一条命令。当在 Kubernetes 客户端节点上执行该命令时，可以使用该命令加入任意数量的机器，如图 12.23 所示。

```
kubeadm join 10.0.0.5:6443 --token j8pddx.ew4rvqdppx6seclp --discovery-token-ca-cert-hash
sha256:00d43aef55fe0fc73041f57e4ebf7676b332bb4c0f53b67a70d2f837a8e30dc8
```

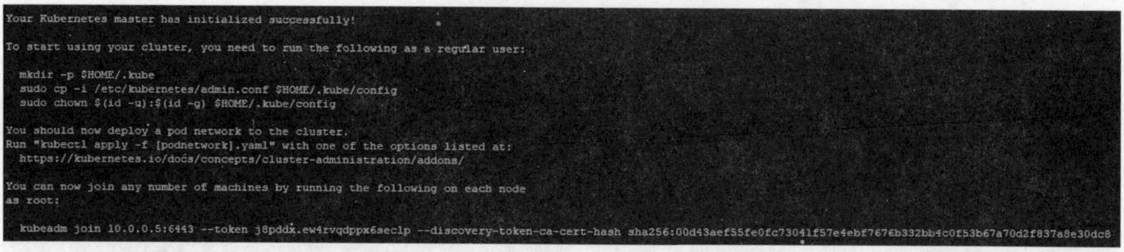

图 12.23

　　可以看到，在启动集群之前，需要在非 root 用户之间运行一些命令来设置 Kubernetes 配置，如图 12.24 所示。

```
mkdir -p $HOME/.kube
sudo cp -i /etc/kubernetes/admin.conf $HOME/.kube/config
sudo chown $(id -u):$(id -g) $HOME/.kube/config
export KUBECONFIG=$HOME/.kube/config
export KUBECONFIG=$HOME/.kube/config | tee -a ~/.bashrc
```

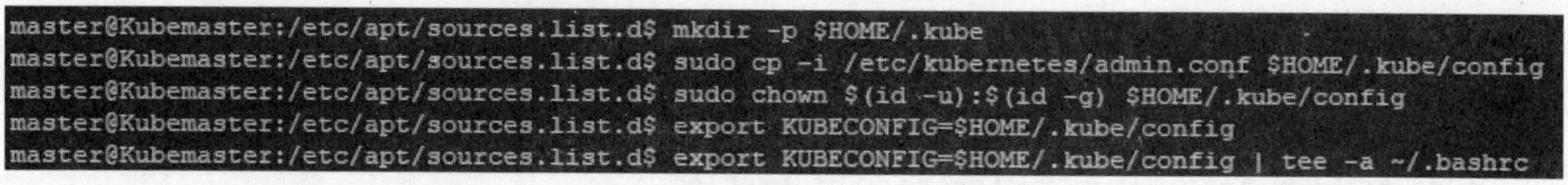

图 12.24

　　5．为 Kubernetes 集群创建一个 Pod 网络，如图 12.25 所示。

```
kubectl apply -f
http://docs.projectcalico.org/v2.3/gettingstarted/kubernetes/installation/hosted/
kubeadm/1.6/calico.yaml
```

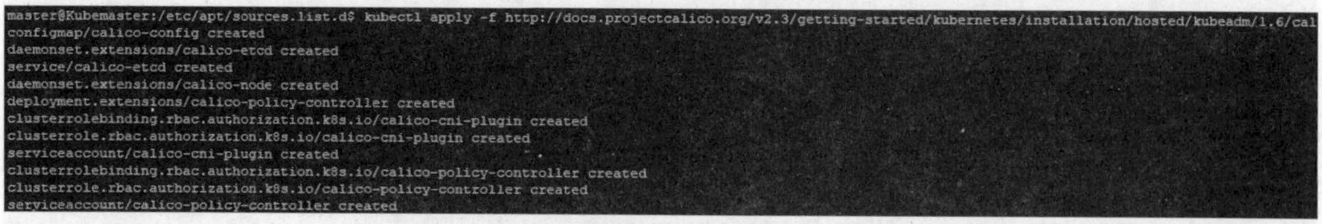

图 12.25

　　6．启动 Kubernetes 集群，如图 12.26 所示。

```
systemctl enable kubelet && systemctl start kubelet
```

```
master@Kubemaster:/root$ systemctl enable kubelet && systemctl start kubelet
==== AUTHENTICATING FOR org.freedesktop.systemd1.manage-unit-files ===
Authentication is required to manage system service or unit files.
Authenticating as: Ubuntu (master)
Password:
==== AUTHENTICATION COMPLETE ===
==== AUTHENTICATING FOR org.freedesktop.systemd1.reload-daemon ===
Authentication is required to reload the systemd state.
Authenticating as: Ubuntu (master)
Password:
==== AUTHENTICATION COMPLETE ===
==== AUTHENTICATING FOR org.freedesktop.systemd1.manage-units ===
Authentication is required to start 'kubelet.service'.
Authenticating as: Ubuntu (master)
Password:
==== AUTHENTICATION COMPLETE ===
master@Kubemaster:/root$
```

图 12.26

12.7.3 安装 Kubernetes 客户端

执行以下步骤。

1．像 Kubernetes Master 一样，只需要以很少的依赖（docker.io 和 apt-transport-https）来升级 APT，如图 12.27 和图 12.28 所示。

```
apt update && apt upgrade -y
```

```
root@KubeClient1:~# apt update && sudo apt upgrade -y
Hit:1 http://azure.archive.ubuntu.com/ubuntu artful InRelease
Get:2 http://azure.archive.ubuntu.com/ubuntu artful-updates InRelease [88.7 kB]
Get:3 http://azure.archive.ubuntu.com/ubuntu artful-backports InRelease [74.6 kB]
Get:4 http://security.ubuntu.com/ubuntu artful-security InRelease [83.2 kB]
```

图 12.27

```
sudo apt install docker.io apt-transport-https -qy
```

```
root@KubeClient1:~# sudo apt install docker.io apt-transport-https -qy
Reading package lists...
Building dependency tree...
Reading state information...
The following additional packages will be installed:
  bridge-utils cgroupfs-mount ubuntu-fan
Suggested packages:
  ifupdown aufs-tools debootstrap docker-doc rinse zfs-fuse | zfsutils
The following NEW packages will be installed:
  apt-transport-https bridge-utils cgroupfs-mount docker.io ubuntu-fan
0 upgraded, 5 newly installed, 0 to remove and 0 not upgraded.
Need to get 15.3 MB of archives.
```

图 12.28

2．使用以下命令安装 Docker 和 Kubernetes。该命令用于安装 `kubelet`、`kubeadm` 和 `kubectl`，如图 12.29 所示。

```
apt install docker-ce kubelet kubeadm kubectl kubernetes-cni -y
```

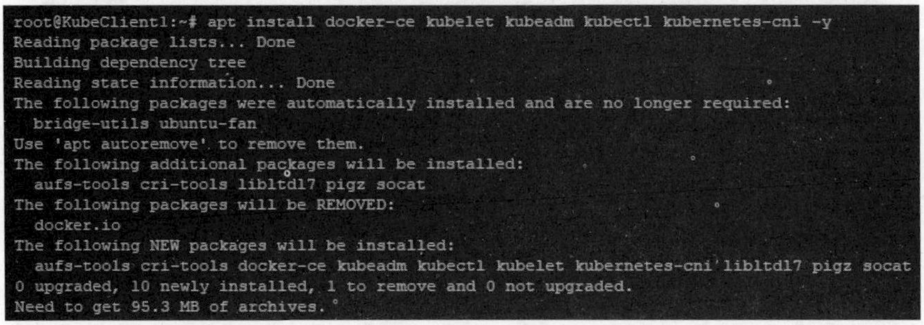

```
root@KubeClient1:~# apt install docker-ce kubelet kubeadm kubectl kubernetes-cni -y
Reading package lists... Done
Building dependency tree
Reading state information... Done
The following packages were automatically installed and are no longer required:
  bridge-utils ubuntu-fan
Use 'apt autoremove' to remove them.
The following additional packages will be installed:
  aufs-tools cri-tools libltdl7 pigz socat
The following packages will be REMOVED:
  docker.io
The following NEW packages will be installed:
  aufs-tools cri-tools docker-ce kubeadm kubectl kubelet kubernetes-cni libltdl7 pigz socat
0 upgraded, 10 newly installed, 1 to remove and 0 not upgraded.
Need to get 95.3 MB of archives.
```

图 12.29

3．使用以下命令在 client1 用户上配置 Kubernetes，如图 12.30 所示。

```
mkdir -p $HOME/.kube
sudo cp -i /etc/kubernetes/admin.conf $HOME/.kube/config
sudo chown $(id -u):$(id -g) $HOME/.kube/config
export KUBECONFIG=$HOME/.kube/config
export KUBECONFIG=$HOME/.kube/config | tee -a ~/.bashrc
```

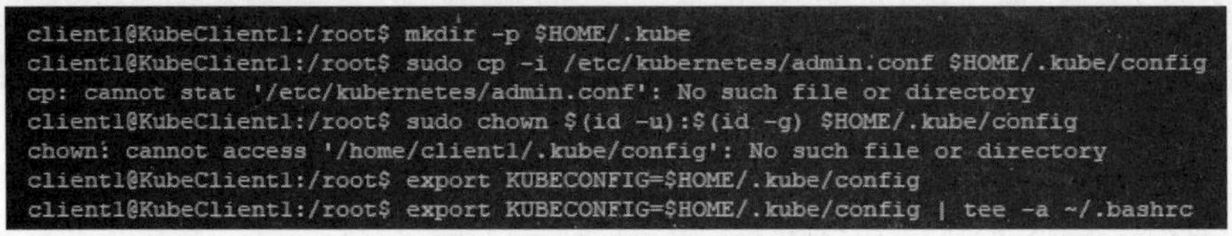

```
client1@KubeClient1:/root$ mkdir -p $HOME/.kube
client1@KubeClient1:/root$ sudo cp -i /etc/kubernetes/admin.conf $HOME/.kube/config
cp: cannot stat '/etc/kubernetes/admin.conf': No such file or directory
client1@KubeClient1:/root$ sudo chown $(id -u):$(id -g) $HOME/.kube/config
chown: cannot access '/home/client1/.kube/config': No such file or directory
client1@KubeClient1:/root$ export KUBECONFIG=$HOME/.kube/config
client1@KubeClient1:/root$ export KUBECONFIG=$HOME/.kube/config | tee -a ~/.bashrc
```

图 12.30

4．要将 Kubernetes 客户端连接到 Master，请使用以下命令，如图 12.31 所示。

```
kubeadm join 10.0.0.5:6443 --token j8pddx.ew4rvqdppx6seclp --
discovery-token-ca-cert-hash
sha256:00d43aef55fe0fc73041f57e4ebf7676b332bb4c0f53b67a70d2f837a8e30dc8
```

5．在 Master 上运行以下命令，然后查看 Master 的状态，如图 12.32 所示。

```
kubectl get nodes
```

在 client2 上执行类似的步骤，然后重新运行前面的命令，并查看它是否已成功连接到 Kubernetes Master。可以看到 client1 和 client2 这两个节点都已成功连接到 Master，如图 13.33 所示。

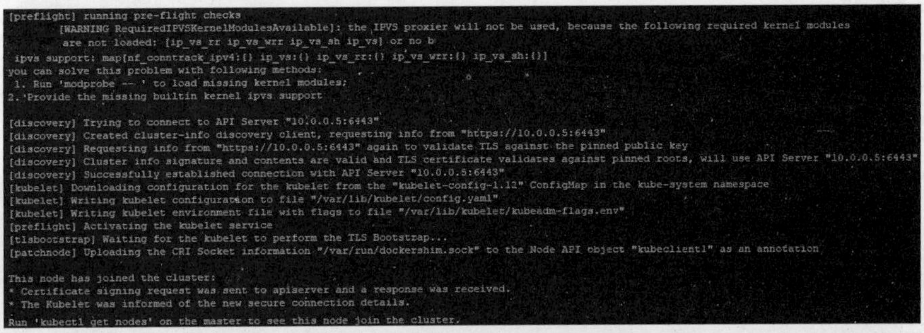

图 12.31

图 12.32

图 12.33

12.7.4　在 Kubernetes 上安装 Istio

服务网格通常需要 API 服务器、API 客户端、访问控制信息、负载均衡器、身份验证和授权、断路器以及监视/追踪。

服务网格生态系统包括以下内容。

- 控制平面：Istio、Nelson、SmartStack。

- 数据平面：Envoy、Linkerd、HAproxy、Nginx。

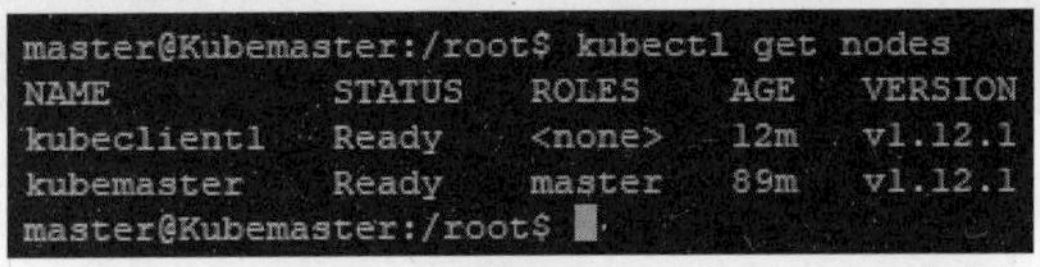

- 开源服务网格控制平面。

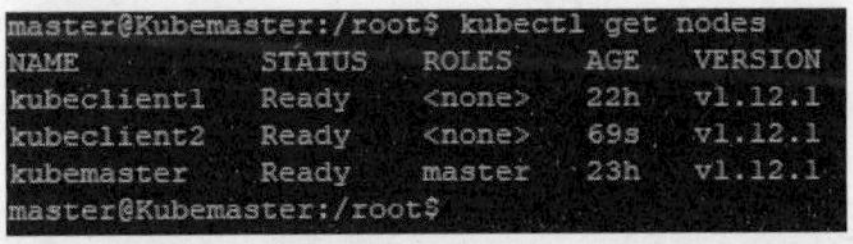

2017 年 5 月，业界宣布了一种用于集成微服务、管理跨微服务的流量、执行策略以及聚合遥测数据的统一方法。

下面看看如何在 Kubernetes 上安装 Istio。

1．首先，需要从以下链接下载 Istio tar 文件（具体取决于所用的操作系统），如图 12.34 所示。

```
wget
https://github.com/istio/istio/releases/download/1.1.0.snapshot.1/istio-1.1.0.
snapshot.1-linux.tar.gz
```

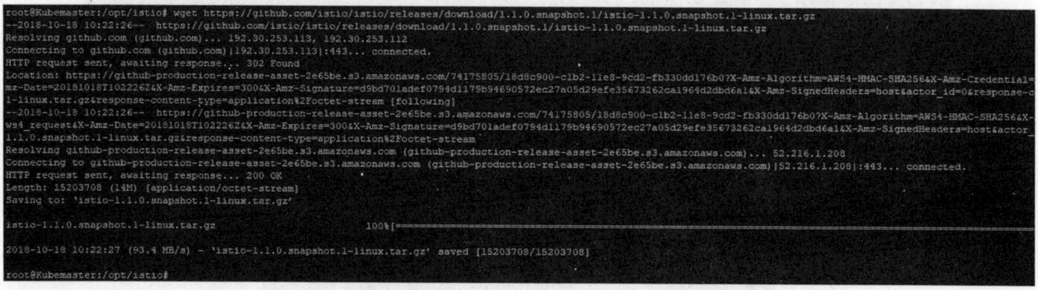

```
root@Kubemaster:/opt/istio# wget https://github.com/istio/istio/releases/download/1.1.0.snapshot.1/istio-1.1.0.snapshot.1-linux.tar.gz
--2018-10-18 10:22:26--  https://github.com/istio/istio/releases/download/1.1.0.snapshot.1/istio-1.1.0.snapshot.1-linux.tar.gz
Resolving github.com (github.com)... 192.30.253.113, 192.30.253.112
Connecting to github.com (github.com)|192.30.253.113|:443... connected.
HTTP request sent, awaiting response... 302 Found
Location: https://github-production-release-asset-2e65be.s3.amazonaws.com/74175805/18d8c900-c1b2-11e8-9cd2-fb330dd176b0?X-Amz-Algorithm=AWS4-HMAC-SHA256&X-Amz-Credential=
mz-Date=20181018T102226Z&X-Amz-Expires=300&X-Amz-Signature=d9bd701adef0794d1179b94690572ec27a05d29efe35673262ca1964d2dbd6a1&X-Amz-SignedHeaders=host&actor_id=0&response-c
1-linux.tar.gz&response-content-type=application%2Foctet-stream [following]
--2018-10-18 10:22:26--  https://github-production-release-asset-2e65be.s3.amazonaws.com/74175805/18d8c900-c1b2-11e8-9cd2-fb330dd176b0?X-Amz-Algorithm=AWS4-HMAC-SHA256&X-
ws4_request&X-Amz-Date=20181018T102226Z&X-Amz-Expires=300&X-Amz-Signature=d9bd701adef0794d1179b94690572ec27a05d29efe35673262ca1964d2dbd6a1&X-Amz-SignedHeaders=host&actor_
1.1.0.snapshot.1-linux.tar.gz&response-content-type=application%2Foctet-stream
Resolving github-production-release-asset-2e65be.s3.amazonaws.com (github-production-release-asset-2e65be.s3.amazonaws.com)... 52.216.1.208
Connecting to github-production-release-asset-2e65be.s3.amazonaws.com (github-production-release-asset-2e65be.s3.amazonaws.com)|52.216.1.208|:443... connected.
HTTP request sent, awaiting response... 200 OK
Length: 15203708 (14M) [application/octet-stream]
Saving to: 'istio-1.1.0.snapshot.1-linux.tar.gz'

istio-1.1.0.snapshot.1-linux.tar.gz                 100%[==================================================================>]

2018-10-18 10:22:27 (93.4 MB/s) - 'istio-1.1.0.snapshot.1-linux.tar.gz' saved [15203708/15203708]

root@Kubemaster:/opt/istio#
```

图 12.34

2．解压缩 tar 文件，将其移动到 Istio 根目录，然后使用以下命令安装 isto-demo-auth.yml，如图 12.35 所示。

```
kubectl apply -f install/kubernetes/istio-demo-auth.yaml
```

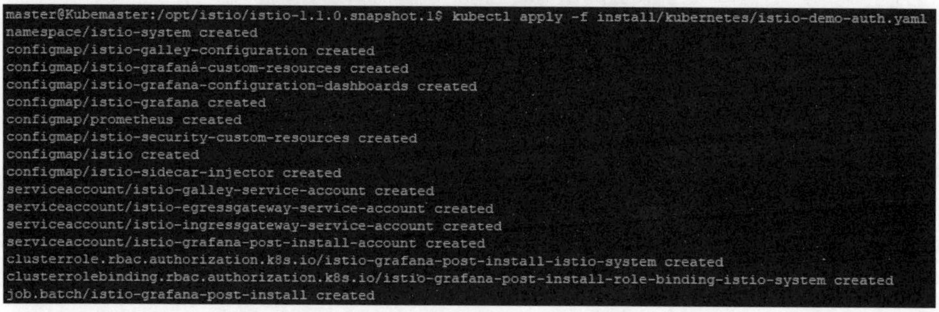

```
master@Kubemaster:/opt/istio/istio-1.1.0.snapshot.1$ kubectl apply -f install/kubernetes/istio-demo-auth.yaml
namespace/istio-system created
configmap/istio-galley-configuration created
configmap/istio-grafana-custom-resources created
configmap/istio-grafana-configuration-dashboards created
configmap/istio-grafana created
configmap/prometheus created
configmap/istio-security-custom-resources created
configmap/istio created
configmap/istio-sidecar-injector created
serviceaccount/istio-galley-service-account created
serviceaccount/istio-egressgateway-service-account created
serviceaccount/istio-ingressgateway-service-account created
serviceaccount/istio-grafana-post-install-account created
clusterrole.rbac.authorization.k8s.io/istio-grafana-post-install-istio-system created
clusterrolebinding.rbac.authorization.k8s.io/istio-grafana-post-install-role-binding-istio-system created
job.batch/istio-grafana-post-install created
```

图 12.35

上述命令将创建 istio-system 命名空间以及 RBAC 权限。

3．使用以下命令来验证 Istio 的安装是否成功，如图 12.36 所示。

```
kubectl get service -n istio-system
```

```
master@Kubemaster:/opt/istio/istio-1.1.0.snapshot.1$ kubectl get service -n istio-system
NAME                     TYPE           CLUSTER-IP       EXTERNAL-IP   PORT(S)                                                                                                                   AGE
grafana                  ClusterIP      10.108.180.66    <none>        3000/TCP                                                                                                                  26s
istio-citadel            ClusterIP      10.105.83.152    <none>        8060/TCP,9093/TCP                                                                                                         26s
istio-egressgateway      ClusterIP      10.102.11.192    <none>        80/TCP,443/TCP                                                                                                            26s
istio-galley             ClusterIP      10.105.172.170   <none>        443/TCP,9093/TCP,9901/TCP                                                                                                 26s
istio-ingressgateway     LoadBalancer   10.106.88.54     <pending>     80:31380/TCP,443:31390/TCP,31400:31400/TCP,15011:30845/TCP,8060:32578/TCP,853:30840/TCP,15030:32603/TCP,15031:32488/TCP   26s
istio-pilot              ClusterIP      10.107.247.151   <none>        15010/TCP,15011/TCP,8080/TCP,9093/TCP                                                                                     26s
istio-policy             ClusterIP      10.100.8.229     <none>        9091/TCP,15004/TCP,9093/TCP                                                                                               26s
istio-sidecar-injector   ClusterIP      10.99.170.245    <none>        443/TCP                                                                                                                   25s
istio-telemetry          ClusterIP      10.110.112.46    <none>        9091/TCP,15004/TCP,9093/TCP,42422/TCP                                                                                     26s
jaeger-agent             ClusterIP      None             <none>        5775/UDP,6831/UDP,6832/UDP                                                                                                23s
jaeger-collector         ClusterIP      10.98.66.64      <none>        14267/TCP,14268/TCP                                                                                                       23s
jaeger-query             ClusterIP      10.111.11.59     <none>        16686/TCP                                                                                                                 24s
prometheus               ClusterIP      10.105.135.113   <none>        9090/TCP                                                                                                                  26s
servicegraph             ClusterIP      10.96.18.196     <none>        8088/TCP                                                                                                                  26s
tracing                  ClusterIP      10.99.201.230    <none>        80/TCP                                                                                                                    23s
zipkin                   ClusterIP      10.104.42.155    <none>        9411/TCP                                                                                                                  23s
master@Kubemaster:/opt/istio/istio-1.1.0.snapshot.1$
```

图 12.36

4．使用以下命令来验证 Kubernetes Pod 和容器状态，如图 12.37 所示。

```
kubectl get pods -n istio-system
```

```
master@Kubemaster:/opt/istio/istio-1.1.0.snapshot.1$ kubectl get pods -n istio-system
NAME                                      READY   STATUS              RESTARTS   AGE
grafana-85689d5548-2rgsg                  1/1     Running             0          107s
istio-citadel-78dc5644c7-4fj5q            1/1     Running             0          106s
istio-cleanup-secrets-zg5rt               0/1     Completed           0          113s
istio-egressgateway-dbfb4d6f7-758m9       1/1     Running             0          107s
istio-galley-7bf74bfd84-qwhbs             0/1     ContainerCreating   0          107s
istio-grafana-post-install-7p5z9          0/1     Completed           0          113s
istio-ingressgateway-5f87694576-svsqh     1/1     Running             0          107s
istio-pilot-76cc4c68d5-77fn9              1/2     Running             0          107s
istio-policy-5b8dfffb64-x8pjs             2/2     Running             0          107s
istio-security-post-install-h2hwq         0/1     Completed           0          113s
istio-sidecar-injector-687fc97947-c8vdh   0/1     ContainerCreating   0          106s
istio-telemetry-5b9bc9fdff-s9nqg          2/2     Running             0          107s
istio-tracing-d444f578-r6v9h              1/1     Running             0          106s
prometheus-6c56b9bf49-6cf9q               1/1     Running             0          106s
servicegraph-b6959f59d-r8cc8              1/1     Running             0          106s
master@Kubemaster:/opt/istio/istio-1.1.0.snapshot.1$
```

图 12.37

下面部署一个应用程序，看看 Istio 如何与 Kubernetes 一起工作。可以使用 `bookinfo` 示例应用程序，该示例应用程序已随 Istio 软件包提供。

使用以下命令部署 `bookinfo` 应用程序以及所有服务：

```
kubectl apply -f samples/bookinfo/networking/bookinfo-gateway.yaml
```

在该示例应用程序中，将创建 4 个微服务（见图 12.38）。

- `reviews`：包含书评。
- `rating`：包含图书评分。
- `details`：包含图书信息。
- `productpage`：调用 `reviews` 和 `details` 服务，以获取数据。

```
master@Kubemaster:/opt/istio/istio-1.1.0.snapshot.1$ kubectl apply -f samples/bookinfo/platform/kube/bookinfo.yaml
service/details created
deployment.extensions/details-v1 created
service/ratings created
deployment.extensions/ratings-v1 created
service/reviews created
deployment.extensions/reviews-v1 created
deployment.extensions/reviews-v2 created
deployment.extensions/reviews-v3 created
service/productpage created
deployment.extensions/productpage-v1 created
master@Kubemaster:/opt/istio/istio-1.1.0.snapshot.1$
```

图 12.38

使用以下命令确认所有服务正在运行，如图 12.39 所示。

```
master@Kubemaster:/opt/istio/istio-1.1.0.snapshot.1$ kubectl get services
NAME          TYPE        CLUSTER-IP      EXTERNAL-IP    PORT(S)        AGE
details       ClusterIP   10.109.51.183   <none>         9080/TCP       39s
kubernetes    ClusterIP   10.96.0.1       <none>         443/TCP        47h
nginx         NodePort    10.97.30.24     <none>         80:30355/TCP   20h
productpage   ClusterIP   10.106.145.20   <none>         9080/TCP       39s
ratings       ClusterIP   10.103.87.183   <none>         9080/TCP       39s
reviews       ClusterIP   10.99.199.61    <none>         9080/TCP       39s
master@Kubemaster:/opt/istio/istio-1.1.0.snapshot.1$
```

图 12.39

使用以下命令确认所有 Pod 的状态，如图 12.40 所示。

```
master@Kubemaster:/opt/istio/istio-1.1.0.snapshot.1$ kubectl get pods
NAME                            READY   STATUS             RESTARTS   AGE
details-v1-876bf485f-xcd4b      1/1     Running            0          48s
nginx-55bd7c9fd-5jf9s           1/1     Running            0          20h
productpage-v1-8d69b45c-mzg9d   0/1     ContainerCreating  0          48s
ratings-v1-7c9949d479-k7f7j     1/1     Running            0          48s
reviews-v1-85b7d84c56-25szq     0/1     ContainerCreating  0          48s
reviews-v2-cbd94c99b-qvf2k      0/1     ContainerCreating  0          48s
reviews-v3-748456d47b-2dhv6     0/1     ContainerCreating  0          48s
master@Kubemaster:/opt/istio/istio-1.1.0.snapshot.1$
```

图 12.40

执行以下步骤。

1. 使用以下命令设置入口网关，如图 12.41 所示。

```
kubectl apply -f samples/bookinfo/networking/bookinfo-gateway.yaml
```

```
master@Kubemaster:/opt/istio/istio-1.1.0.snapshot.1$ kubectl apply -f samples/bookinfo/networking/bookinfo-gateway.yaml
gateway.networking.istio.io/bookinfo-gateway unchanged
```

图 12.41

2. 然后输入以下命令，如图 12.42 所示。

```
kubectl get svc istio-ingressgateway -n istio-system
```

图 12.42

3．使用以下命令设置 gateway_url：

```
export GATEWAY_URL=35.239.7.64:80
```

1．尝试应用程序

在获得地址和端口后，请使用 curl 命令检查 bookinfo 应用程序是否正在运行：

```
curl -I http://35.239.7.64:80/productpage
```

如果响应显示 200，则表明该应用程序在 Istio 上正常运行，如图 12.43 所示。

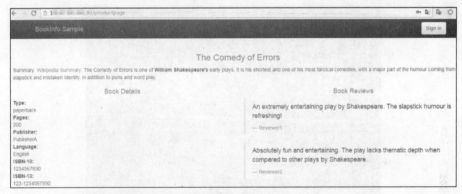

图 12.43

2．将服务部署到 Kubernetes

这里将看到如何轻松地将任何服务部署到 Kubernetes。在该示例中，将把 Nginx Web 服务器部署到 Kubernetes 集群中。

1．在 Kubemaster 节点中部署 Nginx 容器，如图 12.44 所示。

```
sudo kubectl create deployment nginx --image=nginx
```

```
master@Kubemaster:/opt/kube$ sudo kubectl create deployment nginx --image=nginx
deployment.apps/nginx created
```

图 12.44

2．为 Nginx 服务配置网络，如图 12.45 所示。

```
sudo kubectl create service nodeport nginx --tcp=80:80
```

```
master@Kubemaster:/opt/kube$ sudo kubectl create service nodeport nginx --tcp=80:80
service/nginx created
```

图 12.45

3．运行以下命令以列出服务，如图 12.46 所示。

```
kubectl get svc
```

```
master@Kubemaster:/opt/kube$ kubectl get svc
NAME         TYPE        CLUSTER-IP    EXTERNAL-IP   PORT(S)        AGE
kubernetes   ClusterIP   10.96.0.1     <none>        443/TCP        26h
nginx        NodePort    10.97.30.24   <none>        80:30355/TCP   22s
master@Kubemaster:/opt/kube$
```

图 12.46

4．使用以下命令测试部署，如图 12.47 所示。

```
curl kubemaster:30355   // curl servername:port
```

```
master@Kubemaster:/opt/kube$ curl Kubemaster:30355
<!DOCTYPE html>
<html>
<head>
<title>Welcome to nginx!</title>
<style>
    body {
        width: 35em;
        margin: 0 auto;
        font-family: Tahoma, Verdana, Arial, sans-serif;
    }
</style>
</head>
<body>
<h1>Welcome to nginx!</h1>
<p>If you see this page, the nginx web server is successfully installed and
working. Further configuration is required.</p>

<p>For online documentation and support please refer to
<a href="http://nginx.org/">nginx.org</a>.<br/>
Commercial support is available at
<a href="http://nginx.com/">nginx.com</a>.</p>

<p><em>Thank you for using nginx.</em></p>
</body>
</html>
master@Kubemaster:/opt/kube$
```

图 12.47

12.8　总结

　　微服务被宣称为一种开创性的架构风格，用于生产和维护业务与 IT 应用程序。云环境充满了 BM 服务器、虚拟机和容器。微服务可以托管并运行在这些服务器上，以提取和提供其独特的功能。由于微服务的数量正在迅速增长，我们需要技术支持的复杂性缓解方案和服务。API 网关解决方案被认为是可行的、可靠的基础设施（软件或硬件）解决方案，它通过引入一种抽象消除了依赖性引起的问题。

　　本章还讨论了服务网格解决方案的独特贡献，以及服务网格和 API 网关解决方案如何融合在一起，帮助企业实现更大更好的目标。